心理学入门故事

袁丽萍 ◎ 编著

吉林出版集团股份有限公司

图书在版编目（CIP）数据

心理学入门故事 / 袁丽萍编著. — 长春：吉林出版集团股份有限公司, 2018.3
ISBN 978-7-5581-4102-7

Ⅰ.①心… Ⅱ.①袁… Ⅲ.①心理学—通俗读物
Ⅳ.①B84-49

中国版本图书馆CIP数据核字(2018)第037987号

心理学入门故事

编　　著	袁丽萍
总 策 划	马泳水
责任编辑	王　平　史俊南
装帧设计	中北传媒
开　　本	880mm×1230mm　1/32
印　　张	14
版　　次	2018年7月第1版
印　　次	2022年10月第2次印刷
出　　版	吉林出版集团股份有限公司
电　　话	（总编办）010-63109269
	（发行部）010-67482953
印　　刷	三河市元兴印务有限公司

ISBN 978-7-5581-4102-7　　　　定　价：49.80元
版权所有　侵权必究

前　言

我们生活在这个五彩缤纷的世界，会身不由己地接触到复杂多变的社会关系。当我们对这个多元化的社会层次难以驾驭时，就容易出现心理问题。

实际上，心理问题的出现和生理疾病一样，是经常发生的。这是因为心理是一个动态的开放系统，它在不断地和自身、和外界进行信息交换，各种因素都有可能对心理产生影响，因而心理波动是经常的，也就会导致各种心理问题，严重时还会出现心理疾病。

临床心理学研究表明，心理波动主宰着健康。强烈或持久的心理波动就成了心理问题，如愤怒、暴躁、烦恼、忧愁、焦虑、失望等等，这些心理如果过度就会导致心理疾病和生理疾病。

在社会竞争加剧的情景下，人们的心理困扰越来越明显，思想矛盾也愈加尖锐，仿佛有着重重解不开的心结。每天翻开报纸、上网浏览新闻频道，我们都会看到一些人自杀、犯罪、暴力等事件的报道，如早期的刘海洋残害黑熊事件、卢刚枪杀事件，女博士跳楼等等，真的是不胜枚举。

屠格涅夫说："人的心灵是一座幽暗的森林。"这里"幽暗"的意思是：人心包罗万象，神秘怪异如一道深潭，让人无法看清其真相。是的，有人说"人心深似海"，有人说"人心细如丝"，在扭曲、迷惘的心灵空间，每时每刻都在上演着一幕幕由于心理疾病导致的人间悲剧：

心理学入门故事

有多少儿童由于性格的缺陷而走上歧途；有多少高级白领由于心灵的空虚而导致精神失常；有多少老年人本该安度晚年，享受夕阳红，却因为心念谬误而了却残生……太多太多的遗憾由心理疾病造成，太多太多的惨剧由于心理的问题仍在继续，心理疾病像鬼魂一样与我们如影随形。

心理学教授乔治斯格密指出："如果说人生的成功是珍藏在宝塔顶层的桂冠，那么，健康的心理就是握在我们手中的一柄利剑。只有磨砺好这柄利剑，才能一路披荆斩棘，最终夺取成功的桂冠。"

健康是关系一生的大事，没有健康人生就失去意义。但健全的心理寓于健康的身体，而健康的身体有赖于健全的心理。所以，每一个人都要重视起来，要学会爱自己，努力完善自己的健康心理。这样，才能为迈上成功道路打好基础。

我们这本书是一部及时、有效的心理健康智典，全书通过诸多经典事例来讲述各个方面的心理问题，它符合实际、贴近生活，从中你可以若隐若现地看到自己的影子。就如一面清晰的镜子，反映出您在人格、情绪方面是否有过度的起伏与缺陷；在行为与精神上是否偏离了生活正常的轨迹；告诉你，对自己的心理问题该如何纠正与改善；帮助你如何超越逆境轻松上阵等等。总之，一书在手，您所有的思想问题就可以迎刃而解，所有积压在心头的云霾就可以一扫而光！

正如心理学教授哈吉·威尔逊所说："心理学绝不是为了研究而设立的，研究心理学的目标只有一个，那就是造福人类！"

编　者

目 录

第一章 拂去心灵迷惘的云霾 ………………………… 1

走出悲观的灰色天空 ………………………………… 1
莫做凄凄可怜人 ……………………………………… 3
征服悲观，拥抱乌云后的阳光 ……………………… 5
放下悲观，潇洒地生活 ……………………………… 8

挣脱虚荣的华丽魔咒 ………………………………… 13
都是虚荣惹的祸 ……………………………………… 15
虚荣是女人的华丽外衣 ……………………………… 17
挥挥手，甩掉虚荣 …………………………………… 18

远离猜疑的无形杀手 ………………………………… 22
"疑心生暗鬼" ………………………………………… 25
夫妻何必乱猜疑 ……………………………………… 27
拨开心头的疑云 ……………………………………… 29

突破自私的狭隘空间 ………………………………… 32
自私的代价 …………………………………………… 34
自私是孩子的"天性"吗 …………………………… 36
学会给予，把自私踩在脚下 ………………………… 38

解开报复渊源的连环套……………………………… 41
冤冤相报何时了……………………………………… 42
孩子"以牙还牙"不是自强…………………………… 43
宽容能解开报复的死结………………………………… 45

舍弃完美的迷人光环……………………………… 46
莫让完美误今生………………………………………… 48
须知事事皆不完美……………………………………… 50
认识自我，跳出完美的迷宫…………………………… 53

冲出自卑自怜的沼泽……………………………… 56
自卑是心灵的麻痹药…………………………………… 58
"天生我材必有用"……………………………………… 60
自信助你走出自卑的泥潭……………………………… 61

平息浮躁摇曳的情怀……………………………… 66
你为何浮躁……………………………………………… 67
让浮躁的心灵安定下来………………………………… 68

充实空虚落寞的心灵……………………………… 70
莫让空虚误年华………………………………………… 71
将"空空"的心灵充实…………………………………… 73

第二章 驾驭情绪的潮起潮落……………… 76

趟过忧郁阴霾的河………………………………… 76
活在黑色音符里的音乐家……………………………… 79

目 录

忧郁是女人自恋的酒…………………………………… 81
给潮湿的忧郁吹吹风…………………………………… 84

抑制愤怒狂躁的火焰……………………………………… 89
愤怒的危害有多大……………………………………… 92
怒发冲冠的后果………………………………………… 93
冷静是"灭火"的良方………………………………… 95

拔除焦虑不安的荆棘……………………………………… 104
缓解压力,渡过焦虑期………………………………… 106
被焦虑困扰的伊甸园…………………………………… 108
化解焦虑,唤醒沉睡的"性趣"……………………… 112
对付焦虑,成功想象训练……………………………… 114

跳出恐惧的阴森魔掌……………………………………… 117
挥不去的阴影…………………………………………… 119
青春期的恐惧情结……………………………………… 121
勇气是恐惧的天敌……………………………………… 122
战胜自己就能战胜恐惧………………………………… 124

熄灭嫉妒自毁的毒火……………………………………… 127
女人天生爱嫉妒………………………………………… 129
雅量钢琴家李斯特……………………………………… 130
如何使熊熊的妒火冷却………………………………… 132

走出孤独孑然的空间……………………………………… 137
孤独从何来……………………………………………… 139
孤独有时也是一种美…………………………………… 140

超越孤独……………………………………………… 141

揭开神经衰弱的疑惑…………………………………… 144
　　神经衰弱揭秘………………………………………… 146
　　神经衰弱自我调节…………………………………… 147

铲除不满抱怨的心理…………………………………… 150
　　化不满为动力………………………………………… 151
　　抛开人生无谓的负担………………………………… 152
　　放下不满情绪的心理包袱…………………………… 153

第三章　弥补人格缺陷的漏洞………………… 155

摘掉偏执的有色眼镜…………………………………… 155
　　败走麦城的教训……………………………………… 157
　　死钻牛角尖的下场…………………………………… 159
　　偏执对人际关系的影响……………………………… 160
　　偏执心理补偿………………………………………… 162

揭开羞怯红红的盖头…………………………………… 166
　　犹抱琵琶半遮面……………………………………… 168
　　不做羞答答的"美人"………………………………… 169
　　鼓足勇气，打开害羞的茧壳………………………… 170

超越自负浅薄的傲气…………………………………… 176
　　自负属于哪些人……………………………………… 177
　　自负的双向性质……………………………………… 178

目 录

  莫让"自大"覆盖谦虚的美德……………………… 180

杜绝逃避畏缩的借口……………………………… 184
  "逃避到什么时候"………………………………… 186
  虚拟的新房…………………………………………… 188
  利用怯懦，迈出第一步……………………………… 190

清除逆反敌对的情结……………………………… 194
  敌对情绪从何来……………………………………… 196
  逆反心理的效应……………………………………… 198
  用关爱化解逆反心理………………………………… 200

远离贪婪的无底洞………………………………… 203
  心灵不堪重负………………………………………… 206
  知足常乐，不被贪欲所奴役………………………… 208

排除吝啬的痼疾…………………………………… 209
  不成为一毛不拔的"铁公鸡"……………………… 211
  水能载舟亦能覆舟…………………………………… 211
  学会"布施"，改变吝啬的面孔…………………… 213

勒堵邪恶邪念的滋生……………………………… 215
  被邪念冲昏的天之骄子……………………………… 216
  "善良教育"要及早………………………………… 218
  拥抱善良，摒弃邪恶………………………………… 220

第四章　卸下精神压力的负担 …………………… 222

拆散工作压力的巨网 …………………………… 223

- 学会在忙碌中偷个懒 ………………………… 226
- 摆脱"黑色星期一" …………………………… 229
- 合理作息，不做工作狂 ……………………… 231
- 接受现实，转换工作态度 …………………… 235
- 去做自己喜欢的工作 ………………………… 237
- 设计趣味，使工作变得积极 ………………… 239
- 不要把工作压力带回家 ……………………… 241
- 降低工作压力的诀窍 ………………………… 243

打开家庭压力的牢笼 …………………………… 247

- 孩子是家庭的头号压力 ……………………… 250
- 消费是不可避免的家庭压力源 ……………… 252
- 婚姻状况是笼罩整个家庭的压力源 ………… 254
- 夫妻和谐的心理条件 ………………………… 257
- 和睦是家庭压力的消化器 …………………… 258

跳出环境压力的洪流 …………………………… 265

- 灾后压力创伤及心理干预 …………………… 265
- 交通堵塞会造成焦虑性"高压" ……………… 268
- 释放堵车带来的焦虑情绪 …………………… 270
- 令人头痛的工作环境压力 …………………… 271
- 令人不适的办公设备压力 …………………… 275
- 谨防周末综合症 ……………………………… 277

目 录

释放考试压力的"硝烟" 282
- 高考中的"晕潮"现象 282
- 克服考试焦虑症 284
- 高考综合症的应对 287
- 考试后的压力释放 291
- 轻松应付考试 294
- 跳出压力的茧壳 297

第五章 不良行为的自我救赎 302

认识厌食自戕的恶果 302
- 不要被苗条梦欺骗 304
- 青少年厌食的预防 306
- 自我救助,厌食治疗小秘方 307

刹住购物的"疯狂" 309
- "疯狂"的背后 312
- "贪购"心理自我调适 313
- 了却"贪购"的不良循环 313

告别暴食狂饮的烦恼 315
- 她的绰号叫"肥肥" 317
- 正确认识暴食行为 318
- 暴食的自我解救 319

不做网络的"蜘蛛侠" ·················· 321
  救救孩子 ························· 322
  网恋是一朵含毒的情花 ··············· 325
  早从缥缈的梦中醒来 ················ 326
  破除"魔网"小法门 ················ 328

莫做酒中的"醉行客" ·················· 331
  酒瘾带来了什么 ···················· 333
  "瘾君子"为何嗜酒如命 ············· 334
  酒君子的自我救治 ·················· 336

拆开洁癖的苦恼篱笆 ···················· 338
  "超卫生"形成的成因 ··············· 340
  拂拭心中的尘埃 ···················· 342
  跳出洁癖的怪圈 ···················· 343

好汉不做"赌将军" ···················· 346
  赌博是自戕的向导 ·················· 348
  不赌为赢 ························· 349
  金盆洗手,戒赌戒心 ················ 351

第六章　突破意志障碍的围墙 ·········· 355

意志力强弱决定成败 ···················· 356
  熬过忍耐就是天才 ·················· 356
  相信自己才能主宰自己 ··············· 358

目 录

  从猴子掰棒子衡量意志力 ………………………… 361

懒惰是吞噬灵魂的蛀虫 …………………………… 365

  懒惰荒芜了田野 …………………………………… 365
  不要被懒惰悄悄地侵害 …………………………… 366
  懒惰会伤害心灵 …………………………………… 368
  "懒汉"的智慧 …………………………………… 370
  懒惰就是浪费生命 ………………………………… 372
  清除心中的"懒虫" ……………………………… 373

告别犹豫不决的情怀 ……………………………… 375

  犹豫不决只能错失良机 …………………………… 375
  优柔寡断导致一事无成 …………………………… 377
  机会贵在果断 ……………………………………… 378
  与优柔寡断挥手 …………………………………… 380

不要留恋拖延的温床 ……………………………… 383

  莫为"明日"悔今生 ……………………………… 383
  别叫拖延误前程 …………………………………… 386
  从今天着手克服拖延 ……………………………… 388

走出怀旧的美丽光环 ……………………………… 391

  莫让旧辉煌取代新发展 …………………………… 391
  当心病态怀旧 ……………………………………… 392
  不要活在朦胧的往昔 ……………………………… 394

不做依赖的俘虏 …………………………………… 398

清除颓废积极向上……………………………………… 401
敢于与自己同行………………………………………… 402

第七章　超越逆境与挫折共舞……………………405

塑造超越逆境的资本…………………………………… 405
　　经历痛苦的蜕变…………………………………… 405
逆境是通向顺境的浪花………………………………… 407
　　磨难是坚强的动力………………………………… 410
　　逆流而上才能避开厄运…………………………… 413
与挫折共舞创造成功…………………………………… 420
　　淡淡地面对失败…………………………………… 420
霉运不会永远，挫折可以转化………………………… 422
　　把苦难当作成长的机会…………………………… 425

第一章
拂去心灵迷惘的云霾

每个人都有不同程度的心理问题。由于社会的不断变革，人们的情感、思维方式、知识结构、人际关系日益地发生着变化，所以引发心理问题的因素也是多种多样的，这也决定了心理问题的多样性与复杂化。

理论上讲，一般的心理问题都可以自我调节，每个人都可以用各种形式自我放松，自我调治，面对"心病"去认识它，以正确的心态去面对它。只有这样，我们才能学会心理自我调节，在平常生活中成为自己的"心理医疗师"。

走出悲观的灰色天空

在一个圣诞节来临的前夕，慈祥的圣诞老人，打算送给两个可爱的男孩两份完全不同的礼物，于是就在神秘的圣诞之夜悄悄把这些礼物挂在了圣诞树上。第二天天刚亮，哥哥和弟弟都早早起来了，想看看圣诞老人送给自己的是什么礼物。

哥哥的圣诞树上礼物很多：有一把气枪，有一辆崭新的自行车，还有一个足球。哥哥把自己的礼物一件一件地取下来，却并不高兴，反而忧心忡忡的样子。

圣诞老人问他："怎么了孩子？是礼物不好吗？"

心理学入门故事

哥哥拿起气枪说:"看吧,这支气枪我如果拿出去玩,没准会把邻居的窗户打碎,那样一定会招来一顿责骂,说不定还得向人家赔礼道歉。还有,这辆自行车,我骑出去倒是高兴,但说不定会撞到树干上,会把自己摔伤,说不定还会落下身体残疾什么的。再说这个足球吧,还说不准会怎么样呢,就算它不会牵扯到什么糟糕的事情,但它终久会被我踢爆的。"

圣诞老人听了哥哥的话,捋了捋自己的胡须,没有说话。

弟弟来到自己的圣诞树前,树上取了一个纸包外,什么也没有。他把纸包打开后,不禁哈哈大笑起来,一边笑,一边在院子里到处寻找。

圣诞老人问他:"哦?孩子,你为什么这样高兴?"

弟弟说:"我的圣诞礼物是一包马粪,这说明肯定会有一匹小马驹就在院子里。"他找来找去,最后,果然在房子的后面找到了一匹壮实的小马驹。他骑上小马驹,高兴地说:"哈哈,我是世上最勇敢的骑士了。"

这时,圣诞老人又捋着自己的胡须说:"呵呵,真是一个快乐的圣诞节啊!"

生活中,很多事情往往都有两面性。如果我们用悲哀的心情去理解,事情的结果就会变得阴暗、悲凄,如果我们用乐观眼光去看待,就会快乐而美好。

尼采说:"受苦的人,没有悲观的权利;失火时,没有怕黑的权利;战场上只有不怕死的战士才能取得胜利;也只有受苦而不悲观的人,才能克服困难,脱离困境。"是的,我们不仅要知

第一章　拂去心灵迷惘的云霾

道在快乐的时候微笑,更要学会在面对困难的时候微笑,因为,只有这样,我们才能在困难面前,精神不倒;只有这样才能告别悲伤的凄凉,迎接生活的明媚阳光。

悲观是人对自己言行自觉产生不满的一种情绪。人群中,我们经常可以看到有些人面容沮丧,精神萎靡,眼神中总有那么一种抹不去的凄凉,这就是悲观人群的统一表象。在悲观者的心中,现实或多或少地被丑化了,他们对过去,对未来,持有迷茫的心理。

悲观的人还是容易产生困惑、气愤和挫折心理。解决这种状况的唯一办法,是要保持乐观健康的情绪,以积极的态度看待人生的每一次起伏,要相信自己完全有能力设计一条属于自我的幸福之路,只有这样,悲观的人才能渐渐走出悲观的阴云,拥抱生活中美好的一切。

莫做凄凄可怜人

20世纪的女作家张爱玲的一生,完整的注释了悲观给人带来的负面影响是多么巨大。她的一生聚集了一大堆矛盾,她是一个善于将艺术生活化,将生活艺术化的享乐主义者,又是一个对生活充满悲剧感的人。

张爱玲出身名门之后,贵族小姐,却宣称自己是一个自食其力的小市民。她生性就爱悲天悯人,时时洞见芸芸众生"可笑"背后的"可怜",但在实际生活中却显得冷漠寡情。

她通达人情世故,但她自己无论待人穿衣均是我行我素,独标孤高。她在文章里同读者拉家常,但生活中却始终保持着距离,

心理学入门故事

不让外人窥测她的内心世界。她在40年代的上海大红大紫,一时无两,然而几十年后,她在美国又深居简出,过着与世隔绝的生活。所以有人说:"只有张爱玲才可以同时承受灿烂夺目的喧闹与极度的孤寂。"这种生活态度的确并不是普通人能够承受或者是理解的。

用现代心理学的眼光看,其实张爱玲的这种生活态度是源于她始终是抱着一种悲观的心态打发时光,这种悲观的心态让她无法真正地深入生活,因此她总在两种生活状态里不停地左右徘徊。

可以说女作家悲观苍凉的色调,深深地沉积在她的作品中,无处不在,产生了巨大而独特的艺术魅力。但无论她用怎样流利俊俏的文字,写出怎样可爱或传奇的故事,终不免流露出凄凄的悲音。那种渗透着个人身世之感的悲剧意识,使她能与时代生活中的悲剧氛围相通,从而在更广阔的历史背景上臻于深广。

张爱玲所拥有的深刻的悲剧意识,并没有把她引向西方现代派文学那种对人生彻底绝望的境界。个人气质和文化底蕴最终决定了她只能回到传统文化的意境,且不免自伤自恋,因此在生活中,她时而在世俗的喧嚣中留恋,时而又沉浸在极度的寂寞中,最后孤老死去。她的悲剧人生,让我们看到了悲观对一个人的戕害是多么惨重,然而现实生活中不止文豪有这样的悲观情绪,平常的人也会经历这样的心情。

任何一种心态都是每个人对生活的不同看法。在现实生活中,每个人都可能遭受这样或那样的打击和挫折,因为高考落榜而精神萎靡或是因为失恋而忧伤,因为无法适应快节奏的工作而垂头

第一章　拂去心灵迷惘的云霾

丧气……这些心理多半是人们意志薄弱，心态不成熟的一种表现。而这些异常的悲观的心理往往导致磨难痛苦的人生，往往影响对世界的正确看法。悲观者实际上是以自己悲观消极的想法看客观世界，在悲观者心中，现实是或多或少地被丑化了的。

社会上许多人，对未来和生活，往往持有一种悲观的迷茫心理。对自己的过去，无论辉煌与否，都一概加以否定，心理上充满了自责与痛苦，口中有说不完的遗憾和悔恨。他们还对未来缺乏信心，认为自己一无是处，什么事都干不好，认知上否定自己的优势与能力，无限放大自己的缺陷。这种心理导致了他们经常出现食欲下降，失眠多梦，嗜睡懒动，觉得自己比平时更敏感、更爱掉眼泪等不健康的状态，重者自我意象消极，时常出现自怨自艾，或心境悲哀、待人冷漠等种种失常心态。

征服悲观，拥抱乌云后的阳光

很久以前，为了开辟新的街道，伦敦拆除了许多陈旧的楼房。然而新路却久久没能开工，旧楼房的废墟晾在那里，任凭日晒雨淋。有一天，一群自然科学家来到这里，他们发现，在这一片多年未见天日的旧地基上，这些日子里因为接触了春天的阳光雨露，竟长出了一片野花野草。奇怪的是，其中有一些花草却是在英国从来没有见过的，它们通常只生长在地中海沿岸国家。这些被拆除的楼房，大多都是在古罗马人沿着泰晤士河进攻英国的时候建造的。

这些花草的种子多半就是那个时候被带到了这里，它们被压

心理学入门故事

在沉重的石头砖瓦之下，一年又一年，几乎已经完全丧失了生存的机会。但令人感到意外的是，一旦它们见到阳光，就立刻恢复了勃勃生机，绽开了一朵朵美丽的鲜花。

其实，人生也是如此。一个人，不管他经受了多少苦难，一旦充满爱的阳光照耀在他身上，便能治愈心头的创伤，便能重新获得希望，哪怕是在荒凉恶劣的环境里，也依然能够放射出自己的光和热。日本本田公司创始人——本田宗一郎的事迹，就有力地证明了这一点。

1938年本田先生还是一名学生时，就变卖了所有家当，全心投入研究心目中认为理想的汽车活塞环。他夜以继日地工作，与油污为伍。困了累了，倒头就睡在工厂里。他一心一意期望早日把产品制造出来，以卖给丰田汽车公司。为了继续这项工作，他甚至变卖妻子的首饰。最后产品终于出来了，被送到丰田去，但是却被认为品质不合格而打了回来。

为了求取更多的知识，他重回学校苦修两年。这期间，经常因为自己的设计被老师或同学嘲笑，被认为不切实际。但他无视于这一切痛苦，仍然咬紧牙关朝目标前进，终于在两年之后取得了丰田公司的购买合约，完成了他长久以来的心愿。但此后的一切，也并不就一帆风顺，他又碰上了新问题。当时因为第二次世界大战，一切物资吃紧，政府禁卖水泥给他建造工厂。那么，他是否就此放手了呢？没有。他是否怨天尤人了呢？他是否认为理想的美梦就此破碎了呢？一点都没有！相反的，他决定另谋它途，

第一章 拂去心灵迷惘的云霾

而和工作伙伴研究出新的水泥制造方法,建好了他们的工厂。

战争期间,这座工厂遭到美国空军两次轰炸,毁掉了大部分的制造设备,本田先生又是怎么做的呢?他立即召集了一些工人,去捡拾美军飞机所丢弃的汽油桶,作为本田工厂制造用的材料。在此之后,他们又碰上了地震,整个工厂被夷平。这时,本田先生不得不把制造活塞环的技术卖给丰田公司。

本田先生实在是个了不起的人,他清楚地知道迈向成功该怎么走,除了要有好的制造技术,还得对所做的事深具信心与毅力,不断尝试并多次调整方向,虽然目标还不见踪影,但他始终不屈不挠。

本田宗一郎的事迹告诉我们人生最大的挑战就是挑战自己,生命中其他敌人都容易战胜,唯独自己是最难战胜的。有位哲人说:"自己把自己说服了,是一种理智的胜利;自己被自己感动了,是一种心灵的升华;自己把自己征服了,是一种人生的成熟。大凡说服了、感动了、征服了自己的人,就有力量征服一切挫折、痛苦和不幸。"

不错,当我们面对困难时,不要小视自己的力量,调整好自己的心态,告别悲观。当前景不太光明的时候,试着向上看吧,阳光总在风雨后,乌云过后有晴空。经得住风吹雨打的花朵,一定是最茁壮、最绚烂的;经过困苦磨炼的人,也一定会获得快乐与成功。

心理学入门故事

放下悲观，潇洒地生活

卡耐基说："我们内心的平静和我们由生活所得到的快乐，并不在于我们在哪里，我们有什么，或者我们是什么人，而只在于我们的心境如何。"古代的哲人也说"境由心生"，的确，倘若我们想的都是快乐，我们就能快乐；倘若我们想的都是悲伤的事情，我们的心中就会充满悲伤。

英国作家萨克雷说："生活是一面镜子，你对它笑，它就对你笑，你对它哭，它也对你哭。"是的，如果我们心情豁达、乐观，我们就能够看到生活中光明的一面，即使在漆黑的夜晚，我们也知道星星仍在闪烁。

一个心理健康的人，思想高洁，行为正派，能自觉而坚决地摒弃病态的想法。我们既可以坚持错误、执迷不悟，也可能痛改前非，改过自新，这都取决于我们自己。这个世界是大家创造的，因此，它属于我们每一个人，而真正拥有这个世界的人，是那些热爱生活、乐观向上的人。也就是说，那些真正拥有快乐的人才会真正拥有这个世界，才能让自己活得潇潇洒洒。

但是快乐也是有成本的。要得到快乐，必须先磨炼自己的耐性，先付出艰苦和等待。我们必须先播下种子，然后用不求收获的、理智的心情去等待快乐的果实。因为人的心理活动没有一刻的平静，间或兴奋、欢乐，间或沮丧、消极。快乐的人也有不幸与烦恼。有的人大部分的生活被消极情绪占领，或哀叹不已、灰心丧气，或牢骚满腹、怨天尤人，不善于解脱排遣。开朗的人的特点是把眼光盯在未来的希望上，把烦恼抛在脑后。

第一章　拂去心灵迷惘的云霾

当遇到情绪扭不过来的时候，不妨暂时回避一下，打破静态模式，用动态活动转换情绪。只要一曲音乐，就能将思维的快车带到梦想的世界。如果自己能跟随欢乐的歌曲哼起来，手脚拍打起来，无疑，此时的心灵会与音乐融化在纯净之中。同样，看场电影，散散步，和天真的孩子玩耍，都能把我们带到另一个情绪轻松的世界。

那些具有乐观、豁达性格的人，无论在什么时候，都感到光明、美丽和快乐。在他们眼睛里流露出来的光彩，将会使整个世界都变灿烂无比。在这种光彩之下，寒冷会变得温暖；痛苦会减轻。这种性格使智慧更加熠熠生辉，使美丽更加光彩夺目。

那些生性忧郁、悲观的人，永远看不到生活中的七彩阳光，春日的鲜花在他们的眼里也失去了娇艳，清脆的鸟鸣变成了令人烦躁的打扰，蔚蓝的天、绚烂的霞都变成了灰褐色。在他们眼里，生活是令人厌倦的、没有生命和没有灵魂的苍茫空白。

人的一生就像是在雾中行走，远远望去迷茫一片，前途未卜，辨不出方向和吉凶。这时，乐观的人会鼓起勇气，放下悲伤和沮丧，一步一步向前走去。他发现，自己每走一步，就能把脚下的路看得清楚一点。所以，"放下悲观往前走，别站在远远的地方观望！"我们就可以潇洒上路，最终找到属于自己的方向。

乐观就像漠漠悲观大漠中的一股永不枯竭的清泉，就像苦涩恋曲里一首没有歌词的永无止境的欢歌。它能使人的灵魂得以宁静，使人的精力得以恢复，使品德更加芬芳，使人格更加丰毅。人的精神、灵魂、品德都从这种愉悦的情绪中得到滋润，尽管烦恼和不安总在时时吞噬着这种美好的心情，各种挫折和磨难会一点一滴地消耗它，但如清泉甘露般的乐观心情却永远不会枯竭，只要你相信它、拥有它，它就会历久弥坚伴你到永远。

因此，为了拥有乐观的心态，微笑着面对生活，我们还要注意以下几条原则：

要意识到自己是幸福的。

有些想不开的人，在烦恼袭来时，总觉得自己是天底下最不幸的人，谁都比自己强。其实，事情并不完全是这样，你也许在某方面是不幸的，但在其他方面却依然是很幸运的。如上帝把某人塑造成矮子，但却给他一个十分聪颖的大脑。请记住一句风趣的话："我一直为自己没有鞋而感到不幸，直到遇到一个没有双足的人。"生活就是这样捉弄人，但又充满着幽默，多想想这些，我们就会感到轻松和愉快。

不要挑剔。

大凡乐观的人往往是"憨厚"的人，而愁容满面的人，又总是那些不够宽容的人。他们看不惯社会上的一切，希望人世间的一切都符合自己的理想模式，这才感到顺心。但实际上这是不可能的，这些爱挑剔的人，常给自己戴上是非分明的桂冠，其实是在消极地干涉他人的人格。怨恨、挑剔、干涉是心理软弱、"老化"的表现。

让自己朝好的方向想。

有时，人们变得焦躁不安是由于碰到自己所无法控制的局面。此时，应敢于承认现实，然后设法创造条件，使之向着有利的方向转化。此外，还可以把思路转到别的什么事上，诸如回忆一段令人愉快的往事等。

第一章 拂去心灵迷惘的云霾

学会屈服。

当一个人遇到重创时,往往变得浮躁、悲观。但是,这样是无济于事的。此时,不如冷静地承认发生的一切,放弃生活中已成为负担的东西,终止不能实现的希望,并重新设计新的生活。大丈夫能屈能伸,只要不是原则问题,不必过分固执。

测试:你是个悲观的人吗?

状 态 描 述	是	否
1. 如果半夜里听到有人敲门,你会认为那是坏消息,或有麻烦发生了吗?		
2. 你随身带着安全别针或一条绳子,以防衣服或别的东西裂开了吗?		
3. 你跟人打过赌吗?		
4. 你曾梦想过赢了彩券或继承一笔大遗产吗?		
5. 出门的时候,你经常带着一把伞吗?		
6. 你把收入的大部分用来买保险吗?		
7. 度假时,你曾经没预订旅馆就出门了吗?		
8. 你觉得大部分的人都很诚实吗?		
9. 度假时,把家门钥匙托朋友或邻居保管,你会将贵重物品事先锁起来吗?		
10. 对于新的计划,你总是非常热衷吗?		
11. 当朋友表示一定奉还时,你会答应借钱给他吗?		
12. 大家计划去野餐烤肉时,如果下雨,你仍会照原定计划准备吗?		

状态描述	是	否
13. 在一般情况下，你信任别人吗？		
14. 如果有重要的约会，你会提早出门，以防塞车、抛锚或别的状况发生吗？		
15. 如果医生叫你做一次身体检查，你会怀疑自己可能有病吗？		
16. 每天早晨起床时，你会期待又是美好一天的开始吗？		
17. 收到意外的来函或包裹时，你会特别开心吗？		
18. 你会随心所欲地花钱，等花完以后再发愁吗？		
19. 上飞机前，你会买旅行保险吗？		
20. 你对未来的十二个月充满希望吗？		

评分分析：

1、2、5、6、9、12、14、15、19 选"否"得 1 分，选"是"得 0 分；3、4、7、8、10、11、13、16、17、18、20 选"是"得 1 分，选"否"得 0 分。

分数为 0~7 分：你是个标准的悲观主义者，看人生总是看到不好的那一面。身为悲观者，唯一的好处是，你从来不往好处想，所以你也就很少失望过。然而，以悲观的情绪面对人生，却有太多的不利。你随时会担心失败，因此宁愿不去尝试新的事物，尤其当遇到困难时，你的悲观会让你觉得人生更灰暗、更无法接受。悲观会使人产生沮丧、困惑、恐惧；气愤和挫折的心理。解决这种状况的唯一办法，是以积极的态度去面对每一件事或每一个人，即使你偶尔仍会感到失望，但逐渐地，你会对人生增加信

第一章 拂去心灵迷惘的云霾

心,胜过原来消极态度带给你的影响。

分数为 8 ~ 14 分:你对人生的态度比较正常。不过,你仍然可以再进一步,只要你学会怎样以积极和乐观的态度来应付人生中无法避免的起伏情况。

分数为 15 ~ 20 分:你是个标准的乐观主义者。你看人生总是看到好的那一面,将失望和困难扔到一边去。乐观,使人活得更有劲,不过,要记住,有时候过分乐观,也会造成你对事情掉以轻心,结果反而误事。

挣脱虚荣的华丽魔咒

有这样一个故事:一位模样还可以的时尚女孩,有人为她介绍了一位十分英俊的帅哥,她怕对方瞧不上自己,便跑到整容院做了满脸的腮红。

她原本想要使自己的脸蛋有"白里透红,与众不同"的效果,谁知手术做完后,期望值远远低于她的想象,她发现这些腮红的面积很大,跟羞红了脸没多少区别。于是,她想让美容院再将这些"红面积"缩小些。

但是,这一次的整容结果却更加糟糕,因为,一张原来还可以的小脸蛋竟成了一块红、一块白的花猫脸,这下的的确确是"颜面扫地",她更没有自信去与英俊的帅哥会面了。

一气之下她将这家美容院告上法庭,可是,那位帅哥听说这件事就不再与她联系了,因为对方不想找一个如此爱慕虚荣的女友。这难道不是虚荣造成的悲剧吗?

心理学入门故事

《辞海》上这样的解释虚荣：表面上的荣耀、虚假的荣誉。心理学认为，虚荣心是一种被扭曲了的自尊心，是自尊心的过分表现，是一种追求虚荣的性格缺陷，是人们为了取得荣誉和引起普遍注意而表现出来的一种不正常的社会情感。

在社会生活中，人人都有自尊心，人们都希望得到社会的承认，自尊心强的人，对自己的声誉、威望等等比较关心，而虚荣心强的人一般自尊心都很强。

五十多年前，林语堂先生在《吾国吾民》中认为，面子是统治中国的"三女神"之一。"讲面子"是中国社会普遍存在的一种民族心理，面子行为反映了中国人尊重与自尊的情感和需要，丢面子就意味着否定自己的才能，这是万万不能接受的，于是有些人为了不丢面子，通过"打肿脸充胖子"的方式来显示自我，这就是虚荣心理所导致的。

爱慕虚荣的性格缺陷与戏剧化人格倾向有关。爱虚荣的人多半为外向型、冲动型的性格，这类人往往反复善变、做作，具有浓厚、强烈的情感反应，装腔作势、缺乏真实的情感，待人处事突出自我、浮躁不安。

虚荣心是一种递增的发展事物，好像一只被吹起来的气球一样，总是希望越吹越大。生命的虚荣心是无限的，俗话说作了皇帝还想成仙。满足了一个愿望，随之又产生了两三个愿望。满足了这个细小的愿望，很快又新生了那些庞大的愿望。由此可见，虚荣心具有一种强烈的渴求的力量。求而得之，则满足快乐；求而不得，便苦恼愁闷，便寻求新的获得途径。

第一章 拂去心灵迷惘的云霾

从近处看,虚荣仿佛是一种聪明;从长远看,虚荣实际是一种愚蠢。虚荣者常有小狡黠,却缺乏大智慧。虚荣的人不一定少机敏,却一定缺远见。虚荣的女人是金钱的俘虏,虚荣的男人是权力的俘虏。太强的虚荣心,使男人变得虚伪,使女人变得堕落。

叔本华说:"虚荣的人被智者所轻视,愚者所倾服,阿谀者所崇拜,而为自己的虚荣所奴役。"他还说:"虚荣心使人多嘴多舌;自尊心使人沉默。"由此可见,无数名人已经为我们早敲响了警钟,让我们知道了虚荣心要不得,"打肿脸充胖子"更是要不得。

都是虚荣惹的祸

某机构职员经常在未婚妻面前吹嘘自己如何受领导器重,有望被提拔为干部。

可是,他却仅仅因为一次向领导请假没有被批准,便感到非常丧气,认为在领导那里失宠了,当干部也没有希望了。

他越想越觉得在未婚妻面前不好交代,"如果未婚妻因为我不能提干而和我分手,我怎么办?"他越想越难以接受,竟然主动辞职了。

到后来又发展的再也没心情干工作,竟然成了无业游民,女朋友自然也与他分手了。

俗话说:"死要面子活受罪",这话深刻地揭露了人们在生活中爱慕虚荣的心极端心理。许多的问题让许多人变得虚荣,不

心理学入门故事

顾实际，也因此为日后的生活和工作埋下了隐患和祸根。而人们在刚刚开始时，就疏忽了这一种完全可以导致病态的心理现象，当然适度的虚荣不会带来很大的危害甚至会推动人的前进，但虚荣若超过了一定限度，那么危害就显而易见了。事实上，许多悲剧和社会问题皆源于此。

但更可悲的是，一些年少无知的孩子们十分注重衣服首饰以及哥们儿间的吃喝玩乐，但家长又不给太多的钱任其挥霍，于是他们便开始小偷小摸，起初偷父母的、同学的、老师的，最后甚至走上抢劫的邪恶之路。由此可见，虚荣心一旦形成，伴随而来的是诸多不良的心态，习惯和行为，便会相应而生，它会让人们只看到眼前的得益，而成功却与之相去甚远。

莫泊桑的小说《项链》中的玛蒂尔德，因为一次虚荣耗尽了自己的青春岁月。小说揭示的是一种追求虚表的心理缺陷，具备虚荣心理的人，竭力追求浮华，以掩饰这种缺陷，实际内心早已痛苦不堪。它会让一个人变得自负，错误地以为自己的能力很强。所以，我们应该明白，自己的能力在什么样的范围和程度之中。也许私下我们常常窘迫不已，但还是拼命想出尽风头，也许最终什么也得不到。一旦失败到来，往往会觉得无地自容，厌恶自己，失去信心，放弃使自己变得更有价值的机会。到头来虚荣带给我们的只是失败与痛苦。

因此，我们应该了解：虚荣只是一种令人沮丧的游戏，一场注定要失败的竞争，若是我们将变成一个固执己见的小小的独裁者，就会处处碰壁，神经紧张，夜不成寝。所以，我们就应该考虑如何戒除虚荣心。

第一章 拂去心灵迷惘的云霾

虚荣是女人的华丽外衣

有两位穿戴华丽的夫人，在豪华的商场珠宝行相遇了。

一位夫人说："你瞧，这颗绿莹莹的钻戒真漂亮，我打算买下来，你呢，看中那一款了？"

"我不打算买。并不是这些钻戒不够漂亮，我是看它们好像有些灰尘。"另一位夫人回答。

"没关系，我家里有昂贵的法国红酒，买回去清洗一下就行了？"

"哟？你还要用法国红酒来清洗呀？真是太麻烦了。我的珠宝只要一沾了灰尘，就随手扔掉了！"

上面的小故事生动地反应了两女人爱慕虚荣的心理：一个用买钻戒来表现自己的富有，用昂贵的红酒清洗来炫耀自己奢侈的生活；而另一个则表示自己的钻戒沾了一点灰尘，"就随手扔掉"来表明傲气与富有。可见，两人的"虚荣情结"是多么的深刻。

如果我们留意一下现实的生活，就不难发现，初次见面的两个女性，在打招呼的瞬间就会将对方从头到脚打量一遍，以确定对方的"价值"。像对方的服装、饰品都是评估的对象。如果手指上有钻戒的话，那就会更为认真的"研究"，确定一下它是真品还是赝品，价钱多少等等。

在婚恋天地里，虚荣心更会造成女性的痛苦。在强烈的虚荣心驱使下，往往会使人产生各种可怕的动机，后果是非常严重的。有位心理学家曾经说过，虚荣心是使人走向歧途的兴奋剂，是有道理的。因为虚荣心能烧起一个人的邪念，使人失去理智，导致终生遗憾！

有些症状严重的女人，将以"虚荣"两字度过一生。女性很喜欢透过别人的眼睛，对自己展开评价。正因为如此，有时会使自己迷失。至于女性如何地意识到周围的视线，如何喜欢引人注目——只要看看化妆品广告的小丑，以及身穿奇装异服的人就不难明白。

因虚荣心导致的盲目攀比心理，更是让女性将大量的时间花在衣着打扮、化妆等生活细节上，有的甚至无休止的做整形手术。虚荣让女性抱有偏见，也能让女性的精神感到空虚，它已成了困扰女性的一种很难克服的心理疾病，更是性格的一大缺陷。

因此，现代女性一定要慎重，一旦发现自己穿着"虚荣外衣"的华丽外衣，就要想办法将它脱掉。因为，它带给你的不是美丽的形象，而是心灵的束缚。

挥挥手，甩掉虚荣

有人说要想在世上寻找一个毫无虚荣的人，就和寻找一个内心毫不隐藏低劣感情的人一样困难。实际上，虚荣不过是人们想借它来遮掩自己低劣的心理罢了。

其实，虚荣的圈子是整个儿的，自古到今，人类的舞台都在上演着虚荣的故事。白种人自夸他比全世界有色人种都优胜；男人自夸他比一切女人都更有能力；美国人向德国人自夸；德国人向波兰人吹牛；波兰人向匈牙利人逞强；而匈牙利人以为他比蒙

第一章 拂去心灵迷惘的云霾

古人厉害。无怪敏感的诗人要说:"虚荣,虚荣,世界上一切都是虚荣!"

虚荣是一种特性,是取攻势不是取守势的,所以虚荣的人,不但会拿利刃刺向自己,而且还会把利刃转过头去,去刺别的人。所以凡是虚荣的人,他们的周围便都是他们的仇敌,因此他享受不到生活上互助的快乐。再说,由于虚荣引发的惨烈竞争,是最不幸最恶劣的事。人们因虚荣的竞争而送掉性命的惨例子举不胜举的,而虚荣的人能够永远维持他的虚荣的例子却屈指可数!

人类的虚荣之心,已经是根深蒂固,人很容易掉进自己给自己设置的虚荣的陷阱里。过度的虚荣,可以让人们成为一只无头苍蝇,明明知道自己的举动没有任何意义,解决不了任何实际问题,但是由于虚荣心的作祟,依然汲汲营营,最终只能落得两手空空。

日本福富太郎在《智慧赚钱法》中提到获得财运的第48种方法是"勿一味追求时尚"。而前人认为吸引女性的要素有下列五项:胆量、金钱、面貌才干和幽默感。

可是现在的年轻人却本末倒置,觉得能言善道、仪表堂堂最为重要,觉得标榜名牌、挥金如土才是阔绰。观察目前社会上,那些口口声声谈装扮、标榜个性风格的年轻人却多半也穿着俗不可耐的衣服,每个人都像穿制服似的,并无什么特色可言。

虚荣心给人们带来的麻烦和苦恼也是有目共睹的,我们千万不要成为虚荣的奴隶。那么,如何才能挣脱被虚荣缠绕的心灵呢?

首先,要树立正确的荣辱观,即对荣誉、地位、得失、面子要持有一种正确的认识和态度。一个人活在世界上要有一定的荣誉与地位，这是心理的需要，每个人都应十分珍惜和爱护自己及他人的荣誉与地位，但是这种追求必须与个人的社会角色及才能一致。

面子"不可没有，也不能强求"，如果"打肿脸充胖子"，过分追求荣誉，显示自己，就会使自己的人格受到歪曲。同时也应正确看待失败与挫折，"失败乃成功之母"，必须从失败中总结经验，从挫折中悟出真谛，才能建立自信、自爱、自立、自强，从而彻底消除虚荣心。

其次，要认识到虚荣所带来的危害。一些虚荣心很强的人，意识不到自己的虚荣，不肯承认自己的虚荣行为，所以很难克服虚荣。要清楚虚荣是一种虚假的荣誉，它可能得到一时的满足，填补一下内心的空虚，但它却会让你背上沉重的包袱，时刻担心失去，这样，一旦失去，就会痛苦不堪。所以，只有认识到自己身上的虚荣以及虚荣的危害，才能下决心克服虚荣。

再次，要克服极度私心的个人主义。虚荣心强的人往往过于关注自己的名字和荣誉，很少考虑别人的感受和评价，有较强的自我表现欲，只要能给自己带来表现的机会，他都不会放过，争强好胜，不计后果，是一种个人主义自私心理的表现。所以，要克服虚荣心，还要克服个人主义的自私心理和自我表现欲。

还要培养脚踏实地、实事求是的思想作风。过于虚荣的人往往都缺乏脚踏实地的思想作风和工作作风、情绪不稳，能满足虚荣心时就有很高的热情，一旦虚荣心得不到满足情绪就会一落千丈。因此，要克服虚荣心，还要从实际出发，踏实工作，培养锻炼自己的真才实学和良好的心理品质，才能彻底挣脱虚荣的浮华

第一章 拂去心灵迷惘的云霾

魔咒。

测试：你有虚荣心理吗？

状 态 描 述	是	否
1. 你经常停留在商店橱窗前，悄悄欣赏自己的身影吗？		
2. 你曾经做过整形手术吗？		
3. 你曾经动过整形的念头吗？		
4. 你定期花钱保养你的指甲吗？		
5. 你喜欢欣赏自己的照片吗？		
6. 度假回来时，你会向别人展示纪念品吗？		
7. 你很注重衣着打扮吗？		
8. 你每天梳头超过三次吗？		
9. 你喜欢身上戴许多首饰吗？		
10. 你偏爱名牌手提箱吗？		
11. 你偏爱名牌衣服吗？		
12. 跟一个浑身邋遢的朋友走在路上，你会觉得尴尬吗？		
13. 你希望自己拥有一些头衔吗？		
14. 你花在打扮和保养上的费用超过预算吗？		
15. 你喜欢照许多照片吗？		

评分分析：

每题选择"是"记1分，选择"否"不记分。将各题得分相加，算出总分。

1. 分数为 10~15：无可否认，你是个虚荣心相当强的人。你对自己的外表非常在意，在他人面前，无时无刻不在注意自己的仪容，因为你希望自己永远留给别人最佳的印象。

2. 分数为 4~9：你有点虚荣心，还好，不算很严重，也许你只是比较在意自己的外表和给他人的印象，你仍觉得人生还有别的事比外表更重要。

3. 分数为 0~3：你这个人，可以说一点虚荣心都没有。即使有些虚荣心的人会觉得你很邋遢，但是你一点也不在乎，宁愿把注意力放在重要的事情上，也不愿花许多时间和金钱在虚无的外表上。

远离猜疑的无形杀手

在一个小镇上有一个生意红火的店铺，店主有一对双胞胎儿子。当这对双胞兄弟长大后，就留在父亲经营的店里帮忙，直到父亲过世，兄弟俩接手共同经营起了这家商店。

店里的生意与老店主在世一样红红火火，兄弟俩生活的一切也都很平顺，可是有一天一块美金丢失后，他们关系发生了变化。这天，哥哥将一块美金放进收银机，并与顾客外出办事，当他回到店里时，突然发现收银机里面的钱已经不见了！

他问弟弟："你有没有看到收银机里面的钱？"

弟弟回答："我没有看到。"

但是哥哥对此事一直耿耿于怀，咄咄逼人地追问，不愿罢休。

第一章　拂去心灵迷惘的云霾

哥哥说："钱不会长了腿跑掉的，我认为你一定看见了这笔钱。"语气中隐约地带有强烈的质疑意味。

弟弟说："我没见就是没见，你再追问也没用。"口气里的怨恨油然而生。这样，这对手足之情就出现了严重的隔阂。

开始双方不愿交谈，后来决定不再一起生活，在商店中间砌起了一道厚墙，从此分居而立。

一晃二十年过去了，敌意与痛苦与日俱增，这样的气氛也感染了双方的家庭后辈与整个社区。

有一天，突然有位开着外地车牌汽车的男子，在哥哥的店门口停下。

他走进店里问着："您在这个店里工作多久了？"哥哥回答说他这辈子都在这店里服务。

陌生的男子说："我必须要告诉您一件往事：二十年前我还是个不务正业的流浪汉，一天流浪到你们这个镇上，肚子已经好几天没有进食了，我偷偷地从您这家店的后门溜进来，并且将收银机里面的一美元取走。虽然时过境迁，但对这件事情一直无法忘怀。一块钱虽然是个小数目，但是深受良心的谴责，我必须回到这里来请求您的原谅。"

当说完原委后，这位访客很惊讶地发现店主已经热泪盈眶、语带哽咽的音调请求他："是否也能到隔壁商店将故事再说一次呢？"于是陌生男子又到隔壁的店铺将故事说了一遍，当他说完后，却惊愕地看到两位面貌相像的中年男子，在商店门口痛哭流泪、相拥而泣。

心理学入门故事

培根说:"疑心病是友谊的毒药。"是啊,二十年的时间,怨恨终于被化解,兄弟之间存在的对立也因而消失。可是谁又知道,二十年猜疑的萌生原因,竟是源于区区一块美金的消失。

猜疑是人性的弱点之一,历来是卑鄙灵魂的伙伴,是害人害己的祸根。一个人一旦陷入猜疑的陷阱,必定处处神经过敏,事事捕风捉影,对他人失去信任,对自己也同样心生疑窦,损害正常的人际关系,影响个人的身心健康。

猜疑者整天疑心重重、无中生有,认为人人都不可信、不可交。真是越猜越疑惑,而越疑惑就越猜。有些人猜疑心理的产生是出于消极的自我防御。他们过去曾经因为轻信别人而受过骗,或受过感情挫折,于是"一朝被蛇咬,十年怕井绳"。为防止再次受骗上当或再遭受挫折,他们总是对他人心存戒备,不再轻易相信任何人,并常常把他人往坏处想,结果渐渐形成了猜疑的性格。

有的人见到几个同事背着他讲话,就会怀疑是在讲他的坏话;有的人见老师对他态度略显冷淡一些,又会觉得老师对自己有了看法。成天提心吊胆,内心总有解不开的疑惑,总有摆脱不了的矛盾,活得很累。这种人心有疑惑,不愿公开,也少交心,整天闷闷不乐、郁郁寡欢。由于自我封闭,阻隔了外界信息的输入和人间真情的流入,便由怀疑别人发展到怀疑自己、怀疑自己的能力,失去信心,变得自卑、怯懦、消极、被动。

第一章　拂去心灵迷惘的云霾

"疑心生暗鬼"

《三国演义》中曹操刺杀董卓败露后，与陈宫一起逃至吕伯奢家。曹吕两家本是世交。吕伯奢一见到曹操到来，本想杀一头猪款待他，可是曹操因听到磨刀之声，又听说要"缚而杀之"，便大起疑心，以为要杀自己，于是不问青红皂白，拔剑误杀无辜。

像曹操这样戴着有色眼镜看人，往往毫无根据地猜疑他人的人。一个人一旦掉进猜疑的陷阱，必定处处神经过敏，在猜疑心的作用下，被猜疑的人的一言一行往往都被罩上可疑的色彩，即所谓"疑心生暗鬼"。有些人疑心病较重，乃至形成惯性思维，导致心理变态。一个人如果心胸过于狭窄，对朋友乃至家人无端猜疑，不但会影响人际关系、影响家庭和睦，还会影响自己的心理健康。

猜疑是建立在猜测基础之上的，这种猜测往往缺乏事实根据，只是根据自己的主观臆断毫无逻辑地去推测、怀疑别人的言行。

猜疑的人往往对别人的一言一行很敏感，喜欢分析深藏的动机和目的，看到别的同学悄悄议论就疑心在说自己的坏话，见别人学习过于用功就疑心他有不良企图。好猜疑的人最终会陷入作茧自缚、自寻烦恼的困境中，结果还导致自己的人际关系紧张，失去他人的信任。

这种人会挫伤他人和自己的感情，对心理健康是极大的危害。为此英国思想家培根曾说过："猜疑之心如蝙蝠，它总是在黄昏中起飞。这种心情是是乱人心智的。它能使你陷入迷惘，混淆敌

心理学入门故事

友,从而破坏人的事业。"

我国古代的寓言"疑人偷斧"的故事,就是一个典型的讽刺那些爱猜疑的人。

一个人丢失了斧头,怀疑是邻居的儿子偷的。从这个假想目标出发,他观察邻居儿子的言谈举止、神色仪态,无一不是偷斧的样子,思索的结果进一步巩固和强化了原先的假想目标,他断定"偷斧贼"非邻居莫属了。可是,不久在山谷里找到了斧头,再看那个邻居儿子,竟然一点也不像偷斧者。

这个人从一开始就自己给自己先下了一个结论,然后自己走进了猜疑的死胡同。由此看来,猜疑一般总是从某一假想目标开始,最后又回到假想目标,就像一个圆圈一样,越画越粗,越画越圆。现实生活中猜疑心理的产生和发展,几乎都同这种作茧自缚的封闭思路主宰了正常思维密切相关。

古人云:"长相知,不相疑。"反之,不相知,必定长相疑。不过,"他信"的缺乏,往往又同"自信"的不足相联系。疑神疑鬼的人,看似疑别人,实际上也是对自己有怀疑,至少是信心不足。有些人在某些方面自认为不如别人,因而总以为别人在议论自己,看不起自己,算计自己。有些人以前由于轻信别人,在交往中受过骗,蒙受了巨大的精神损失和感情挫折,结果万念俱灰,不再相信任何人。一个人自信越足,越容易信任别人,越不易产生猜疑心理。

这种对环境、对他人、对自己缺乏信任的思想,对交往挫折

第一章 拂去心灵迷惘的云霾

的自我防卫，又何尝不是在作茧自缚呢？

夫妻何必乱猜疑

一天下班之前，几个青年人因为开玩笑过度而发生争吵，并动起了手，老李便跑过去劝架。后来老李发现手表丢了，到处找也没找到。打架的几个年轻人觉得老了做了好事，不能让他个人受损失，打算凑钱买块表赔给老李。表买好后，众人因为内心有愧，便委托工会的大姐转交给他。

下班的路上，工会大姐巧遇老李和他的妻子，笑着对老李说："你丢了表，大伙凑钱买了一只赔你，让我转交给你。"老李连忙推辞说不要，而工会的大姐说不要不行，于是两人一来二去的推让了一番。谁知老李的妻子在一旁厉声说道："哼，你们这样拉拉扯扯的成何体统？"她的脸色也十分难看。她立即对老李进行"质问"，一口咬定丈夫与工会大姐有不正当的关系，让老李与工会大姐都非常尴尬。

夫妻间的猜疑大多产生于那些心胸狭窄、性格不够开朗的人中，也许一方婚前展示自己性格、爱好等不够充分，婚后，另一方发现对方有许多方面并不为他（她）了解，如果豁达开朗的人，即使有点小矛盾心里也不会存有芥蒂，依然会爱他（她）如初。但若是心眼比较小，遇事想不开，又不及时把心里的疙瘩说出来，窝在心里自己犯嘀咕，这就容易产生猜疑了。一旦猜疑起来，有时解释一下会引起更大的猜疑。

心理学入门故事

遇到这种情况，就需要有耐心、有涵养，帮助伴侣打破思维定式，向他（她）袒露胸襟，用诚恳的态度化解爱人的缺点。有问题时不要回避，把一切都处理得磊落大方，有了基本的信任尊重之后，猜疑就会自然消失。

夫妻间的感情一般是建立在相互信任、相互尊重、相互了解的基础上，而猜疑恰恰违背了这些原则，它是夫妻真挚情感的杀手。婚姻中倘若有了猜疑，悲剧便会产生，生活中这样的事例已发生了许多许多。

我国著名电影演员达式常仪态潇洒，风度翩翩，有不少影迷给他写求爱信，还寄来了楚楚动人的照片，但是这些信，达式常都是交给妻子，因为他信任自己的妻子。妻子也从来不干涉达式常的拍片活动，尽管丈夫因为工作性质同姑娘们打交道的机会很多，妻子从来没有怀疑过。妻子常对达式常说："片子该怎么演就怎么演，我相信你！"

猜疑不但影响夫妻生活，更是爱情的杀手。在现实生活中，有多少恋人渴望获得一份忠贞不渝的爱情，但又有多少人因怀疑彼此的忠诚而分道扬镳。猜疑是恋爱中并不少见的一种心理，大多数都造成了不良的后果。

一般来说，沐浴在爱河中的男女们，因为相互之间缺乏了解和信任而产生猜疑还在其次，大多数人是基于对爱情的片面理解，造成了异性交往中的理解偏差。恩格斯说过，爱情就其本性来说是排他的。也有人说：爱情是自私的，一个人不可能把爱同时奉献给若干个异性。但是，爱情并不排斥友情，友情也并不具有排他性。一个人有了恋人以后，同异性可以继续来往，保持朋友关

第一章　拂去心灵迷惘的云霾

系，只要这种关系不具有爱情的性质。如果排斥恋人同一切异性的往来，自然会萌生猜疑心理。

当恋爱双方有了猜疑心理后，应努力把爱情关系建立在互相信任和尊重的基础上，对别人的闲话不要盲目相信，一旦有了猜疑，更不要意气用事，而要冷静分析。

拨开心头的疑云

一个人如果猜疑心过重的话，就会因一些可能根本没有或不会发生的事而忧愁烦恼、郁郁寡欢。猜疑者常常嫉妒心重，比较狭隘，因而不能更好地与他人交流，其结果可能是无法结交到朋友，变得孤独寂寞，对身心健康都有危害，因此这种心理要改变。

首先，要打破封闭思维，现实生活中，许多猜疑戳穿了是很可笑的。但是戳穿之前，由于先入为主的自我暗示心理作祟，猜疑者却会觉得事情顺理成章。要打破封闭思维，除了要防止先入为主的心理定势外，还要牢记"当局者迷，旁观者清"的古训，必要时请一些自己信得过的人帮助分析，以消除一些荒唐可笑的胡乱猜疑。

"天下本无事，庸人自扰之"。由于缺乏自信，猜疑者特别在乎别人的评价，又特别担心别人的评价，害怕别人看不起自己，以至老是觉得别人在议论自己的缺点或不足，总是怀疑别人在做有损自己名誉或不利于自己的事情。"谁人背后无人讲，谁人背后不讲人"。即使别人议论自己也不必介意，别人的评价未必正确，整天按照别人的议论去生活，还有什么乐趣？要一种"走自己的路，让别人去说吧"精神！

优化个人的心理素质，拓宽胸怀，来增大对别人的信任度和排除不良心理。猜疑往往是心灵闭锁者人为设置的心理屏障，只有敞开心扉，将心灵深处的猜测和疑虑公之于众，增加心灵的透明度，才能求得彼此之间的了解沟通，增加相互信任，消除隔阂，获得最大限度的谅解。

要理性思考，不无端猜疑。摆脱错误思维方法的束缚，猜疑一般总是从某一假想目标开始，最后又回到假想目标。只有走出先入为主的死胡同，才能促使猜疑之心在得不到自我证实和不能自圆其说的情况下自行消失。当发现自己生疑时，不要朝着有利于猜疑的方向思考，而应问自己：为什么我要这样想？理由何在？如果怀疑是错误的，还有哪几种可能发生的情？在做出决定前，多问几个为什么是有利于冷静思索的。

学会发现自己的优点，增强自信心。每个人都不是十全十美的，都有自己的优点和不足。不要只看到缺点而灰心丧气，更重要的是发现自己的优势，培养自信心和自爱心，相信自己有能力，会给他人一个良好印象的。这样就会充满信心地学习和生活。

人们常说"做贼心虚"，就是说自己内心不坦荡就会心怀鬼胎而猜疑他人；只有"心底无私"，才能"天地宽"，这样对他人及周围的事情才会看得比较真实、自然。生活需要我们的信任与理解，希望朋友们能拨开心头的疑云，摘下有色眼镜，将爱和信任撒向人间。

第一章 拂去心灵迷惘的云霾

测试：你有猜疑心态吗？

适度的戒备可以起到自我保护的作用，但是猜疑心态过于严重，对别人的任何行为都认为是居心不良，那么于人于己都是有百害而无一益的。

下面小测验，你只需回答"是"或"否"。

状 态 描 述	是	否
1. 你是否经常认为别人不喜欢你？		
2. 你是否经常认为家人和朋友在背后说你坏话？		
3. 你心中是否已有给别人下结论的标准？		
4. 你是否认为多数伴侣在有机会又不被他人发觉的情况下有不忠行为？		
5. 假如有人赞扬你，你是否经常怀疑别人的赞扬出于真心？		
6. 你是否认为多数人在无人监督时工作一定偷懒？		
7. 假如你找不到东西，第一个反应是不是认为一定是他人拿走的？		
8. 如果你需要帮助，是否会多方求援，而非只信某个人的建议？		
9. 你是否认为，多数人遵守规矩的原因是怕犯错误被别人发觉？		
10. 在需要留下你的电话、住址时，你是否犹豫？		

评分分析：

每个题答"是"得 5 分，答"否"得 0 分。

0～10 分：你对别人过于信任。

15～40分：你对人既怀疑又信任，这很正常。

45～50分：你的疑心太重，应该学会如何正确地信任别人。

突破自私的狭隘空间

有一位叫琼莎的太太，是一位有钱的贵妇人，她在城郊修了一座大花园。这花园修建得景观别致，花草怡人，吸引了附近许多的人来游玩散心，他们毫无顾忌地跑到琼莎太太的花园里嬉戏。

年轻人姑娘小伙在绿草如茵的草坪上跳起了欢快的舞蹈；小孩子扎进花丛中捕捉蝴蝶；一些悠闲的老人们则蹲在池塘边垂钓；有人甚至在花园当中支起了帐篷；打算在此过他们浪漫的盛夏之夜。这些人在这里简直有点乐不思蜀，个个快乐无比、悠然自得。

琼莎太太站在窗前，看着这群快乐得忘乎所以的人们，看着他们在属于她的园子里尽情地唱歌、跳舞、欢笑开心。竟然越看越生气，就叫仆人在园门外挂了一块牌子，上面写着：私人花园，未经允许，请勿入内。

可是这一点也不管用，那些人还是成群结队地走进花园游玩。琼莎太太只好让她的仆人前去阻拦，结果发生了争执，有人竟折走了花园的篱笆墙，且来往更方便了。

这下可把琼莎太太给气坏了，她觉得自己的肺简直就要爆炸了，该怎么阻止这些狂妄的家伙呢？她苦思冥想，后来，终于想出了一个绝妙的注意。她叫仆人把园门外的那块牌子取下来，换上了一块新牌子，上面写着：欢迎你们来此游玩，但为了你们的

第一章　拂去心灵迷惘的云霾

安全，本园的主人不得不提醒大家，这座美丽的花园草丛中有一种毒蛇。如果哪位不慎被蛇咬伤，请在半小时内采取紧急救治措施，否则性命不保。最后告诉大家，离此地最近的一家医院在威尔镇，驱车大约45分钟即到。

真是一个绝妙的注意，那些贪玩的游客看了这块牌子后，对这座景色怡人的大花园心怀余孽，个个都望而却步了。几年后，没有人再敢踏进琼莎太太的花园去，这个花园确实平静了下来。这下再没人打扰琼莎太太了，可以说随了她的心愿。

可是，最近琼莎太太却增加了新的烦恼与恐惧，因为，她发现因为园子太大，走动的人太少而杂草丛生，毒蛇横行，几乎荒芜到不能行人的地步。这时她才感到孤独、寂寞，而非常怀念那些曾经来园子里玩的快乐的游客们。

在我们每个人心中都有一座风景优美的大花园。如果我们能心胸宽大一些，不自私狭隘，能允许别人在此种植快乐，这份快乐同时也会滋润我们的心灵，那么，我们心灵的花园就永远不会荒芜，更不会生出有害的"毒素"。

过于自私的表现是一种心胸狭窄、气量狭小的异常心理和人格缺陷。常常表现为：吝啬小气，斤斤计较，吃不得亏，会想方设法弥补"损失"不能容忍他人的批评，不能受到一点委屈和无意的伤害，否则便耿耿于怀、伺机报复；人际交往面窄，容不下那些与自己意见有分歧或比自己强的人等。

在一家心理咨询室，一个大学生说："我发现生活中人人都有自私的一面，难道自私是人的本性吗？"

心理学入门故事

心理咨询师说:"自私是人类的一种正常表现,每个人都有自私的时候。但无私帮助别人也是人的正常心理活动,甚至每个人也都有过无私帮助别人的时候。所以不能说'自私是人的本性'。'人有过自私'和'人的本性是自私的'是两个不同的概念。一个人自私过,不等于人的本性是自私的。"

私欲是一切生物的共性,所不同的是其他生物的私欲是有限的,人的私欲是无限的。正因为如此,人的不合理的私欲必须要受到社会公理、道义、法律的制约,否则这个社会就不属正常的社会。

我们可以想象一下,作为任何一个人,他的内心中存在一种普遍的道德、法律和保持自己的私心杂念是不矛盾的。如果人性中全是崇高的道德理念,人就不再是人而是神,如果人心中全是私心杂念,无崇高的道德理念,人就不再是人而和动物没什么区别。

自私的代价

据说,越南战争中,一个美国士兵打完仗回到国内,在旧金山旅馆里他辗转反侧,夜不能寐。午夜,他给家中的父母打了一个电话。

"爸爸,妈妈,我要回家了。但是我要你们帮一个忙,我要带一个朋友一起回来。"

"当然可以。"父母亲回答说。"我们见到他会很高兴的。"

"但是,有件事一定要告诉你们,他在那可恶的战争中踩响了一个地雷,受了重伤,他成了残疾人,少了一条腿和一只手。

第一章 拂去心灵迷惘的云霾

他已无处可去,我希望他能和我们住在一起。"

"我们为他感到遗憾。孩子,我们帮他另找一个地方住下,好吗?"

"不,他只能和我们住在一起。"儿子固执地说。

"孩子,你不知道,这样他会给我们造成多大的拖累,我们有我们的生活。孩子,你自己一个人回家来吧。他会有活路的……"

父母的话没说完,儿子的电话就断了。做父母的心里还在等待着儿子回来,但一个星期后,他们接到警察局打来的电话,被告知他们的儿子坠楼自杀了。悲痛欲绝的父母飞到旧金山,在停尸房内,他们认出了他们的儿子,然而,他们惊愕地发现:他们的儿子少了一条腿、一只手。

这对父母因为自己的一念之私,断送了自己的儿子在残酷的战争中保留下来的宝贵生命,可以说悔恨莫及。

自私潜藏在人的心灵深处,是人的一种本能欲望。正因为自私心理较深,它的存在与表现便常常不为个人所意识到,有的人不顾社会历史条件的要求,一味想满足自己的各种私欲,可是自己却并非意识到这样的行为过于自私,相反,他在侵占别人利益时往往心安理得,也因为如此,心理学家才将自私称为异常心理。

自私是一种极端利己的心理,指的是只顾自己的利益,不顾他人、集体、国家和社会的利益。自私有程度上的不同,轻微一点是计较个人得失、有私心杂念、不讲公德;严重的则表现出为达到个人目的,侵吞公款、诬陷他人、铤而走险。贪婪、嫉妒、报复、吝啬、虚荣等病态社会心理从根本上讲都是自私的表现。

心理学入门故事

自私是孩子的"天性"吗

"这些彩球是我的,都是我的,是我先拿来的,谁都不能动!"4岁的明明一边喊着,一边拼命地用手和胳膊护着她面前的一大堆色彩鲜艳的彩球。

"我也想玩,我要拿走几块。"蕊蕊站在旁边说。

"不行!你不能玩,我需要所有的彩球,你一个也不能拿走!"明明急红了脸。

"发生了什么事?"老师走过来,推开明明护着彩球的胳膊,低声说,"好,明明,这么多的彩球,分给蕊蕊一些。"

"不给他!"明明喊了起来,"这些全是我的!"

老师非常生气,但也毫无办法。

　　自私是幼儿常见的问题行为。自私的幼儿除了具有"食物不肯给别人吃"、"玩具或学习用品不愿借给别人用"的最直接特点外,还具有如下主要特征:自私自利,占有欲强,不仅极力保护自己的物品,还常抢夺、拿走不属于自己的物品;个人主义严重,缺乏同情心和集体意识;心胸狭窄,奉献精神较差,做事斤斤计较,爱讲条件;不善交际,不太合群,孤僻,多疑等。

　　可以说,一般的孩子都有自私的表现,那么自私是孩子的"天性"吗?也不尽然。虽说自私是孩子的一大特征,他们的自私行为较多于成年人。但孩子也有慷慨大方的一面,比如孩子有时候出于友谊或心情高兴时,也会主动将帮助他人或将自己的食物或玩具分给别的孩子。所以说,孩子的自私行为不完全来自于"天性",它更多的来自于"后天"的成分。

导致孩子自私的原因,首先是因为做独生子女的特殊性。由于是家中唯一的孩子,他集父母的爱于一身,甚至垄断了父母的整个身心。如果在处周围的不良的环境之中,孩子自私心理就更容易产生,与其周围人们的不良影响也有很大关系,都会助长孩子的自私心理。

不要轻看孩子的自私行为,要知道自私是万恶之源,如果放任幼儿自私心理的发展,那么他们长大后,轻则为计较个人得失损人利己、损公肥私、不讲公德,重则为达到个人目的以权谋私、诬陷他人、铤而走险。因此,对幼儿的自私心理和行为必须及时予以矫正。

要想纠正孩子的自私行为,就不要一味的迁就孩子。孩子的自私主要是后天形成的,自私心理的根源是来自家庭的娇惯和溺爱。俗语说"解铃还得系铃人",因此,克服自私心理的关键是消除家长对孩子的过分支持、过分保护和"唯儿是从"的现象。

父母的榜样行为对孩子有着最直接、最持久的影响作用,所以为孩子树立学习与模仿的榜样,是父母的首要任务。在日常生活中,父母应首先做到先人后己,乐于助人,以实际行动教育、影响孩子。如家里买了好吃的东西先给长辈送去,乐意把自己心爱的物品借给朋友使用,主动帮助邻居解决生活困难等等或利用电影、电视、童话、故事等作品中的有关事例教育、熏陶孩子。

心理学入门故事

学会给予,把自私踩在脚下

吉米在圣诞节前夕收到了一辆新轿车,是哥哥送给他的圣诞礼物。圣诞这天,他从办公室里出来,看见一个小男孩正在看他的新车。他走了过去,小男孩问道:"先生,这是你的车吗?"

吉米点点头,说:"我哥哥送给我的圣诞礼物。"

小男孩吃惊地瞪大了眼睛,"你是说这车是你哥哥白白送给你的,你一分钱都没花?天呵!我希望……"他犹豫了一下。

吉米当然知道他希望什么,这个小男孩会希望他也有一个这样的哥哥。但是那小男孩接下去说的话却让他对这小男孩刮目相看。

"我希望,"小男孩子接着说:"我将来能像你哥哥那样。"

吉米吃惊地看着这个小男孩,不由自主地问了一句:"你愿意坐我的车兜一圈吗?"

"当然,我非常愿意。"

车开了一段路,小男孩转过身来,眼里闪着亮光,说道:"先生,你能把车开到我家门口吗?"

吉米笑了,这回他想他知道这小男孩想干什么,这小男孩想在邻居们面前炫耀一下他是坐新轿车回家的。但是吉米又错了。小男孩请求他:"你能把车停到那两个台阶那儿吗?"

车停后,小男孩顺着台阶跑进了屋,不一会儿,吉米听到小男孩又返回来了,不过这次他回来很快。他背着脚上残疾的弟弟,他把他放在最下面的台阶上,然后扶着他,指着车对他说:"小弟,看那新车,是不是跟我在楼上告诉你的一样。他哥哥送给他

第一章 拂去心灵迷惘的云霾

的圣诞礼物,他一分钱也没花,你等着,有一天我也会送你一辆车。那样你就可以坐在车里亲眼看一看圣诞节商店橱窗里那些好东西了!"

吉米下了车,把那个脚残疾的小男孩抱进了车里,那位小哥哥也坐进了车里,他们3个人一起度过了一个难忘的夜晚。

从那天起,吉米真正懂得了:"给予是快乐的"这句话。是的,我们只有给予、帮助别人,我们才能获得快乐。就如马特洛索夫说:"人活着应该让别为你活着而得到快乐。"

多帮助他人,才能将私念从我们的心里一点点赶走。别林斯基说:"克服利己主义,把自私的我踩在脚下。"自私并不是不能克服的,它也并不是洪水猛兽,只要我们在意识到自己的自私行为时及时调适就可以了。

一个想要改正自私心态的人,不妨多作些利他行为。例如关心和帮助他人,给希望工程捐款,为他人排忧解难等。私心很重的人,可以从让座、借东西给他人这些小事情做起,多做好事,可在行为中纠正过去那些不正常的心态,从他人的赞许中得到利他的乐趣,使自己的灵魂得到净化。

很多时候,自私和无私之间仅是一线之隔。越过它,就可以感受到舍己为人,不求任何回报的快乐。这是最大的喜悦,也是人生道路上不可缺少的一步。自私的人停留在狭小自我的束缚里,无法想象和体会助人为乐的快乐。无私是所有伟大人物共同的特性之一,没有无私的服务,做什么都不会得到成就。但是,要记住,如果所从事的行为是自私的,那么,纵然读破万卷经书也是

心理学入门故事

枉然的。

测试：你有自私心理吗？

1. 家里就剩下一个苹果了，你会（　　）

    A．与家人分享。　　B．独自享用。

2. 办公室里或者家里的地很久没有打扫了，你会（　　）

    A．主动打扫。B．让别人去扫。

3. 领导或者老师公开表扬其他同事或同学时，你会（　　）

    A．很高兴。　B．没感觉。

4. 现在你的皮夹里有多少钱？（　　）

    A．不知道，不过肯定够用的。

    B．知道有多少钱，甚至几毛钱都记得。

5. 办公室的窗户被风吹开了，你会（　　）

    A．主动去关上。　　B．假装没有看见。

6. 壶里的水烧开了，你会（　　）

    A．主动去灌。B．等其他人灌。

7. 办公室或教室里的一把扫帚倒在了门口，你经过门口（　　）

    A．主动扶起它。　　B．不管它。

8. 你坐在公共汽车上，遇到老弱病残孕的人没有座位，你会（　　）

    A．主动给他们让座。　B．假装没有看见。

9. 有人晕倒在路边，你会（　　）

    A．帮助他（她）去医治。　　B．视而不见。

10. 你会为别人的利益而去牺牲自己的利益吗？（　　）

第一章　拂去心灵迷惘的云霾

　　A．会。　　　B．不会。

评分分析：

选择"A"得1分，选择"B"得2分。

得分在14～20分之间，你有比较严重的自私心理；

得分在1～13分之间，你的自私心理还可以容忍。

解开报复渊源的连环套

　　战国时的楚王非常宠爱一位叫郑袖的美女。郑袖不但漂亮，也非常工于心计。不久，楚王又新得到一位美女，就把郑袖冷落到了一旁。郑袖妒火中烧，于是暗暗筹定计策。她故意与新美人套近乎，告诉她楚王的一些习惯。新美人对郑袖心怀感激。

　　郑袖对新美人说："昨天楚王到我这里来，对你赞美有加，只是稍嫌你的鼻子长得不好，你以后见了楚王可以把鼻子遮起来。"美女信以为真。不料郑袖回头却告诉楚王说："新来的美人说王有狐臭气，见面时都得掩着鼻子才行。"

　　楚王一看果然如此，于是怒不可遏，令人砍掉美女的鼻子，赶出宫去。郑袖自然夺回了楚王的宠爱。

　　当一个人的灵魂真的已被报复心控制，他（她）失去最多的是人性中最宝贵的东西：宽容和慈善。失去宽容和慈善的人面部有一层潜藏的杀机，这层杀机严重消减这个人的魅力。人有时说不出什么高深的道理，但却能感觉出事物的本质。一个人接受另

心理学入门故事

一个人,不是接受样子,而是接受感觉。许多报复心重的人也懂这个道理,不然他们就不会费力不尽地伪装自己。伪装很累,因此怀揣报复的人整天都会觉得自己很有压力。

有时女人很奇怪,就在一霎时,她们会平白无故地对比自己漂亮、聪明和幸运的女人产生敌意。报复心重的女人会在社交场所攻击她臆造的"敌人",尽管这个"敌人"她根本就不认识或一点也不熟悉。

漂亮女人则更容易滋生报复心理。因为报复需要漂亮女人的实力来催生它,也需要漂亮女人用虚荣来张扬它。女人的美本质上与漂亮无关,它主要体现在亲和力。亲和力与漂亮是两回事。许多女人认为漂亮就是一切,而且经常为自己的漂亮而忘乎所以。女人的漂亮是一个是非的结构,很多出事的焦点都喜欢集聚在这个结构上,报复更不例外。

如果站在历史的角度去审视报复的价值,人们会惊叹:报复的人生成本实在是太昂贵了!

冤冤相报何时了

在社会交往中,有些人以攻击的方式对那些曾给自己带来伤害或不愉快的人发泄不满,这种情绪就是报复。报复心理是一种不健康的心理状态,它不仅会对报复对象造成这样或那样的威胁,而且有害自己的心理健康。试想,如果这个世界上每个人都"有仇必报"的话,那么冤冤相报何时能了呢?社会又怎么能够平静安稳?

第一章　拂去心灵迷惘的云霾

每个人都该学会用动机和效果统一的观点去衡量人的行为，这样可以减少许多不满情绪的产生，为报复心的萌生断了后路。当他人给自己带来伤害或不愉快时，应该试着回想自己是否也在给别人带来过同样的伤害。如此将心比心，报复的欲念就会慢慢散去。在人际交往中，不可能没有利害冲突。当受挫折或不愉快时，不妨进行一下心理换位，将自己置身于对方境遇中，想想自己会怎么办。通过这样的换位，也许能理解对方的许多苦衷，正确看待他人给自己带来的挫折或不愉快，从而消除报复心理。

报复毕竟是对他人的一种伤害，每个人在转报复的念头时务必要多考虑报复的危害性。报复行为会不会受到社会舆论的谴责，会不会触犯纪律或法律。如果良心约束不了自己，那只有用法律来束缚。

有报复心理的人一般心胸狭窄，容易受情绪影响，而且恶劣心境的作用强烈而漫长。所以，要加强自身修养，开阔心胸，提高自制能力，让自己在阳光雨露下生活。

要知道，以恶治恶并不是惩恶扬善，而是对邪恶的姑息养奸。多一点宽容，根除报复心理，就能够赢得更多的朋友。

孩子"以牙还牙"不是自强

现在的孩子都是独生子女，如果自己的孩子生性老实，总在外面受人欺负，三天两头"挂彩"回来，怎么办？

有的家长一看自己的孩子挨打了，就再也不让孩子出去了，害怕孩子在外面吃亏："你出去又打不过人家，还是在家待着吧。"

心理学入门故事

这类家长也不让别的孩子到家里来玩，怕人多又打架。还有的家长知道孩子挨打后，不管怎么回事，首先的反应就是"这还得了，找他们家长去"，或者就干脆告诉孩子："他打你，你也打他！"有的甚至全家一齐出动，给孩子壮胆。

前一类家长由于过分限制了孩子的行动，将会使孩子变得不合群，对外人充满敌意，也会变得胆小怕事，缺乏交际能力。而后一类家长则会使孩子养成"报复"心理：不管是谁，只要"触犯"了我，都要给予回击，"以牙还牙"，决不手软。这两种家长的做法都不足取，只能使孩子走上两个极端，要么很怕事，要么很霸道。

孩子总是要长大的，要独立面对来自生活各个方面的冲击，与其家长像老母鸡一样，总是把孩子护得紧紧的，不如把自护本领早一点交给孩子。这个自护本领就是，让孩子在学会保护自己的前提下，独立面对外来的各种挑战，应付各种问题，寻找最佳的解决问题的方法。

理智的家长在碰到孩子打架的情况后，总是先问清事情的来龙去脉，公正客观地帮助孩子进行分析，在这件事上，谁做得好，谁做得不好，告诉孩子以后再碰到类似事件应该如何解决。在批评别的孩子的缺点同时，也要给自己孩子指出在这一事件中的责任，不要把埋怨都倾泻在别的孩子身上。即使发生矛盾的主要责任在对方，也要让孩子学会宽容，大度，不耿耿于怀。要让孩子知道，有时为了显示自己的力量，为了保护自己不受伤害，对来自外界的欺辱侵犯予以回击是必要的。有时为了保持人与人之间的纯真友情，相互理解，相互原谅更是应该的。

第一章 拂去心灵迷惘的云霾

有的孩子害怕与陌生人打交道,在集体生活中也表现得内向、畏缩,家长和老师要注意纠正孩子的这些不足,创造条件,使他们多接触人,接触新鲜事物。培养孩子活泼开朗的性格和勇于表达、敢于据理力争的勇气。

每一位家长都不希望自己的孩子成为"受气包",也不希望自己的孩子成为"打架大王"。如何对孩子进行教育,怎样让孩子掌握好这个"度",就显得尤为重要。

宽容能解开报复的死结

报复是人性中一处扭曲的心理死结。它很像潜藏的癌细胞,当人能控制它时,也许并没有什么危害。可一旦它超过了正常的心理比例,就会给人造成伤害。

人们总认为报复的受害者是被报复者,其实不然,最倒霉的受害者往往会是报复者本人。在报复者实施报复之前,报复者就会跌进扭曲、变态的心理深渊。报复者会花很多时间去构思、幻想和实验报复的内容。他们会经常陶醉在演习的过程中,而且还会一个人冷冷地傻笑。很多时候报复者完全处于阴暗的心理状态之中,他们会有自觉犯罪心理。因此心存报复的人内心难得明朗,发霉的心久而久之便会形成一种畸形的态势。要命的是这种状态会在日常生活中显现出来。当报复心驾驭了人的灵魂时,人就无法自己。从这一刻起,报复者就自己为自己判了无期徒刑。

情绪是一种本能的能量,情绪作为一种能量是有积蓄效应的,积蓄到一定程度就需要发泄,但可以通过改道来宣泄。报复的心理，同样可以且必须通过改变发泄方法，转换发泄渠道来宣泄。切勿在一念之间，让邪恶占了上风，到头来后悔莫及。

人随着在生活中的磨砺，会逐渐认识到宽容对于这个世界的宝贵。就像基督教教义的变迁：开始的时候，耶稣告诉人们要"以眼还眼，以牙还牙"，但是后来，他告诉人们"如果一个人要打你的左脸，你把右脸也伸出去让他打；如果一个人要你的外衣，你把内衣也给他"。

虽然不能够提倡无原则的宽容，但是这至少说明即使是圣贤也有被报复心理困扰的时候，但他们之所以成为圣贤，是因为他们最后选择了宽容。要时刻记着这句话："伤人即是伤己。"

舍弃完美的迷人光环

一位胆小如鼠、处处谨慎的骑士将要进行一次远途旅行，老早的一段时间他都在为这次旅途作一个完美的策划，他竭尽所能准备好应付旅途中可能遇到的各种问题。

他带了一把宝剑和一副盔甲，为的是对付他遇到的敌手；还带了一大瓶药膏，为防止太阳晒伤皮肤或被藤条剌伤胳膊；还有一把斧子，用来砍木柴；一顶帐篷、一条毯子、锅和盘子以及喂马的草料等一些所能想到的必需品。

一切都准备完整以后，他终于上路了——丁丁，当当，咕咕，咚咚，他所带的随行物好像一座难以移动的废物堆——真是"举步维艰"。

第一章　拂去心灵迷惘的云霾

当他走到一座破木桥的中间时，桥板突然塌陷，他和他的马及一切随行品都掉入河中，由于背负的东西太多，他没能挣扎水面，被淹死了。在临死前的那一刻，他非常懊悔自己竟然忘了带一个救生筏。

哀哉！故事中的骑士到死也没有醒悟，他所想到的死因只会让他更深一步陷入死亡的深潭。他的无论多么完美的想法都无法让他实现对完美的追求，因为，生活中每一件事都想做得完完美美的人，结局注定悲哀的。

因为，世界上根本没有一次完全准备好的旅途。等你全部准备好了，恐怕事情本身已经没有任何意义。所以，一个人要想永远立于不败之地，光有细致周全的计划是不够的，还必须敢于在一次又一次的挑战中战胜自己，这种挑战就包含战胜自己对完美的追求心。

心理学研究证明，试图达到完美境界的人与他们可能获得成功的机会，恰恰成反比。追求完美给人带来莫大的焦虑、沮丧和压抑。事情刚开始，他们在担心着失败，害怕干得不够漂亮而辗转不安，这就妨碍了他们全力以赴去取得成功。而一旦遭到失败，他们就会异常灰心，想尽快从失败的境遇中逃避开去。他们没有从失败中获取任何教训，而只是想方设法让自己避免尴尬的场面。

很显然，背负着如此沉重的精神包袱，不用说在事业上谋求成功，而且在自尊心、家庭问题、人际关系等方面，也不可能取得满意的效果。他们抱着一种不正确和不合逻辑的态度对待生活和工作，他们永远无法让自己感到满足，每天都是焦灼不安的。

心理学入门故事

虽说追求完美是正常人类的渴求，但它也是人类最大的悲哀。因为现实生活中"完美"这个字眼的诞生原来就伴有缺憾，世界上本无完美之事物，如果一个人一味地将追求完美的茧一层一层地套在自己身上，那么，这个人最终也会死在自己打造的重重的包裹之中。因为，"完美"实在是生命中没有必要承载的重量，所以，人生旅途中，我们永远不要背负"完美"的包袱上路，否则就将会永远陷入无法自拔的矛盾之中，最后也只能在哀叹中终老。

莫让完美误今生

一天，从远方的城市里，来了一个老人，这老人一看便知是来自远地的旅人。他背着一个破旧不堪的包袱，他的脸上布满了风霜，他的鞋子因为长期的行走，破了好几个洞。

这位老人的外表虽然狼狈，却有着一双炯炯有神的眼睛，不论是行走或躺卧，他总是仔细而专注地观察着来来往往的人。老人的外貌与双目组合成了一个极不谐调的怪异画面，吸引了所有行人的目光，人们窃窃私语：这不是普通的旅人，他一定是一个特殊的寻找者。

但是，老人到底在寻找什么呢？一些好奇的年轻人忍不住问他："老人家，您究竟在寻找什么呢？"

老人说："我像你们这个年纪的时候，就发誓要寻找到一个完美的女人，娶她为妻。于是我从自己的家乡开始寻找，一个城市又一个城市，一个村落又一个村落，但一直到现在都没有找到

第一章 拂去心灵迷惘的云霾

一个可以做我的妻子的完美女人。"

"那您找了多长时间呢？"一个年轻人问道。

"嗯，已经找了六十多年了。"老人说。

"啊？难道六十多年来都没有找到过完美的女人吗？会不会这个世界上根本就没有完美的女人呢？那您岂不是找到死也找不到吗？"几个年轻人异口同声。

"有的，绝对有！这个世界上真的有完美的女人，我在三十年前曾经找到过。"老人斩钉截铁地说。

"那么，您为什么不娶她为妻呢？"年轻人问。

"在三十年前的一个清晨，我真的遇到了一个最完美的女人，她的身上散发出的非凡的光彩，就好像仙女下凡一般神奇，我第一眼就被她迷住了。她美丽而脱俗，她温柔而善解人意，她细腻而体贴，她善良而纯净，她天真而庄严，她……"

老人一边说一边沉浸在美好的回忆里。

年轻人更着急了："那么，您为何不娶她为妻呢？"

老人忧伤地流下眼泪："我立刻就向她求婚了，但是她不肯嫁给我。"

"为什么？"几个年轻人都迫不及待想知道原因。

"因为，因为她也在寻找这个世界上最完美的男人！"老人无不伤感地说。

生活中许多人就像这位老人一样，终身都必须在寻找一位最完美的伴侣，还在寻找一份完美的工作，寻找一种完美的生活，而后的日子就在这种寻找中如白驹过隙般地流走了，荒废了青春的宝贵年华。完美是人心中的一座宝塔,我们可以在内心中向往它、塑造它、赞美它,但切切不可把它当作一种现实看待,若是这样就只会陷入矛盾的寻找中无法自拔。

在表面看来,事事追求完美,万事皆要拼命做好,确是一件好事,但它却会使人自己陷入一种生活的瘫痪。从某种程度上来讲,等待尽善尽美实际上是一种惰性,实际上,一个人在为自己制定一些尽善尽美的标准时,本身就已经意味着不会去尝试任何事情,因为只有尽善尽美的时候才能执行,没有尽善尽美,当然就不去执行。

有很多人忙忙碌碌一辈子,可是到最后却一事无成,究其原因就在于他们做事非要等到所有情况都完美时,才肯动手去做,然而人间的事情没有一件是绝对完美的。所以,这些人也只有在等待完美中耗尽他永远无法完美的一生。

人不可能完美,但需要不断追求,不断接近完美。但是在追求过程中,人们需要走出完美的误区,去善待他人,善待自己,认识到自己的长处与短处,不走极端,从而获得轻松快乐的每一天。

须知事事皆不完美

著名的音乐家托马斯·杰斐逊其貌不扬,他在向妻子玛莎求婚时,还有两位情敌也在追求玛莎。

一个星期天,杰斐逊的两个情敌在玛莎的家门口碰上了。于是,他们准备联合起来羞辱杰斐逊。可是,这时门里传来优美的

第一章　拂去心灵迷惘的云霾

小提琴声，还有一个甜美的声音在伴唱。

如水的乐曲在房屋周遭流淌着，两个情敌此时竟然没有勇气去推玛莎家的门，他们心照不宣地走了，再也没有回来过。

上帝对谁都是公平的，它赐给了音乐家才华，就不再赐给他容貌，可是其貌不扬又如何呢？重要的是你能发现自己的价值，绽放出自己的光芒。

曾经有这样一个故事，给了人们很多启示：

一个被劈去了一小片的圆，想要找回一个完整的自己，于是它到处寻找自己的碎片。由于它是不完整的，滚动得非常慢，从而欣赏了沿途美丽的鲜花，嗅觉了花儿的芬芳；还碰到了各种有趣的虫子，和虫子们聊天，它充分地感受到阳光的温暖。

一路上它找到许多不同的碎片，但它们都不是它原来的那一块，于是它坚持着找寻……直到有一天，它实现了自己的心愿。

然而，作为一个完美无缺的圆，它滚动得太快，错过了花开的时节，忽略了虫子趣事。当它意识到这一切时，它毅然舍弃了历尽千辛万苦才找到的碎片。

这个故事告诉我们，也许正是失去，才令我们完整。也许正是缺陷，才体现我们的真实。也许只有遗憾，才能体现出美丽。

人群中，智者再优秀也有缺点，愚者再愚蠢也有优点。对人多作正面评估，不以放大镜子去看缺点，生活中对己宽、对人严的做法，必遭别人唾弃。避免以完美主义的眼光，去观察每一个

心理学入门故事

人,以宽容之心包容其缺点。责难之心少有,宽容之心多些。

世界上一切完美都是有缺憾的,正视这一点,要敢于正视直面人生的开始。据说,有一个人有一张出色的由檀木做成的弓。他非常珍惜这张弓——用它射箭又远又准。

有一次,这个人一边观察一边想:还是有些笨重,外观也无特色,请艺术家在弓上雕一些图画就好了。于是,他就请艺术家在弓上雕刻了一幅完整的行猎图。这个人拿着这张完美的弓心中充满了喜悦。"你终于变得完美了,我亲爱的弓!"

他一边想着一边拉紧了弓,这时,弓"咔"的一声断了。

其实,人生就像这个人手中的弓,追求完美唯一的结果就是让这张弓毁于一旦。生活中,我们绝对不可能让所有的人都满意,绝对不可能达到至善至美的境界。完美往往只会成为人生的负担,人绷紧了完美的弦,它却可能发不出音来。

那些追求完美主义的人表面上很自负,内心深处却很自卑。因为他们很少看到优点,总是关注缺点。如果总是不知足,很少肯定自己,自己就很少有机会获得信心,当然只会自卑了。不知足就不快乐,痛苦就常常跟随着他们,周围的人也会不快乐。学会欣赏别人和欣赏自己是很重要的,这是人更进一步实现下一个目标的基石。

缺陷和不足是人人都有的,但是作为独立的个体,我们还要相信,自己有许多与众不同的甚至优于别人的地方,要用自己特有的形象装点这个丰富多彩的世界。很多人因为自己的缺陷和不足自怨自艾,从而丧失了自信,变得自卑。

人无完人,金无足赤。没有一个人是完美无瑕的,难道有缺

第一章　拂去心灵迷惘的云霾

点和不足就注定要悲哀，要默默无闻，无法成就大事吗？其实，只要我们敢于把"缺陷、不足"这块堵在心口上的石头放下来，别过分地去关注它，它就不足成为我们的障碍。

一个人不要因为不完美而悔恨自己。要清楚我们很多的朋友，也没有一个是十全十美的。那些伪装完美、追求完美的人，其实正在拿自己一生的幸福开玩笑。世界并不完美，人生当有不足。没有遗憾的过去无法链接未来。对于每个人来讲，不完美是客观存在的，无需怨天尤人。

认识自我，跳出完美的迷宫

从前有一位画家，想画出一幅人人都喜欢的画。经过几个月的辛苦工作，他把画好的作品拿到市场上去，在画旁放了一支笔，并附上说明：亲爱朋友，如果你认为这幅画哪里有欠佳之笔，请在画中标上记号。

晚上，画家取回画时，发现整个画面都涂满了记号——没有一笔一画不是在指责。画家心中十分不快，对自己的画技深感失望，几乎令他陷入了绝笔的念头。但他又灵机一动，决定换一种方法再试试，于是他又摹了一张同样的画到市场上展出。可这一次，他要求每位欣赏者将其最为欣赏的妙笔都标上记号。结果是，一切被指责过的地方，如全又换上了赞美的标记。

最后，画家不无感慨地说："我现在终于明白了，无论自己做什么，只使一部分人满意就足够了。因为，在有些人看来是丑的东西，在另一些人眼里恰恰是美好的。"

心理学入门故事

是的,"金无足赤,人无完人",世上没有任何一件事是尽善尽美的,我们都应该认识到自己的不完美。全世界最出色的足球选手,10次传球,也有4次失误;最棒的股票投资专家,也有马失前蹄的时候。既然连最优秀的人做自己最擅长的工作都不能完美无缺,那么,又何况一个普通的人呢?有一点失误又有什么不能原谅的呢?

只要我们认识到世界上没有什么会达到"完美"的境地,就不必设定荒芜的完美标准来为难自己。只要尽自己最大的努力去干好每件事,就已经很"完美"了。

那么,对于那些有着极强的"完美心理"的人,又该如何从追求尽善尽美的迷宫中跳出来呢?心理学家认为:

敢于认识"失败"

人生中,一次乃至多次的失败并不能说明一个人价值的大小。仔细想一下,如果从不经历失败,我们能真正认识生活的真谛吗?我们也许一无所知,沾沾自喜于愚蠢的无知中。因为成功仅仅只能坚定期望的信念,而失败则给了我们独一无二的宝贵经验。人只有经受住失败的悲哀才能达到成功的巅峰,亡羊补牢,犹未为晚。

正确评估自己的潜能

对自己既不要估得太高,更不必过于自卑。有一分热发一分光。如果事事要求完美,这种心理本身就成为我们做事的障碍。不要在自己的短处上去与人竞争,而要在自己长处上培养起自尊、自豪和工作的兴趣。

第一章　拂去心灵迷惘的云霾

敢于承认自身的"瑕疵"

不要为自己的一点缺陷就怨声载道,不要为了一件事未做到尽善尽美的程度而自怨自艾。没有"瑕疵"的事物是不存在的,盲目地追求一个虚幻的境界只能是劳而无功,所以,不要在完美的迷宫中迷失了自己。

确定一个短期的目标

寻找一件自己完全有能力做好的事,然后去把它做好。这样心情就会轻松自然,办事也会较有信心,感到自己更有创造力和更有成效。实际上,当我们不追求出类拔萃,而只是希望表现良好时,就会出乎意料地取得最佳的成绩。

目标切合实际的好处不仅于此,它还为我们提供了一个新的起点,能使我们循序渐进地摘取事业上的桂冠。同时我们的生活也会因此而丰富起来,变得富有色彩,充满人情味。

测试:你有完美主义心态吗?

状 态 描 述	是	否
1. 是否常常处于神经紧绷的状态,即使在家里也一样。		
2. 是否很在意别人对你的看法。		
3. 是否认为如果让别人发现你有缺点,他们一定会不喜欢你。		
4. 是否凡事都要争第一。		
5. 是否做事总希望能做的十全十美。		
6. 如果事情未达到预期目标,你是否会一直耿耿于怀。		

状态描述	是	否
7. 是否只做有把握的事，尽量不碰不会或可能犯错的事。		
8. 是否认为当别人赞美你时，常觉得他们根本言不由衷：我才没他说的那么好呢？		
9. 是否非得把自己打扮的美美的才会出门，即使快迟到了也在所不惜。		
10. 是否做错了一件事就会闷闷不乐。		

如果以上十条中，你有八条选"是"的话，你就是一个真正的完美主义者了。

冲出自卑自怜的沼泽

南京大学的一位大业生，毕业后被分配在一个偏远闭塞的小镇任教。昔日的同窗有的分配到大城市，有的分配到大企业，有的投身商海，他充满梦想的象牙塔坍塌了，繁琐的现实，好似从天堂掉进了地狱。

自卑和不平衡油然而生，从此不愿与同学或朋友见面，不参加公开的社交活动，为了改变自己的现实处境，他寄希望于报考研究生，并将此看作唯一的出路。但是，强烈的自卑与自尊交织的心理让他无法平静，在路上或商店偶然遇到一个同学，都会好几天无法安心，他痛苦极了。

为了考试，为了将来，他每每端起书本，却又因极度的厌倦而毫无成效。据他自己说："一看到书就头疼。一个英语单词记

第一章　拂去心灵迷惘的云霾

不住两分钟；读完一篇文章，头脑仍是一片空白。最后连一些学过的常识也记不住了。我的智力已经不行了，这可恶的环境让我无法安心，我恨我自己，我恨每一个人。"几次失败以后他停止努力，荒废了学业，当年的同学再遇到他，他已因过度酗酒而让人认不出他了。他彻底崩溃了。短短的几年却成了他一生的终结。

我们应该把和这位大学生一样的人群称作"人牛"，因为他们不仅十分自愿地甘心于命运的支配，而且还要以自己颇有震撼力的嘲笑作为武器来保证这种秩序的继续存在。他们的生命中已经充满了被奴役的"牛性"，被一根无形的绳子牢牢拴住，不敢也可能没有想过要去做别的尝试，只是理所当然地认为：你开门我就去，你不来开门我就等着。我们常常抱怨命运把通向成功的大门锁住了，却从来没有想过通过的方法有很多种，你尽可以绕行、爬墙甚至是撬开那把锁，但没有什么比接受命运摆布更糟糕的。

有些人不懂困难是什么，有些人觉得摆在面前的一切都是困难，那么究竟困难是什么……

古巴共和国国务委员会主席菲德尔·卡斯特罗 1988 年 4 月 13 日被世界卫生组织授予"卫生为大众"和"为预防尼古丁中毒而斗争"两枚金质奖章，成为戒烟楷模。

卡斯特罗早年嗜好抽烟，又粗又大的哈瓦那大雪茄，一天要抽 7 至 10 支。医生告诫他抽烟可能使他 5 年以后完全丧失讲话的能力。果然，1962 年他在一次报告之后，声音哑了。为了事业和个人健康，他在 20 世纪 80 年代初开始戒烟。从那以后，卡

心理学入门故事

斯特罗再也没有发生讲话失音的现象。他曾坦言"戒烟对我是一种巨大的考验。"

注意观察,你会发现我们身边很多烟民屡戒屡败,类似的还有酗酒、通宵搓麻等等。

改变不良嗜好,重要的是增强意志力。你能保证自己经得起考验吗?那就试试吧。

"不是牧者,就是羊群。"你不去选择命运,命运才选择了你。做个自信的人,依据自己的判断进行自己的选择,才能免遭成为羊群的厄运。

自卑是心灵的麻痹药

一位父亲带着儿子去参观凡·高故居,在看过那张小木床及裂了口的皮鞋之后,儿子问父亲:"凡·高不是位百万富翁吗?"父亲答:"凡·高是位连妻子都没娶上的穷人。"

第二年,这位父亲带儿子去丹麦,在安徒生的故居前,儿子又困惑地问:"爸爸,安徒生不是生活在皇宫里吗?"父亲答:"安徒生是位鞋匠的儿子,他就生活在这栋阁楼里。"

这位父亲是一个水手,他每年往来于大西洋各个港口;这位儿子叫伊东布拉格,是美国历史上第一位获普利策奖的黑人记者。

20年后,在回忆童年时,他说:"那时我们家很穷,父母都靠卖苦力为生。有很长一段时间,我一直认为像我们这样地位卑微的黑人是不可能有什么出息的。好在父亲让我认识了凡·高和安徒生,这两个人告诉我,上帝没有轻看卑微。"

第一章　拂去心灵迷惘的云霾

每一个事物、每一个人都有其优势，都有其存在的价值。自卑是一种没有必要的自我没落，一个人如果陷入了自卑的泥潭，他能找到一万个理由说自己如何如何不如别人，比如：我个矮、我长得黑、我眼睛小、我不苗条、我嘴大、我有口音、我汗毛太多、我父母没地位、我学历太低、我职务不高、我受过处分、我有病，乃至我不会吃西餐等等，可以找到无数种理由让自己自卑。由于自卑而焦虑，于是注意力分散了，从而破坏了自己的成功，导致失败。即失败—自卑—焦虑—分散注意力—失败，这就是自卑者制造的恶性循环。一个人如果陷入了自卑，在人际交往中除了封闭自己以外，就有可能会奴颜婢膝、低三下四。

一个人如果自卑，他不仅不敢有远大的目标，同时他将永远不会出类拔萃；一个民族和国家，如果自卑，只能当别国的殖民地，站不起来，也不敢站起来，只能跟在别国后边当附庸。

对自身的蔑视和残忍可以有不同的表现方式。自卑感便是最常见的对自我的憎恨。在生活中，很多人缺少某种能力，却认为他人都拥有那种能力，这是经常发生的事。我们当中很多人因此会感到自卑，与自己过不去，轻视自己，这是许多悲剧的根源所在。我们希望像他人那样去生活，买相同的衣服、相同的家具，像他们一样地说话、做事。

我们将自我置于别人的人格之下，鞭打自己的灵魂，批判自己。无限夸大别人的能力，这种夸大又反衬出自己的渺小，这是伤害自我的致命武器。我们会觉得自己的人格极不完善，有各种各样的缺点和不足,而别人却完美无瑕,显得沉着自信。这种感觉是极其荒谬的。我们应该明白,别人的内心世界也同样残留着过去失败所留下的伤疤。懂得了这一点,我们就不会再把自己破裂的伤口看得那么严重。

"天生我材必有用"

李白在《将进酒》中吟道:"天生我材必有用!"是何等豪迈的气势! 心理学家读到此句的时候,肯定还会再加上一句:这是何等的自信!现代人周围充满竞争,眼前常有机遇,尝试成了现代人相当时髦的人生信条。每当人们走向新的挑战之前,总是向挑战者或竞争者显示:天生我材必有用,这次胜利非我莫属!但是,在人生舞台上,有些人却低低哀叹:天生我材……没用。

这种自卑的"自白"与自信者产生了强烈的反差:自信者相信自己的力量,竭力去做人生舞台上的主角,自卑者认为自己没有能力,只适合当观众。自卑是个人由于某些生理缺陷或心理缺陷及其他原因而产生轻视自己,认为自己在某个方面或其他各方面不如他人的情绪体验,表现在交往活动中就是缺乏自信,想像失败的体验多。自卑是影响交往的严重的心理障碍,它直接阻碍了一个人走向群体,去与其他人交往。

世上大部分不能走出生存困境的人都是因为对自己信心不足,他们就像一颗脆弱的小草一样,毫无信心去经历风雨,这就是一种可怕的自卑心理。所谓自卑,就是轻视自己,自己看不起自己。自卑心理严重的人,并不一定是其本身具有某些缺陷或短

第一章 拂去心灵迷惘的云霾

处,而是不能悦纳自己,自惭形秽,常把自己放在一个低人一等,不被自我喜欢,进而演绎成别人也看不起自己的位置,并由此陷入不能自拔的痛苦境地,心灵笼罩着永不消散的愁云。

自卑的人,情绪低沉,郁郁寡欢,常因害怕别人看不起自己而不愿与人来往,只想与人疏远,缺少朋友,顾影自怜,甚至自疚、自责、自罪;自卑的人,缺乏自信,优柔寡断,毫无竞争意识,抓不住稍纵即逝的各种机会,享受不到成功的乐趣;自卑的人,常感疲倦,心灰意懒,注意力不集中,工作没有效率,缺少生活情趣。

如果一个人总是沉迷在自卑的阴影中,那无异于给自己套上了无形的枷锁。但是如果你认清了自己,懂得换个角度看待周围的世界和自己的困境,那么许多问题就会迎刃而解了。

自信助你走出自卑的泥潭

有人说:自卑像一把潮湿的火柴,再也燃不起兴奋的火花。长期被自卑笼罩的人,不仅斗志易被腐蚀,心理失去平衡,而且生理也会出现失调和病变的现象。

自卑的人,总哀叹事事不如意,老拿自己的弱点比别人的强处,越比越气馁,甚至比到自己无立足之地。有的人在旁人面前就脸红耳赤,说不出话有的人遇上重要的会面就口吃结巴有的人认为大家都欺负自己因而厌恶他人。因此,若对自卑感处置不妥,无法解脱,将会使人消沉,甚至走上邪路,坠入黑暗的深渊,或走上自毁的道路。不良少年为了逃避自卑感会加入不良集团。

无论自卑是怎么形成的,我们都要想办法克服,结合专家的

心理学入门故事

建议我们总结了如下几点：

安排活动

要想到人生中还有你所期盼的事，这样想可以加强你勇往直前再创造前途的态度。不妨现在就决定你拖延已久的旅行日期。

学习技能

到社区学院去选一门新课，找个新嗜好，可以学打球。你可以有个异于往昔的人生，可以借新技能加以充实。

大哭一场

专家都说伤心一阵子很有作用。这并不可耻，流眼泪不仅是伤心的表现，而且是悲哀或感情的发泄。即使悲痛在伤心事发生后一段时间才显露出来，也没有关系，只要终究能发泄就行。

参加团体

一旦决定"要好好过日子"，就要找个倾诉对象，跟过来人谈谈也许最好。

奖励自己

在极端痛苦的时刻，哪怕是最简单的日常事务——起床、洗澡、做点东西吃——都似乎很难。应把完成每一项工作（不论多么微不足道）都视为成就，奖励自己。

运动

体力活动的疗效特别显著。有个中年女性在21岁的儿子自杀后便心神紊乱，无心做事。她听朋友的劝告参加了运动课程。后来，她说："那只是跟着音乐伸展，身子舒服些，心情也好多了。"

阅读

初期的震荡过后，应重新集中心神开始阅读。阅读书刊自助

第一章 拂去心灵迷惘的云霾

自疗的书籍能给你启发,使你放松。

写日记

许多人把遭逢不幸之后的平复过程逐一记载下来,从中获得抚慰。此法甚至可以产生自疗作用。

运动能使你抛开心事,抛开烦恼,让你脚踏实地感受自己在做什么。

不再消沉

有许多人挨过了创痛期之后,最终会感到必须有所为,也许是创设有关组织,或写书,或是参与促请公众关注的活动。在这个过程中去发现、帮助他人是很有效的自疗方法。

人人都想克服危机。每一个人都想获得一些最美好的事物。没有人会喜欢巴结别人,过平庸的生活。也没有人喜欢自己被迫进入某种情况。

不要总以为别人看不起你而离群索居。你自己瞧得起自己,别人也不会轻易小看你。能不能从良好的人际关系中得到激励,关键还在自己。要有意识地在与周围人的交往中学习别人的长处,发挥自己的优点,多从群体活动中培养自己的能力,这样可预防因孤陋寡闻而产生的畏缩躲闪的自卑感。这样,自卑就被逐步克服了。

鼓起自信的风帆,划动奋斗的双桨,你一定会发现一个生气勃勃的你,一个潇洒自如的你,一个成功的你!

测试:你是否有自卑心理

你有自卑心理吗?有没有想过是什么让你产生自卑感呢?是技不如人还是对自己要求过高?这项测试会为你存在的自卑心理

心理学入门故事

加以分析、量化。

1. 你觉得你的个头与周围的人相比如何?

    a. 比大多数人低　　b. 差不多　　c. 挺高的

2. 每次对着镜中的自己,你心里最先想到的是什么?

    a. 毫不在意、无所谓

    b. 精心修饰一下

    c. 真希望再好看点。

3. 看到刚刚给你画的图像,你心里是怎么想的?

    a. 不满意　　b. 差不多　　c. 很漂亮

4. 你担心再过很多年之后,自己会因某件事而过于忧虑吗?

    a. 常有　　b. 一点没有　　c. 偶尔会有

5. 身边的朋友对你喜欢和尊敬吗?

    a. 我很受欢迎　　b. 我不受欢迎　　c. 一般化

6. 你被批改过的工作方案到手后,你的同事想看怎么办?

    a. 放包里不让看

    b. 让他们去看

    c. 把错误处隐藏

7. 你有过对某件事情决不输于他人的想法吗?

    a. 从来没有　　b. 偶尔会有　　c. 经常会有

8. 碰到让你烦心的人或事时,你会怎么办?

    a. 非常难受,无以排解

    b. 借酒消愁

    c. 向家人朋友诉说

9. 被异性朋友认为是"很没有意思的人"或者"很笨"时

第一章 拂去心灵迷惘的云霾

你会如何处理?

a. 心中感到很难受

b. 用同样的言语回敬他

c. 无所谓

10. 如果你周围的朋友正在说你欣赏的一位异性的坏话时,你会怎样?

a. 当即反驳:"这是不可能的。"

b. 怀疑是不是真的

c. 不管别人怎么说,与我无关

11. 尽管你非常努力,但你在工作上还是赶不上你的同事,你会怎样呢?

a. 感到自己实力不够,承认不足

b. 从其他方面超过他

c. 不服气,仍继续努力

根据计分表,表明你每题的得分,并求出总分。

计分表

得分\题号\选项	1	2	3	4	5	6	7	8	9	10	11
a	5	1	5	5	1	5	5	5	5	1	5
b	3	3	3	1	5	1	3	3	3	5	3
c	1	5	1	3	3	3	1	1	1	3	1

得分在42～55分,你很自卑,而这种自卑感大部分来自你

的性格而非你的个人能力。由于自卑，你易用消极悲观的眼光看任何事物，不管与人交往还是工作。

得分在28～41分，你有一定的自卑心理，你在从事某一项工作前，总是觉得自己这不行那不行，这会让你产生一定的焦虑和担心。你的自卑主要因为对自己及周围人缺乏了解。

得分在14～27分，你略有自卑感，你的自卑是由于给自己定的目标过高，对自己的要求过于严格。你不满现状，想出人头地，你总是习惯与人论个短长，稍有不如意就陷入自卑不能摆脱。

得分在11～13分，你只是偶有轻微自卑心理，而且隐藏得很深，不易感觉到。

平息浮躁摇曳的情怀

冬冬做了多年的公务员，他近一年来一直心神不定，老想出去闯荡一番。看着别人房子、车子、票子都有了，他心里慌；炒股赔多赚少就去摸彩票，一心想摸个几百万，可结果花几千元连个响都没听着，心里就更慌！

后来冬冬跳了几家单位，不是嫌这个单位离家太远，就是嫌那个单位专业不对口，再就是待遇不好，反正找个合适的工作对冬冬来说真是难啊！

后来听说某人很有钱，冬冬于是写了信去，说自己很困难，可那人连信也没回，气得他又去信大骂了一顿。

为此冬冬心里也确实感到失衡，但这种恶作剧让他解恨呀！

第一章　拂去心灵迷惘的云霾

他说："反正，我心里就是不踏实，做什么都静不下心来，好堵得慌啊！"

浮躁，辞书上解释为轻率、急躁。在心理学上，浮躁主要指那种由内在冲突所引起的焦躁不安的情绪状态或人格特质，心理学甚至把其纳入"亚健康"之列。

浮躁的人一般做事无恒心，见异思迁，不安分守己，总想投机取巧，盲动冒险脾气又大。

人浮躁了，终日会心神不宁，焦躁不安，脸色会暗淡似灰，眉头会紧锁如川，脑子会呆若木鸡，看谁都不顺眼、逮谁跟谁急，长久下来，就会被生活的急流所挟裹，丧失收放自如的弹性。

你为何浮躁

一般来说，造成现今人们浮躁心理的原因有以下两点：

从社会方面上讲，主要是社会变革对原有结构、制度的冲击太大。我国目前正处在社会转型期，在这种情况下，个人就很难把握自己的未来。那些处于社会中游的人患得患失，焦躁不安，迫不及待，就不可避免地成为一种社会心态。

从个人主观方面看，个人之间的攀比是产生浮躁的直接原因。社会的发展变化，使人们的工作、生活等方面都随之发生变化。在变化中有的人较早获得成功，这对一些滞后者有着心理刺激，心理适应力差的人便常常与之攀比，后果往往造成浮躁心理。

另外，当今的网络虚拟生活及流行音乐等等，都在无形之中助长了人们的浮躁情绪。如今,中国的上网人数已排名世界第二,而中国使用网络最大的群体不是商业信息的收集,而是网上聊天和网络游戏。

由于网上聊天的放纵性致使很多人都有过不正当的言论,甚至是犯罪行为。而网络游戏则充满了暴力、血腥甚至一些变态的行为。至于当今流行乐坛的种种不良现象,如盲目追捧等,都是有目共睹的浮躁之风,在这一点上,媒体负有不可推卸的责任。

让浮躁的心灵安定下来

作为一种心理现象来说,浮躁的内核是人的朴素的、本能的生命冲动和物质欲望,浮躁的深层特点,是重外延轻内涵,重数量轻质量,重表面轻实际,重短期轻长远。它与艰苦创业、脚踏实地、公平竞争是相对立的。

浮躁使人失去对自我的准确定位,使人随波逐、盲目行动,对个人和集体都极为有害,必须想方设法减少和消除这一不健康的心理。

要树立正确的人生观念。不能崇尚个人主义、拜金主义和享乐主义,要树立正确的人生观、价值观和世界观。遇事善于思考,从现实出发,以平常冷静的心态思考喧闹一时之事。不为时尚所迷惑,不为潮流所左右。"淡泊以明志,宁静以致远",命运掌握在自己手里,道路就在自己脚下,既要站得高、看得远,又要稳得住、做得细。

要有务实精神。对待人生和事业,既要有长远目标,更要注

第一章 拂去心灵迷惘的云霾

意脚踏实地,务实是开拓的基础,务实是创新的源泉。人生非一朝一夕,应当循序渐进,一步一个脚印,稳步沉着地向前推进。花拳绣腿只能虚张声势,形式主义更于事无补。

人们应该正确的认识到:每个人的成功,都付出了别人难以想象的努力和智慧。要保持一颗平常心,不要期待"天上掉馅饼"的事会在自己头上发生。还要正确地看待别人的缺点和错误,不要凭一时的情绪或偏见对人和事下结论。

只要能时时保持一颗平常心,就能轻而易举的克服浮躁心理。

测试:你有浮躁心理吗?

状态描述	是	否
1. 做事没有恒心,经常见异思迁。		
2. 经常心神不宁和焦躁不安。		
3. 总想投机取巧,成天无所事事,脾气大。		
4. 经常头脑发热,有盲从心理,譬如对于炒股票、期货和房地产等。		
5. 好高骛远,不切实际,经常跳槽换工作。		
6. 遇到事情好发急,不能控制感情。		
7. 恋爱时经常见异思迁,把恋爱当成好玩的游戏,寻找异样的刺激,打发自己的空虚和无聊。		
8. 求职中往往想着大城市、大企业、大单位,向往高收入、高地位,不能正确评估自己的分量,结果处处碰壁。		

状态描述	是	否
9. 总是渴望和力求结识比自己优越的人，而对不如自己的人则爱理不理，希望从交往对象那里获得好处。		

评析：

如果你对上述九个问题至少有六个问题回答是"是"，那么毫无疑问你有浮躁心理。

充实空虚落寞的心灵

一个读高三的男生说：我每天都按部就班，照常地学习、生活，可总觉得那儿好像有点不对劲，却也说不清楚。似乎不知道学习是什么、我为什么要应付这些每天都有的琐碎生活，常常有一种很莫名其妙的感觉笼罩在我的心里……

看看其他同学精神十足，学得有劲、玩得开心，我简直不明白是什么在支持着他们。可我就是学也学不踏实，玩也玩不痛快，感觉什么都无聊，什么都没意思。

这种情绪心理，让我整天百无聊赖，心绪懒散，寂寞惆怅、无精打采却又不知该怎样解脱。怎么别人就能过得那么充实而我就那么落寞、空虚呢？真是不明白。

人们的空虚心理，就是百无聊赖、闲散寂寞的消极心态表现，即人们常说的"没劲"，"没意思""算了，没啥干头了"，"干什么都不顺心，就这么混吧"，"唉，人老了，不中用了"等一

第一章 拂去心灵迷惘的云霾

些消极的语言。

它是一种心里不充实的表现。空虚心理其实是一种社会病,存在极为普遍。当社会失去精神支柱或社会价值多元化导致人们无所适从时,或者个人价值被抹杀时,就极易出现这种不良心理。

空虚者常常对自我缺乏正确的认识,对自己能力过低的估计,终至整天忧郁,思想空虚。因自身能力和实际处境不同步而陷入"志大才疏"或"虎落平川"的窘境中,常常感到无奈、沮丧、空虚、落寞。

对社会现实和人生价值存在错误的认识,以偏概全地评价某一社会现象或事物。当社会责任与个人利益发生冲突时,过分讲求个人的得失,一旦个人要求得不到满足,就心怀不满,"万念俱灰"。

外界环境突变。因退休、下岗、失恋、工作挫折、投资失误、经济拮据等导致失落困惑感。

莫让空虚误年华

心里空虚的人一般都不思进取,没有人生的奋斗目标,自然不会有奋斗的乐趣和成功的欢愉。他们无所事事或不愿事事,常常寻求刺激,比如抽烟、喝酒、赌博、闹事等等,以此来排遣时间、摆脱心里寂寞。严重情况下,空虚者会偷盗、抢劫、奸淫等,走上犯罪道路。

可不要小看这空虚感,它带给人的危害极大,就像是人心里

心理学入门故事

面的黑洞，具有超强莫大的吸力，一旦被卷进了黑洞，整个人也就被空虚感所缚。

君不见在现实生活中，许多人精明能干，下海经商，开公司办企业，成了腰缠万贯的大款，人人羡慕。然而，他们赚了钱有了名声之后，有好些人却沉溺于灯红酒绿之中，醉生梦死；有些人被"白色幽灵"所俘虏染上了毒瘾。

有人说这是愚昧。其实，他们谁也不愚昧，有谁见过愚昧无知者能挣大钱干出业绩来的。他们何尝不知道寻花问柳、吸毒会导致病魔缠身，最终落个身败名裂的可悲下场呢！凡此皆为精神空虚使然，从而迷失了自我。

随着社会的快速进步，我们已步入一个价值多元化的时代，也是最易让人们感受生存挫折的时代。在物质文明高速发展的今天，精神文明的发展有时却显得苍白无力，致使不少人特别是中老年人感到精神空虚，活着无意，陷入心灵沼泽而无法摆脱。

经历了人生坎坷、过了大半辈子的中老年人，之所以发生迷失自我的现象，是功利主义价值观在作怪。他们面对人生的秋天，许多人尤其是患有不同疾病的老人，产生悲秋的心理，认为"人生一世，草木一秋"。成也好、败也罢，谁都难免去火葬场化为一缕青烟，不免就产生了空虚之感。

还有一点使他们感到空虚的原因就是幸福感的缺乏，有不少人拥有常人无法比拟的物质享受，却不觉得有什么幸福，也不感到它有什么价值。于是，便去寻找其他东西，想来弥补空虚的心灵，例如去吸毒，让毒品来麻醉自己，过那种"飘飘欲仙"的虚幻生活，明知会毁了自己也不在乎。

第一章 拂去心灵迷惘的云霾

将"空空"的心灵充实

对于心理极度空虚的人来说,要及早的认识到它的危害并加以调整,其纠正方法有以下几点:

多与人交往

与人交往,相互启示、相互激励、相互帮助,心灵将受到熏陶和充实。但要注意,交际对象不能也是空虚者。这样的人只能使自己的更加空虚,甚至造成不良的后果。

社会认知要现实

社会既有积极的方面,又有消极的方面,要看主流发展方向,不能以偏概全,只看到消极面,而不求上进、萎靡不振,要接受现实、正视现实,并改造现实。

改变懒散习惯

因为懒散,不想有所追求,无所事事或不愿事事,就会胡思乱想、寻求消极刺激,自然空虚。因此要在生活中消除不切实际的幻想,逐渐养成勤劳习惯,从劳作中获得乐趣,心灵才会充实而不空虚。

磨炼意志

提高战胜挫折的心理承受能力以及把握自己命运和地位的能力。"不以物喜,不以己悲",正确对待失误和挫折,在逆境中锻炼成长。

培养读书兴趣

读书能使空虚者从中获得智慧、汲取力量,使心灵不断得到充实,摆脱狭窄经验的束缚,从而情绪高涨、精神饱满。要多读

心理学入门故事

名人传记,以名人的奋斗史作为人生的楷模,确立"积极有为"的人生态度。

有一定的志向

有志向才会有追求和拼搏,才会体验到拼搏的乐趣和成就感,才会珍惜生命。

但是要注意志向的现实性:志向太低了就不想努力,也不会去努力;志向太高了难以奋斗,也无从奋斗,到头来仍然是没有努力和奋斗,空虚度日。所以志向一定要与自身的实际能力相符合。譬如:积极参与社会实践,学习琴棋书画等。

测试:你有空虚心理吗?

你对目前的生活满足吗?你的精神出鬼没生活充实吗?请坦率回答。

状 态 描 述	是	否
1. 不大和友人交往。		
2. 没什么特殊的爱好。		
3. 不大喜欢单位(学校)的领导(老师)和同事(同学)。		
4. 经常与其他家庭成员发生口角。		
5. 吃饭时不感到愉悦。		
6. 对工作(学习)感觉很痛苦。		
7. 常常一有钱便购买想要的东西。		
8. 对将来并不怎么乐观。		
9. 无论干什么都不值得高兴。		

第一章 拂去心灵迷惘的云霾

状态描述	是	否
10. 不大希望受到别人的重视。		
11. 经常埋怨单位（学校）离家太远。		
12. 虽然生活不错，却不大快活。		
13. 常常因零钱少而感到不满。		
14. 常常想改变目前的工作单位（学校）。		
15. 认为各方面有很多不如意的地方。		

评分分析：

"否"计1分。积分 0～2、3～5、6～9、10～13、14～15。则空虚度为高、较高、一般、较低、低。

6～9分以下，生活充实度不够，比较的空虚。对生活和工作多有不满，难以感觉到生活的乐趣。但因态度坦诚，从而表明这种人具有改变生活、工作现状的愿望。有这种愿望还应认真分析不满的原因，并应积极想办法加以解决。

6～9分以上，对生活工作现状满意，精神上较充实，往往生活态度乐观，充满热情。但如果答题时不够诚实，则说明对生活、工作中的种种不满被隐瞒了起来，也许这种人没有改变这种现状的愿望，因此很难自我改善。

第二章
驾驭情绪的潮起潮落

随着社会节奏地明显加快、竞争日益激烈,很多人在盲目地追求灯红酒绿的生活时,却不经意地陷入了坏情绪的沼泽地,长期承受着坏情绪长期的折磨,以致痛苦不堪。

我们这一章就要清扫坏情绪的垃圾,减轻自己精神的负担,这样才能从繁琐杂乱的情绪中,将疲惫不堪的自己拯救出来,去拥有健康和轻松的心情,快乐地迎接每一个晨旭与晚霞。

趟过忧郁阴霾的河

琼莎是一家国企的普通女职员。现在近30岁的她,终日忧心忡忡,无精打采,对什么都提不起兴趣与精神。

她出身于农民家庭,父母均无文化。她自小勤奋好学,家中寄予的希望很大,她也想依靠自身的努力使父母生活得更好一些,因此,她自小就埋头苦读,从小学到高中,到大学,她学习都很好。但由于一心读书,琼莎很少交朋友,根本没有什么知心伙伴,因此,琼莎常感到很孤单,很寂寞,尤其是参加工作后,在机关上班,工资较低,仍旧无法接济父母,于是她心里经常自责。

在另一方面,她很难与人相处,总是一人独来独往,心中也很想与人交往,但又不敢,也不知道怎样去结交朋友。5年前经

第二章　驾驭情绪的潮起潮落

人介绍和某同事结婚，但两人感情基础不好，常为一些小事吵架。因此，多年来那一种难以言状的苦闷与忧郁现在更加强烈，但又说不出什么原因，总是感到前途渺茫，对一切都不顺心，老是想哭，但又哭不出来，即使是遇有喜事，琼莎也毫无喜悦的心情。

在过去她很有兴趣去看电影、听音乐，但现在也是索然无味。工作上更是无法振作起来。她深知自己如此长期忧郁愁苦会伤害身体，但又苦于无法解脱，并逐渐导致睡眠不好，只要入睡就是噩梦连连，而且吃饭时没有一点食欲。这种精神状态使她感到很抑郁悲观，甚至想一死了之，但对人生又有留恋，觉得死得不值得，因而也下不了决心。可其心情却一直处在忧郁的痛苦煎熬中。

忧郁让琼莎徘徊在生与死的边缘，痛苦不堪，不能抉择，她的情况是每一个忧郁的人都有过的体验。

人在不同时期，拥有不同的心态，由于不同的心态，就会拥有不同的人生经历。大多数人都可能或轻或重地陷入忧郁。忧郁是一种很复杂的情绪，是痛苦、愤怒、焦虑、悲哀、自责、羞愧、冷漠等情绪复合的结果。它是一种广泛的负情绪，又是一种特殊的正常情绪。忧郁超过了正常界限就畸变为忧郁症，成了病态心理。由于每个人的心理素质不同，所以忧郁有时间长短、程度强弱之分。

对于有忧郁心态的人来说，所有这些怜悯都不能穿透这堵把自己和世人隔开的"墙壁"。在这封闭的墙内，不仅拒绝别人哪怕是极微小的帮助，而且还用各种方式来惩罚自己。在忧郁的"牢狱"里，拥有忧郁心态的人同时充当了双重角色：受难的囚犯和残酷的罪人。正是这种特殊的心理屏障——"隔离"把忧郁感和通常的不愉快感区别了开来。尽管在忧郁的牢狱里一个人是孤独的，但忧郁也不纯是孤独感。它还是一种隔离，这种隔离改变了一个人对周围环境的正常感觉。

据心理学调研，忧郁困扰世人已经有很长一段时间了，早在两千多年前的著作中就曾有人提及忧郁患者，这些忧郁患者中有很多是历史名人，包括国家元首、艺术家、作家、神职人员和科学家，当然，还有普通人。

忧郁的人生态度通常很消极。正是由于忧郁使人丧失了自尊与自信，总是自我责备、自我贬低。无论对环境对自我，都不能积极地对待；对环境压力总是被动地接受而不能积极地控制，更谈不上改造对自我，也总感到难以主宰生活而随波逐流。于是在人生征程上没有理想与期待，只有失望与沮丧。总感到茫然无主，陷入深重的失落感而难以自拔，对一切都难以适应，只能退缩回避。

我们周围常常有这类人，当生活环境发生重大变化而呈现出巨大反差时，当人生之旅中出现一些变故、遇到一些挫折时，或者仅仅是环境不如意时，就精神不振心神不定，百无聊赖而焦躁不安，不思茶饭，更无心工作，甚至不想生活，整个儿跌入消极颓丧中。

忧郁又被称为"心灵流感"，它作为现今社会的一种普遍情绪，并没有引起人们足够的重视。然而较长时间的忧郁会让人悲观失望、心智取丧失、精力衰竭、行动缓慢。患难与共了忧郁症的人长期生活在阴影中无力自拔，只有积极调整自己心态，才能

第二章 驾驭情绪的潮起潮落

走出忧郁的阴霾,重见灿烂的阳光。

活在黑色音符里的音乐家

柴可夫斯基代表着19世纪末的作曲家,他是浪漫主义运动最后阶段的悲观主义者。他是个忧郁患者和忧郁狂,一生都活在忧郁的状态中。不论他愿意不愿意承认——直到死前几个月,他还未能适应自己的这种天性。

有人说柴可夫斯基的音乐是痛苦的,而他的这些痛苦与他忧郁、痛苦的生命经历是有密切关系的。童年时的柴可夫斯基就表现出了忧郁、敏感、性格内向的特质,据他的家庭教师芳妮回忆说:"他极其敏感,所以我必须小心地待他,一点小事也会深深伤他的心。他像瓷器那样脆弱。对于他,根本不存在处罚的问题。对别的孩子来说根本不当回事的批评和责备,也会使他难过半天。"

到了青年时代起,他那敏感脆弱的性格,就深切地感觉到现实社会并不像他所希望的那样。他的怀疑主义和他那宿命论的思想,使他在落日的余晖里孤寂地去寻找对人生的妥协。音乐成了他蜗居斗室自我拯救的唯一生存方式。

在柴可夫斯基一生中,他的生活有种种不如意,种种波折让他忧郁不堪,而忧郁又让他更加走向痛苦。他曾几次精神崩溃时都想到了自杀。在令人厌烦的社交活动中,忧郁像鬼魂般死死地与他纠缠。这种性格自然会表现在他的音乐创作上。因此,他总是写出一些眼泪汪汪的调子和伤感情怀的旋律。这种又酸又苦的忧伤和哀愁，影响了他中后期的许多作品。

然而，忧郁症在某种情形之下，会转化为与症状完全相反的狂躁症倾向。这种反差极大、两极摆动的精神断裂，间接造成柴可夫斯基音乐中的许多断裂。很多作品中的一些优美旋律，常常被粗暴地打断，接踵而来的往往是跌跌撞撞、迅疾跳跃的不稳定音型。过去的评论家只认为他不善于构造交响的逻辑大厦，只是听凭他的情绪系列的相互交替，而且把这种交替变成是一种性格上的对比。实际上，这并不是音乐结构的问题，而是音乐家的心理程序对作品程序的一种投射；是一种失去自我控制的断裂，而非局部和局部之间技巧性的衔接问题。尤其是在他晚年作品中，我们分明能感觉到那种响亮中的空虚，那种紧张中的惶恐，那种狂躁中的沮丧，那种虚假镇定中真正的绝望！

忧郁就好像样透过一层黑色玻璃看一切事物。无论是考虑自己，还是考虑世界或未来，优秀作品事物看来都处于同样的阴郁而暗淡的光线之下。柴可夫斯基的忧郁人生和凶暴让我们不得不回想自己的过去，记忆中充满着一连串的失败、痛苦和亏损，而那我们曾经认为是成或成功的事情，还有爱情和友谊，现在看来都是一文不值了，回忆已经染上了忧郁的色彩。一旦戴上这副黑色的滤光镜子，就再也不能在其他的光线下观察任何事物。消极的思想与忧郁相伴；情绪低落导致消极的思想和回忆，反之，消极的思想和回忆又导致情绪低落，如此反复下去，形成一个持久而日益严重的忧郁恶性循环。

但忧郁的心态并不是不可以调整。从深层看，如果能积极而正确地对待，忧郁会升华出精明又清醒的生存智慧。通过痛苦的

第二章　驾驭情绪的潮起潮落

心路历程，在承受苦难的漫长过程中，以惊人的韧性和耐力，把自身的能量节省下来、保存下来，把苦难耗掉，使自己有活下来。这无疑带有悲剧色彩，是一种"阴性"的悲剧。它与面对环境的不如意而改选反抗的"阳刚"的悲剧相比，更有深度和力量，也更富于民族特色，值得注意。

忧郁是女人自恋的酒

忧郁是愁苦的人的快乐。忧郁是黄昏的暮景，痛苦在那里消融，变成了一种黯然的欢乐。莎士比亚说："女人的忧愁总是像她的爱一样，不是太少，就是超过。"

忧郁是女人的酒，有的女人沉迷在忧郁中，恰如有的男人沉迷在酒中。我们见到过不少嗜好忧郁的女人，一眼就可看出她们和其他女人不同。其他女人有时也忧郁，但那是因为她们遇到了不幸和痛苦的事情而被忧郁抓住；其他女人自己并不愿意忧郁，她们喜欢快乐和平静；其他女人一旦环境改善，情绪也就改善了。还有一种是病态的忧郁症，她们是一直忧郁的，但是她们的忧郁是痛苦无望的，她们不喜欢自己的忧郁。

嗜好忧郁的女人则与别人不同，虽然她也是痛苦的，但是她们在这痛苦中感到有一种奇特的享受。她们忧郁，她们又享受忧郁，品味忧郁，她们迷恋忧郁如同忧郁是一个朋友，虽然让她痛苦但是又舍得让她离开，她们感到忧郁有一种独特的魅力，一种妖异的魅力，一种变态的美。她们受忧郁的折磨，又欣赏忧郁的美。她们喜欢紫色，她们的忧郁是紫色的，而其他女人的忧郁是灰色的。紫色是矛盾的颜色，是红色和蓝色的混合。她们的心理也是矛盾的，混合着隐藏的热情和冷漠她们往往是倦怠的、无力的、懒散的，缩在光线暗淡的屋子的角落。但是偶尔，她们会突然燃烧，变得光彩夺目，引人注目。她们有一种神秘的美。

和酒一样，忧郁的味道不一定好喝，有时辛烈得让人难以下咽。所以不嗜此物的局外人不理解地说：这东西有什么好，明明忧郁伤害女人的心灵，但是忧郁女人自己却不能自拔于这个嗜好，就像一个嗜酒的男人不能自拔于酒一样，虽然这个男人也许已经因酒伤害了自己的健康。

正如男性的诗人中多产酒徒一样，女性的诗人中多产忧郁嗜好者。正如《红楼梦》中那位才情八斗、不食人间烟火的林黛玉，天生就是忧郁的产物。这样的女人很美，因而她们的忧伤也就格外可以感动别人。这样的女人，让她们走出忧郁是比较难的，因为她们无心走出。

用深层心理学分析，嗜好忧郁的女人是自恋的女人。她们的心灵对外界是比较封闭的，她们关注的对象是自己，她们欣赏品味的是自己。自恋的女人有许多种类，有的欣赏自己的活泼热情、有的欣赏自己的性感魅力，而这些女人欣赏的是自己的忧郁之美。

在她们心目中，她们忧郁是因为她们高贵，因为她们有更高贵的追求和期待，

因为她们和凡俗夫子不同，她们心里有一个最美好、最浪漫的梦想。而这个最美好的梦想在这个平凡的世界难于实现，才使她们如此忧郁。她们的忧郁代表她们在内心中对美好梦想的坚持，她们不愿意让自己快乐，因为快乐就意味着放弃了梦想，意味着

第二章　驾驭情绪的潮起潮落

在这个不理想的世界她也可以快乐，意味着如果和这个现实世界和解，她是难于接受的。

她们就这样忧郁、痛苦，但是越忧郁，她们就越能感觉到忧郁后的快乐，那就是对自己自我欣赏的快乐：我是这样忧郁，我是这样不同凡响。就是心理医生，也没有什么神奇的办法让这些忧郁美人解除忧郁，如果她们的忧郁不太有伤害性，就由她们继续忧郁去。但是，如果她们的忧郁太强烈，以至于心理上的危害比较大，就不得提醒她们戒断忧郁。恰如一个男人喝一点酒不妨，喝多了酒就需要治疗了。

但是沉浸在忧郁里的美人，虽然忧郁有它的美，但是实际上它是一种心理发展的不成熟。忧郁美人往往过去有一些情感失落的经历和体验。她们感情的火被压抑了，所以她们在感情上有一种根深蒂固的不满足。她们在心里隐隐有一种感觉，感到别人对她不够爱。于是她们就采用了自己爱自己作为替代，从而越来越自恋，自恋又割断了她们和别人真正的联系的纽带，使她的内心更加孤独，因而她们更需要自恋，以让自己得到安慰，然后，她们离别人也就更远、更忧郁。

她们的爱也就越来越难于得到满足。自恋是不成熟的，一个成熟的女人应该懂得爱人和被爱，有一个开放的心灵。一个自恋的人可能并不会感到自己的状态不好，因为自我欣赏有自我欣赏的快乐，但是一旦有一天她们走出了自恋的状态，她们爱和被爱，她们会发现，那快乐是自恋的快乐所不可以比拟的。

既然忧郁如酒，饮得多了自然有害。那些有着强烈忧郁感的女人，她们的内心会越来越封闭，生活越来越沉闷，生命力越来

心理学入门故事

越脆弱。生命的花渐渐凋落。因此忧郁的酒，小饮也就罢了，千万不可以沉溺其中。

那么已经沉溺于这杯酒中的女人如何走出呢，首要的就是要放弃梦想和自恋。要知道并且时时提醒自己，梦想虽然美好，但是它的快乐永远不可以和现实的快乐相比，梦可以给我们一些满足。但是梦的满足也不能真正满足我们内心的渴求，现实虽然不如梦完美，但是它给我们的东西是更真的。梦里的海鲜大餐虽然好，实际的一碗热面却更能滋养生命。

解除忧郁，要把注意力从自己身上移开，去关注别人、关注世界，投入地去做一件事或一个工作。当注意力转向外界，就会发现，有些人有些事是很值得关注的，也就渐渐会爱上外界，甚至会爱上别人。这时，你就会发现，爱别人的快乐超过自恋的快乐。还会发现，真正的人生虽然不完满，但是美好的。就会渐渐戒掉忧郁这杯让人辛酸的美酒。

忧郁的女人是瓶子里渐渐枯萎的花，虽然也有一种美，而去掉忧郁毒酒，这枝花就插到了生活的土地上，让晨露代替酒，就会生根发芽、继续成长，长得更美。

给潮湿的忧郁吹吹风

史密斯先生是一位律师，一天他到英国国家船舶博物馆参观，以调节他失意的心情，当时他刚打输了一场官司，委托人也于不久前自杀了。尽管这不是他的第一次失败辩护，也不是他遇到的第一例自杀事件，然而，每当他遇到这样的事情，总是有一种负

第二章　驾驭情绪的潮起潮落

罪感。他不知该怎样安慰那些在生意场上遭受了不幸的人,那些人有的被骗,有的被罚,也有的因打输了官司,落得债务缠身。

当他在国家船舶博物馆观看那些旧船时,忽然被一艘经历不凡的轮船吸引住了。这艘船原属于荷兰福勒船舶公司,于1894经历207次被风暴扭断桅杆,然而它并没有沉没,英国劳埃德保险公司基于它不可思议的经历,将这艘船体变形、创痕累累的船从荷兰买回来捐给国家。

史密斯先生看到这条船后,产生了一个想法:为什么不让那些生意场上的失意者来参观参观这条船呢?于是,他就把这艘船的历史抄下来,和这艘船的照片一起挂在他的律师事务所里,每当商界的委托人请他辩护,无论输赢,他都建议他们去看看这艘船。从此,在他的委托人中,再也没有发生过自杀事件。

我们的一生,也可以像那艘不沉之船一样,勇往直前,只要我们不放弃希望,乐观地对待人生的每一次挫折与失意,那么,我们忧郁的、沮丧的心情就不会再如铅球般沉重,这条潮湿的、苦涩的心灵之河也许能被清爽的海风吹干。

忧郁是禁锢心灵的枷锁,它困扰人们不能在现实的世界中调适自我,只能渐渐退缩到一个人的小天地里,来逃避忧郁。心境低落是忧郁症的主要表现。忧郁虽然属于心理学的范畴,但却不单纯表现为心理问题,还可能诱发一些躯体上的相关症状,比如口干、便秘、恶心、憋气、出汗、性欲减退等,女性患者可能会出现闭经等症状。

有心理学家说,忧郁好像特别眷顾女人。根据一项研究显示，女性终身忧郁症患病率达20％～26％，几乎是男性8％～12％的两倍。女性经常面临生活压力，容易比男性沮丧。社会对女性形象与女性角色有苛刻的要求，使女性经常处于无法达到完美的忧郁中，但女性却相对拥有较少的能力与帮助来解决问题。在种种因素的作用之下，女性自然比男性容易患忧郁症。再者，由于荷尔蒙分泌的波动，更年期是女性忧郁症的忧郁并非人们所想象的是一种肉体上的不快，而是一种心病。

为了使我们的生活永远充满阳光，为了使我们有一个健康向上的心理，人们曾费尽心思地寻找着克服忧郁的药方。

有人说，哭泣可以使脑部引发悲伤的化学作用变缓和，哭泣有时的确可让人停止悲伤，但也有可能是人继续执著于悲伤的理由。

温兹洛夫指出，最有效的是从事可振奋情绪的活动，观看让人振奋的运动比赛、看喜剧电影、阅读让人精神振奋的书。不过值得注意的是，有些活动本身就会让人沮丧，研究发现，长时间看电视通常会陷入情绪低潮。

科学家发现，有氧舞蹈是摆脱轻微忧郁或其他负面情绪的最佳方式之一。不过这也要看对象，效果最大的是平常不太运动的懒骨头。至于每天运动的人，效果最大的时期大概是他们刚开始养成运动习惯的时期。事实上，这种人的心态变化与一般人恰恰相反，不运动时反而心情容易低潮。运动之所以能改变心情，是因为运动能改变与心情息息相关的生理状态。

善待自己或享受生活也是常见的抗忧郁药方，具体的方法包

第二章 驾驭情绪的潮起潮落

括泡热水澡、吃顿美食、听音乐等。送礼物给自己尤其是女性常用的方式，大采购或只是逛逛街也很普遍。经研究发现，女性利用吃东西治疗悲伤的比率是男性的 3 倍，男性诉诸饮酒的比率则是女性的 5 倍。

忧郁的人低沉不振的主因是不断想到自己及不快的事，设身处地同情别人的痛苦自可达到转移注意力的目的。经研究发现，担任义工是很好的方法。然而，这也是最少被采用的方法。

从超凡的力量中寻求慰藉，有宗教信仰的人可借助祈祷改变任何情绪，尤其是忧郁。

肯定自己的能力。一天至少做成 3 件事，知道能把事情做好，等于对自己能力的肯定，可以振作精神，感受快乐。

发挥自己的外在美。在情绪低落时，更要穿得鲜艳明亮些，再加上化妆和新剪的头发，这样会使的坏心情因打扮而分散，精神也会感到振作。

测试：你有忧郁倾向吗？

状态描述	轻度	中度	破坏	没有
1. 悲伤：你是否一直感到伤心或悲哀？				
2. 泄气：你是否感到前景渺茫？				
3. 缺乏自尊：你是否觉得自己没有价值或自以为是一个失败者？				
4. 自卑：你是否觉得力不从心或自叹比不上别人？				

状态描述	轻度	中度	破坏	没有
5. 内疚：你是否对任何事都自责？				
6. 犹豫：你是否在做决定时犹豫不决？				
7. 焦躁不安：这段时间你是否一直处于愤怒和不满状态？				
8. 对生活丧失兴趣：你对事业、家庭、爱好、或朋友是否丧失了兴趣？				
9. 丧失动机：你是否感到一蹶不振，做事情毫无动力？				
10. 自我印象可怜：你是否以为自己已衰老或失去魅力？				
11. 食欲变化：你是否感到食欲不振？或情不自禁的暴饮暴食？				
12. 睡眠变化：你是否患有失眠症？或整天感到体力不支，昏昏欲睡？				
13. 丧失性欲：你是否丧失了对性的兴趣？				
14. 臆想症：你是否经常担心自己的健康？				
15. 自杀冲动：你是否认为生存没有价值，或生不如死？				

评分标准为："没有"0分，"轻度"1分，"中度"2分，"严重"3分。

测试完之后，请算出您的总分并评出你的忧郁程度：如果你

第二章 驾驭情绪的潮起潮落

的总分在 0～4 分之间，那你就没有忧郁症；如果你的总分在 5～10 之间，你偶尔有忧郁情绪；如果你的总分在 11～20 分之间，你患有轻度忧郁症；如果你的总分在 21～30 分之间，你患有中度忧郁症；如果你的总分在 31～45 之间，那你就有严重的忧郁症并需要立即接受治疗。

抑制愤怒狂躁的火焰

1809 年 1 月，拿破仑从西班牙战事中抽出身来匆忙赶回巴黎。他的间谍告诉他外交大臣塔里兰密谋造反。一抵达巴黎，他就立刻召集所有大臣开会。他便坐立不安，含沙射影地点明塔里兰的密谋，但塔里兰却没有丝毫反应，这时候，拿破仑无法控制自己的情绪，忽然逼近塔里兰说："有些大臣希望我死掉！"但塔里兰依然不动声色，只是满脸疑惑地看着他，拿破仑终于忍无可忍了。

他对着塔里兰粗鲁喊道："我赏赐你无数的财富，给你最高的荣誉，而你竟然如此伤害我，你这个忘恩负义的东西，你什么都不是，只不过是穿着丝袜的一只狗。"说完他转身离去了。其他大臣面面相觑，他们从来没有见过拿破仑如此失态。

塔里兰依然一副泰然自若的样子，他慢慢地站起来，转过身对其他大臣说："真遗憾，各位绅士，如此伟大的人物竟然这样没礼貌。"

皇帝的失态和塔里兰的镇静像瘟疫一样在人们中间传播开来，拿破仑的威望降低了。

心理学入门故事

伟大的皇帝在愤怒之下失去冷静，人们开始感觉到他已经走下坡路了，如同塔里兰事后预言："这是结束的开端。"

塔里兰激起了拿破仑的怒气，让他的情绪失控，这正是他的目的。人人都知道拿破仑是一个容易发怒的人，他已经失去了作为一个领导的权威，这种负面效果影响了人民对他的支持。面对大臣企图发动阴谋这样的事，焦躁和不安只能起到相反的作用，这说明他已经失去了主宰大局的绝对权力。

其实，在这种情况下，拿破仑如果采用不同的做法，那结果便会大相径庭。他首先应该思考：他们为什么会反对自己？他也可以私下探听，从手下的兵身上了解自己的缺陷，更可以试着争取他们回心转意支持他，或者甚至干脆除掉他们，将他们下狱或处死，杀一儆百。所有这些策略中，最不应该的就是激烈地攻击和孩子气地愤怒。

人的情绪中有两大暴君，其中之一就是愤怒。它们与单枪匹马的理性抗衡，然而人的激情远胜于人的理性。不去生气的人是聪明的，一个人必须学会自我调控，否则就会落入别人设好的陷阱。

愤怒起不到威吓效果，也不会鼓励忠诚，只会引发疑虑和不安，权力也因此摇摇欲坠，暴露出自己的弱点，这种狂风暴雨式的爆发，往往是崩溃的先声。

一个人的弱点总是在发脾气的过程中暴露出来的，它往往成为崩溃的前兆。谋略和战斗力也会在愤怒的情绪中消散，所以永远保持客观与冷静的态度至关重要。

第二章 驾驭情绪的潮起潮落

拿破仑的教训告诉我们息怒的精髓在于：不要给对手准备的时间，先机是最重要的。谁抢得了先机，谁将最终取胜。应用这一策略采取的手段就是控制对手的情绪——虚荣、自尊、爱与恨成为影响他的因素。在愤怒的情况下，人很难控制自己的情绪。你制造的漩涡最终会将他淹没。

愤怒容易让人失去理智，他们把一点小事看得像天一样大，过于认真让他们夸张了自身受到的伤害。他们以为愤怒可以让自己在别人眼中更具有权力，其实不是这样的。他不仅不会被认为拥有权力，反而会被认为缺乏理智，难成大气候。怒气会让你失去别人对你的敬意，他们会认为你缺乏自制力而更加轻视你。

抑制自己的愤怒并不能从根本上解决问题。你的能量会在这个过程中消耗殆尽，你的心理也会严重受挫。要想解决这一问题，最好的办法就是时刻保持冷静和宽容。面对别人的愤怒不要多想，可能他的愤怒并不是针对你，让自己的心情轻松一些。

公元前3世纪，在三国时期一场重要的战役期间，曹操的谋士发现有几位将领通敌，于是建议把他们处决。但曹操什么也没做，他知道，在战争的关键时刻处决这些将领只能扰乱军心，对自己不利。与拿破仑相比，曹操更懂得保持镇静的重要性。

如果愤怒的情绪已经产生，要做的不是控制和压抑，而是转变一个角度去思考，想想发怒的严重后果，这样你就能让自己冷静和宽容了。

愤怒让人失去理智。做任何事情我们都需要思路的高度清晰，但总有一些不顺利的事情甚至让人无法接受的事情发生，这时候，愤怒会不期而至，而愤怒恰恰是冷静思考的天敌。

心理学入门故事

愤怒的危害有多大

美国生理学家爱尔马为了研究心理状态对人体健康的影响,设计了一个很简单的实验:把一支玻璃试管插在装有冰水混合物的容器里,然后收集人们在不同情绪状态下的"气水"。

研究发现:当一个人心平气和时,他呼吸时水是澄清透明无杂的;悲痛时水中有白色沉淀;悔恨时有蛋白质沉淀;生气时有紫色沉淀。爱尔马把人在生气时呼出的"生气水"注射到大白鼠身上,12分钟后,大白鼠竟死了。由此爱尔马分析认为:"人生气时的生理反应十分强烈,分泌物比任何情绪时都复杂,都更具有毒性。因此动辄生气的人很难健康,更难长寿。"

震惊于实验结果的同时,我们更要清楚,我们每一个人,面对生活中的各种困惑、烦忧,都应该学会宽容、学会理解、学会忍让、避免生气,牢记"气大伤身",用宁静的博爱的心态,对待世事是非,烦恼自会远离。哲人说:生气,就是拿别人的错来惩罚自己。

世间万事,危害健康最甚者,莫过于生气。

诸如:咆哮如雷的"怒气",暗自忧伤的"闷气",牢骚满腹的"怨气",有口难辩的"冤枉气"等。"气"乃一生之主宰,与人体健康关系甚密。若"心不爽,气不顺",必将破坏机体平衡,导致各部分器官功能紊乱,从而诱发各种疾病和灾难。所以《内经》就明确指出:"百病生于气矣"。

因此,我们需要记住:"生气,是一种毒药!"我们不能让

第二章　驾驭情绪的潮起潮落

自己的情绪只停留在问题的表面，我们必须学习"转念"、"少点怨，多点包容"、"多洒香水、少吐苦水"，让负面的思绪远离，而用乐观的正面思绪来迎接人生。

控制自己的愤怒的确是件非常不容易的事情，因为我们每个人的心中永远存在着理智与感情的斗争。如同所有的习惯一样，控制冲动也是一种必须经过训练才能得到的能力。要具备这种能力，有两个基本方法：第一，我们必须不断地分析自己的行动可能带来的长期后果；第二，必须不屈不挠地按照符合自己的最大利益的决定而行动。

怒发冲冠的后果

月月和平平是一对形影不离的好朋友。她们几乎每天都会煲上半个小时的电话粥，一有时间就一起去逛街、看电影、溜冰、跳舞，可是这一切自从月月交了男朋友以后似乎就变了。其实，平平也理解月月的生活变化，即使月月有时答应和她一起出去却中途变卦，平平也并不以为然，毕竟自己已经不是她的生活重心了。

可是，月月却一再地不顾平平的感受，三番五次毫无诚意地许诺给平平各种各样的约会，最后却没有一次守约，事后还怪罪平平，说她不给她一点私人空间。

平平当时非常愤怒，因为那些承诺并不是自己要求的，而是月月主动提出的，那很可能是她在和男友吵架之后的一种宣泄，而一旦男友道歉，月月又撇下平平，欢欢喜喜地去和男友约会。

心理学入门故事

平平觉得自己被她利用了，非常生气。一气之下她决定与月月绝交，但是心头的怒火却久久不能平息，竟然气出一身的病来。怒是火气之源，在盛怒的之下平平竟然口舌上都了"火"，疼得她既不能好好的吃东西，也不能多说话。最后吃了好多药才止住这些"火气"。

有人说："愤怒这个武器有奇妙的效用。所有的武器都由人类使用，唯独这个武器是它在使用我们。"

因此，如果你是一个经常大动肝火的人，那么你就要引起注意了：敌意和愤怒是致命的心态，它们不仅是强化诱发心脏病的致病因素，而且会增加其他疾病发作的可能性——发怒是典型的慢性自杀。如果一个人的心绪欠宽容，那么学会抑制愤怒应视为当务之急。

不友好后面的推动力是对别人的怀疑。倘若料定别人不信任自己，我们是会失望的。疑心引起愤怒并导致以侵犯相报复，其他的紧张因素加速内分泌；随着内分泌变化，其嗓音会提高八度，呼吸加快而且粗重起来；心脏跳得更快更吃力，手足的肌肉绷得紧紧的。最后，竟会有一种让人觉得"箭在弦上，不得不发"的感觉。

假如连续出现这种情绪，那么你的"愤怒指数"就未免太高了，它有可能演变为严重的健康麻烦。可怕的是，不友好的心态很容易使你发怒。即使是初次谋面的人，也可能迸发恼怒；这种恼怒或表现为愠怒，或表现为面红耳赤，吹胡子瞪眼。

第二章　驾驭情绪的潮起潮落

冷静是"灭火"的良方

在古老的西藏，有一名叫爱地巴的人，每次生气和人起争执的时候，就以很快的速度跑回家去，绕着自己的房子和土地跑三圈，然后坐在田地边喘气。

爱地巴工作非常勤劳努力，他的房子越来越大，土地也越来越广，但不管房、地有多大，只要与人争论生气，他还是会绕着房子和土地绕三圈。

爱地巴为何每次生气都绕着房子和土地绕三圈？

所有认识他的人，心里都起疑惑，但是不管怎么问他，爱地巴都不愿意说明。

直到有一天，爱地巴很老了，他的房、地也已经太广大，他生气，拄着拐杖艰难地绕着土地和房子，等他好不容易走完三圈，太阳下山了，爱地巴独自坐在田边喘气。

他的孙子在身边恳求他："阿公，您已经年纪大，这附近地区的人也没有谁的土地比你更大，您不能再像从前，一生气就绕着土地跑啊！您可不可以告诉我这个秘密，为什么您一生气就要绕着土地跑三圈？"

爱地巴禁不起孙子恳求，终于说出隐藏在心中多年的秘密。

他说："年轻时，我一和人吵架，争论、生气，就绕着房地跑三圈，边跑边想，我的房子这么小，土地这么小，我哪有时间，哪有资格去跟人家生气，一想到这里，气就消了，于是就把所有时间用来努力工作。"孙子问到："阿公，你年纪老，又变成最富有的人，为什么还要绕着房地跑？"

心理学入门故事

爱地巴笑着说:"我现在还是会生气,生气时绕着房地走三圈,边走边想,我的房子这么大,土地这么多,我又何必跟人计较?一想到这,气就消了。"

我们要学习爱地巴那种自我调整的方法,用平易温和的方式,使自己波动的情绪得到抚慰。因为我们都需要安抚,在我们闹情绪的时候,安抚自己的内心远比找其他的人发泄来得高明。

人活着是多么的不容易,何苦要生气?气便是别人吐出而你却接到口里的东西,吞下便会有气,相反不看它时,它便会消散了。气是用别人的过错来惩罚自己的蠢行。夕阳如金,皎月如银,人生的幸福和快乐尚且享受不尽,哪里还有时间去"气"呢?

让我们以平和的心境来对待生活中繁杂的事情吧!小心别伤害了自己,只有健康才是生活的本钱。有了无法避免的怒气,学着适度地释放它,不要自我封闭,要学会适度宣泄,宣泄是一种排解负面情绪的有效方法。找朋友倾诉或是干脆痛快地哭一场。男人也可以哭,流泪不是罪。我们应宽解自己,少发脾气。快乐地过好每一天。"风平而后浪静,浪静而后水清,水清而后游鱼可数",这就是怒气消解的至高境界。

制怒的智慧,首先来自于冷静。冷静提供了思考的空间,头脑一发热,思考的空间就少了,也就容易失去理智,意气用事,无端动怒,结果将人际关系带往不可追悔的地步。

在怒火中烧时,"逆向性思维"有助于我们冷静下来。一定要劝自己回头想想自己为什么与人发生冲突,是不是自己太冲动?这样,头脑就会较为冷静,较为理智,看问题就会比较乐观,

第二章　驾驭情绪的潮起潮落

从而避免做出过激的举动和后悔莫及的蠢事。

英国哲学家罗素说："恼怒将理智的灯熄灭，在考虑解决重大问题时，你必须脉搏缓慢，心平气和，头脑冷静。"

能否有效地抑制不友好的情绪，从而使自己平静呢？其实，只要我们意识到了愤怒对于人们的害处，下决心改正，终究会改掉"爱发火"的"毛病"。

爱发火是一种不良和有害的情绪。一个人经常发火，不仅会影响同志间的团结。影响工作，还容易把矛盾激化，无助于问题的解决。对此，我们依据心理学的基本原则，给发"火"者开了以下"药方"：

保持沉默法。著名散文家朱自清说过："沉默是最安全的防御战略。"当意识到自己要发火时，最好的办法是约束自己的舌头，强迫自己不要讲话，采取沉默的方式，这样会有助于缓和激情、冷静头脑，让沉默成为一种保持身心平衡、抑制精神亢奋的灵丹妙药，不借外力而能化解怒气。

自我提醒法。当要发火时，只要自己还能自我控制，就要试着用意识驾驭自己的情感，警告自己："我这时一定不能发火，否则会影响团结，把事情搞砸"，心中默念："不要发火，息怒、息怒。"这样坚持下去，就会收到一定的效果。

容忍克制法。俗话说："壶小易热，量小易怒。"动辄发脾气、动肝火是胸襟狭窄、气量太小的表现。有一位心理学家忠告："气量大一点吧，如果我们每件事情都要计较，就无法在这个大千世界上生活下去。"要保持克制，就必须有很高的修养，有修养的人才是有克制力的人。一个襟怀坦荡的人，是决不会为一些

心理学入门故事

区区小事而随意发火的。即使遇有不顺心的事或受到不公正的待遇时，也能做到心平气和地讲道理，和风细雨地解决矛盾和问题。

及时回避法。生活中遇到能使自己动气的刺激时，只要情况许可，不妨采取"三十六计，走为上策"。这样，眼不见，心不烦，火气就消了一半。

注意转移法。心理学研究表明，在受到令人发火的刺激时，大脑会产生强烈的兴奋灶，这时如果有意识地在大脑皮质里建立另外一个兴奋灶，用它去取代、抵消或削弱引起发火的兴奋灶，就会使火气逐渐缓解和平息。

测试你能否驾驭怒的情绪：

愤怒是一种复杂的本能，它以多种方式影响着个人的社会的各种关系。生活中总有各种摩擦让你怒火中烧，能否驾驭它对你有直接而深刻的影响，甚至会在瞬间改变你人生的命运。

那么你能驾驭愤怒的情绪吗？一测便知。

1. 你经常生气吗？（　　）

　　A. 我经常发怒，甚至因为小事情，我知道自己有时错了，然而很难启口认输；

　　B. 我有时也发怒，可一旦事情过去，总会觉得有点惭愧；

　　C. 我不爱发脾气，从没有真的发怒过，而且每当别人有这种愚蠢的孩子气的行为时，我会感到非常可笑。

2. 电影中的愤怒场面怎么看？（　　）

　　A. 我欣赏电影中的愤怒场面，虽然自己不会去摔东西，但看这种非真实的情景使我满足；

　　B. 我不喜欢电影中的愤怒场面，就像不喜欢生活中的愤

第二章　驾驭情绪的潮起潮落

怒场面一样；

　　C．对此我有强烈的共鸣，事实上它有时教会我怎样在自己的生活中表达愤怒。

3．你生气时的表现如何？（　　）

　　A．大叫大喊，让人们都知道我是多么愤怒；

　　B．默默地走开：

　　C．努力克制，但是不管干什么心里都烦。

4．当你受到委屈时会怎样？（　　）

　　A．当感到受了委屈时，我会几个小时都说不出话来；

　　B．当感到受了委屈时，我会当场反击；

　　C．伤害感情使我痛苦极了，我会再也不提这件事的。

5．当对方发怒时你会怎样？（　　）

　　A．愤怒的人使我害怕，我总是想法与他和解，或者躲开他；

　　B．别人和我翻脸时，我听他说完，然后设法使他平静下来，以便我们能开诚布公地谈谈；

　　C．我不怕别人发怒，事实上我喜欢吵架。

6．你是否与家人或亲近的朋友吵架？（　　）

　　A．经常；

　　B．有时；

　　C．从不。

7．你是否认为人们应该相互说出真实的想法？（　　）

　　A．是的，永远这样；

　　B．不，我宁愿将真话藏在心底；

C. 如果会引起麻烦，就不说真话。

8. 与人吵架时，你会用暴力吗？（　　）

   A. 是的，有时会；

   B. 只是在争吵中极愤怒时会用；

   C. 从没用过。

9. 你知道自己做了件会激怒家人或好朋友的事，但你认为自己并没做错。你会怎么做？（　　）

   A. 对此保持沉默；

   B. 告诉他们并由着他们愤怒；

   C. 大胆地告诉他们。

10. 你的父母不断地就同一问题责骂你，你会怎么做？（　　）

    A. 发脾气，然后很快平静下来；

    B. 每次听到唠叨这问题就吵；

    C. 忍耐着，但会长时间生气。

11. 你是否认为争吵会摧毁友情？（　　）

    A. 是的；

    B. 不是，理智的争吵能增进友情；

    C. 不必要，但又不可避免。

12. 当你在外面生了气，你是否会将愤怒加在与你亲近的人身上？（　　）

    A. 从不；

    B. 经常；

    C. 试图克制，但却无法控制。

13. 你买了一件很贵的新鲜玩意儿，可是一星期后就坏，你

第二章 驾驭情绪的潮起潮落

会怎么做？（　　）

  A．打电话给商店，温和而理智地要求退货；

  B．尽一切可能要求赔偿；

  C．寄一封措辞激烈的信或打一个电话骂经理一顿。

 14.因为前面一个人在检票口笨嘴笨舌地找售票员问话，致使你恰好没赶上火车，你会怎么做？（　　）

  A．感到愤怒，但什么也不说；

  B．告诉那人他误了你的事；

  C 像以往那样耸耸肩了事。

 15.早上3点时，你被邻居家吵闹的音乐惊醒。这已经是两周以来的第三次，你会怎么做？（　　）

  A．径直去大声叫他们安静下来；

  B．次日早上从门缝里礼貌地塞张便条；

  C．非常生气，但什么也没做。

 16.你在学校里经常发脾气吗？（　　）

  A．是的，常对同学发脾气；

  B．是的，常对好友发脾气。

  C．不发脾气。

 17.你看到一部极糟的电影，你怎么做？（　　）

  A．中途退场了；

  B．坐在那儿等到散场；

  C．给报纸去信抨击或在某些场合表示你的不满。

 18.你排队时有人在你前面插队，你会怎么做？（　　）

  A．拍拍他肩膀，叫他到后面排队去；

B．瞪着他，什么也不说；

C．和队里的人大声抱怨。

19．在一家高级餐馆，服务员将菜汤洒在了你的裤子上，你会说什么？（　　）

A．"没关系。"；（真心地）

B．"没关系。"；（从牙缝里说）

C．"你这蠢猪；赔我的裤子！"

20．你在诊所里等着预约的诊断，但你很忙，等了20分钟后，你会怎么做？（　　）

A．继续等；

B．礼貌地解释说你必须走了，并且重新约一个日期；

C．大声抱怨着走出去。

21．如果售货员对你态度粗鲁，你会怎么做？（　　）

A．猜想他可能今天不顺心，并且忘掉这事；

B．觉得丢脸，但什么也没说，只想以后再也不到这里来了；

C．以同样的粗鲁回敬他。

第二章 驾驭情绪的潮起潮落

得分\选择\题号	A	B	C	得分\选择\题号	A	B	C
1	5	3	1	12	1	5	3
2	3	1	5	13	3	1	5
3	5	1	3	14	1	5	3
4	3	5	1	15	5	3	1
5	1	3	5	16	3	1	5
6	5	3	1	17	3	5	1
7	5	3	1	18	3	1	5
8	5	3	1	19	1	3	5
9	1	3	5	20	3	1	5
10	3	5	1	21	1	3	5
11	1	5	3				

测试报告及指导：1～5题测试的是你在愤怒情境中发怒的程度。在这5题中总分在5～25之间。其中：

5～10分：出于某种原因而害怕愤怒，不仅怕自己发怒，也害怕别人发怒。如果你的得分低于7分的话，不管你承不承认，你很可能是那种"没脾气"的人。

39分以下：属于压抑愤怒的一类，建议你适当作些情绪放松活动。

11～17分：你了解自己的愤怒并能适当地表达。你不是个爱发怒的人，而是一个冷静的人，知道要保持理智，克制自己尽量不发脾气。这样很好，继续发扬。

18分以上：你发起脾气来无所顾忌，容易对他人形成威胁和敌意。因此，有时你会感到自己的感情失去了控制。应该学会控制你的情绪，以使自己赢得更多朋友的喜爱。

第6～12题测试的是你私人关系中的愤怒，第13～21题测试的是你对有关社会的愤怒。这两类问题的总分在16～80分之间。其中：

60分以上：你属于公开愤怒的一类。

40～59分：你属于能够控制愤怒的一类。

30分以下：你属于压抑愤怒的人。

拔除焦虑不安的荆棘

有一个叫圆圆的女孩，是一名17岁的高三女生。近来得了一种怪病：在上课时两眼总是往两边看，对男生特别敏感，上课不能集中精力，自习时也不能静下心来。班上的几位女同学知道了她这一"特点"后，都嘲笑她，说她是"色狼"，而圆圆自己更是十分的羞愧与苦恼，整日焦虑不安。

其实，圆圆在初中时学习很好，总是前几名。到了高三，整天为考大学做准备，情急之下，成绩反而滑坡，在班里成了中下等。从此她很自卑，很自伤，心情紊乱，后来就患了这种病。圆圆是

第二章　驾驭情绪的潮起潮落

个毅力顽强的女孩,以为自己能顶住疾病的骚扰坚持学习,结果被这无形的力量给挫败了。眼睛病并没有什么可怕,可怕的是她连最起码的人生权利——好好坐在课堂上静静学习的机会都被剥夺了,和同学研究问题的可能都被切断了。

同学们的评说比眼睛的病变更加伤害好的心灵。圆圆有些绝望了,甚至想过自杀,后来在老师的建议下,圆圆去求助了心理医生。

经心理医生诊断圆圆患的是淫眼神经症。这种"淫眼"现象主要是因为人的神经紧张而致,它象征着对关爱的期待,对慰藉的渴望,对他人的倾慕。青少年出现眼病的最多,而发病期都在初三到高三这些准备升学考试的特定时段。也就是说,这一时段对女孩的身心压力最大。原因是,这时期正是女孩生理发育成熟期,生理调整不当会引发性本能的冲动;二是关系前途和命运的升学考试形成的精神重压会使精神失常,这两种情况都会出现"淫眼"的表现,所以初三至高三是心理疾病特别是视线疾病的高发期。因此,这个阶段要特别注意。其主要原因是在各方面的重压之下导致了心神的焦虑不安,在心理学上这种现象称作焦虑症。

焦虑是一种在生活、学习、工作中遇到压力或危机时产生的一种烦躁、忧虑的复杂心理。它始于对某种事物的热烈期盼,形成于担心失去这些期待、希望。焦虑并不是坏事,适当的焦虑往往能够促使人鼓起自身的力量,去应付即将发生的危机,焦虑是有进化意义的。

但过度的焦虑则是一种病态:如过度的紧张、烦躁、压抑、

心理学入门故事

愁苦等，焦虑还常外显为行为方式。表现在个能集中精力工作、坐立不安、失眠或梦中惊醒等。人们可能在大多数时候，没有什么明确的原因就会感到焦虑。而一旦发觉就会觉得焦虑是如此妨碍平常的生活，以至于什么都不想干。

缓解压力，渡过焦虑期

从心理学的角度说，考试比的就是心理素质。高考是人生的一个关口。只要读过《聊斋志异》，读过《儒林外史》的人就会知道历史上的"科举"把青年知识分子折磨或折腾出多少精神病人。今天的高考相似于往昔的"科考"，多少孩子在争过这一"独木桥"时成为精神病人。

高考对那些素质差的孩子来说，就是一架"绞肉机"。所以对待高考只能轻松对待，不能过于偏执。古人说："甚爱必大费，多藏必厚亡。知足不辱，知止不殆。"该考上的，如锥处囊中，其颖毕露；该考不上的，也不要强求，健康比什么都重要。记住，千万不要让自己处在焦虑烦躁的状态中，以免患上心理病症。

高考对家长来说也是严峻的考验。不少家长总想对孩子有更好的帮助，更好的照顾，但这种帮助和照顾，反而会给孩子无形中造成实实在在的压力。换句话说，父母非常好心地在做很多效果不好的事。孩子的高考压力本来已经够大了，他们其实已经关注不了爸爸妈妈。但爸爸妈妈如果把自己的焦虑与担忧全方位的、无微不至地让孩子承受，那就会让孩子感觉到你们其实已经在影响和干扰他们的生活了。

第二章　驾驭情绪的潮起潮落

其实，绝大多数爱爸爸妈妈的孩子，都不愿意看到爸爸妈妈为自己紧张与焦虑。作为爸爸妈妈，关心孩子也应该有个边界：

不要改变孩子的生活习惯，比如强迫孩子提前睡觉，买回大量营养品要孩子吃等；

要给孩子足够的放松空间，比如让孩子散步、逛公园，给他们有一定的时间玩耍等；

不要给孩子有形的压力，如反复要求孩子要努力学习，要求孩子做大量的作业等；

是不要给孩子无形的压力，比如为了孩子高考突然更改家庭的生活习惯，不开电视、轻声说话走路等，这种无形压力往往给孩子更大的压力；

当孩子向家长寻求帮助时，再去帮助他比较合适，当孩子不授权的时候，尽量不要去干扰他，把空间留给孩子，这样只会有助于他们的成长。

另外，合理的营养搭配，也是轻松面对考试的必要条件。考生每天的营养搭配：

多注意吃碱性食物。

人体也有酸碱度指标，一般来说，良好的体质呈弱碱性体质。含碱性的元素主要是钾、钙、镁等，如水果类的香蕉、葡萄、等；植物类的大豆及其制品等，坚果类食品有花生、核桃等。碱性食物对大脑和身体有特殊的营养作用。

注意饮用水。一般要少量多次饮水，不要等口渴了才去饮水。要喝烧开的自来水，少喝饮料。

要保证身体需要的热量。

心理学入门故事

主要营养来源有碳水化合物，如大米、面制品、马铃薯、甘薯等；优质蛋白质，如鱼禽蛋奶等；脂肪类，如猪肉、牛油、花生油等。

摄入充足的蔬菜水果。

在一般膳食里，蔬菜每天要保持300～400克，水果每天保持100～200克。蔬菜水果中，绿色和橙黄色是最佳食物，可以多食用。

对于一般的焦虑症的患者，在饮食上也应有所注意。要避免食用可乐、油炸食物、垃圾食物、糖、白面粉制品、洋芋片等易刺激身体的食品。一般对有消化道症状的患者来说，应该防止暴饮暴食或进食无规律，以免增加胃肠负担，加重症状；对有心脏病症状的患者来说，则应远离有刺激性的烟酒、浓茶、咖啡，辛辣食物等，建议以清淡、易消化的食物为主，进食后不要马上休息；对于腹胀、便秘者，可以服用助消化的药物

心理专家说，充足的睡眠、轻快的音乐和适度的锻炼，都有助于焦虑情绪的释放。越是压力当前，越要以一颗平常心去面对，不妨将其想象成一次普通的事情，这样就会为自己减轻心理负担，缓解焦虑的症状。

被焦虑困扰的伊甸园

燕语刚刚31岁，不但人长得亮，而且也十分的开朗。她有一个美满的家庭，丈夫体贴，自己的工作也很顺心，7岁的女儿也聪明可爱。但她近几年时间却一直处在无以言状的焦虑烦躁之

第二章 驾驭情绪的潮起潮落

中：看着什么都不顺心，遇着什么都想生气。精神上的痛苦，导致生理上的不良反应，头疼，失眠、消化不良。呕吐也接踵而来，凭理智判断，燕语知道这绝不正常。

经过多次思想斗争，燕语鼓足勇气来到心理卫生门诊部。经过医生的询问，燕语道出了苦衷。"自从生完孩子之后，我与丈夫就没有过夫妻生活。他根本就不想，不行！我也不知道为什么。可是，他对我很好。许多家务活儿都是他替我干的。可他越是这么殷勤，我就越烦他，越觉得他别扭。我过去也曾指出过他有毛病。他却说自己很健康，不必看医生。每天晚上，总是看电视看到了很晚才上床，向他暗示，他都不理会我，一上床就蒙头而睡，很快就打起了呼噜。有时我生气地推醒他，他却说一点也不想，觉得没劲。"

燕语说自己也曾在医院开过一包壮阳药品，丈夫一粒未吃就扔到垃圾桶里了。当燕语要丈夫到医院进行心理咨询时，他却一口咬定："我没病，不去！"为此，燕语也与丈夫产生过激烈的争吵。

有一次燕语气急了，大声对丈夫嚷道："你要是对我不满意的话，就再找一个女人去！""无聊，我干吗去找女人呢？"丈夫回敬到。"看你那样儿，像男人吗？"燕语又说。"不干那事又咋了，不干就有病？奇谈怪论！还让我找女人去，找女人干吗，我孩子都有了，完成任务了！"丈夫理直气壮地说。"算了，咱们还是离婚吧！我受不了啦，这样下去，我会死的！"燕语痛苦她哭出了。

丈夫也禁不住哭了："你要不满意的话，离吧！我看你天天难受，我也不忍心，我同意离婚。不过，你要再嫁人的话，可要

心理学入门故事

选准了,别再有什么闪失,都这么大年龄的人了,没有时间再折腾了!他一定要体贴人,又可靠,在爱情上要专一,千万不能朝三暮四,还要有钱,可以请个保姆,就不会让你太操劳。"

燕语也动情地说:"如果你要再娶的话,一定不要找像我这样成天愁眉不展的女人,要找一个开朗的温柔聪慧的贤妻良母,她要又多情又疼人,好吗?"

说得动情投入之时,两人的鼻子酸酸的,泪流不止。突然发现了对方许多平时不曾留意的好处来。燕语更是心潮难平,除了这一点,丈夫的确是个好丈夫。离又离舍不得,有病又不治,这该怎么办,万般无奈中,她求助了心理医生。

心理医生分析,燕语的烦躁情绪,完全是由于夫妻性生活不美满引起的。这属于潜意识中的一种压抑作用。尽管当事人还没有这个主观意识。但这不知不觉的精神压抑长久存在,同样会摧垮一个人。

燕语是一个完整的女人,女人应该有的需求她都会有,得不到满足自然心理不平衡。而燕语的丈夫作为一个壮年男子,完全不想过性生活是一种功能障碍。男子功能障碍是男性的性行为及性感觉的障碍,表现为性生理反应的受累、反常或缺失。表现为性兴趣降低,完全缺失甚至反感。可由器质性或精神性异常引起或同时有其他性功能障碍,因而不能达到和谐的性关系。

心理医生告诉燕语,一般来讲,夫妻间的性问题,都与配偶有或多或少的关系。男方的毛病,也有可能是由女方引起的。作为妻子,有责任帮助丈夫,共同治好他的病。

第二章　驾驭情绪的潮起潮落

在医生的指导下，燕语开始看一些性心理学方面的书籍。她不再冷淡、疏远、厌烦丈夫。白天她和丈夫一起上班，一起进家，共同就餐、听音乐，还教他跳舞，晚上主动亲近他。她设法用柔情的话给他温馨。

有一天晚上燕语问丈夫："你最怕什么？"。"最怕……"丈夫极力回忆着。"或者说，你对什么最敏感？"。"红色。"丈夫脱口而出，"特别是怕见流血！"

燕语感觉到，丈夫说这句话时，浑身不禁一激灵。此时，丈夫眼前闪现出7年前的一幕：那天，也是在夜间，女儿出生时，妻子难产，她疼得大喊大叫。无奈，只得剖腹产。本来是一个美丽润滑的腹部，顿时变得血肉模糊。

丈夫被吓坏了，好长一段日子食欲大减。从此，他有一种负罪感，仿佛妻子所遭受的这一切痛苦，完全是由他造成的。打那以后，他就无意接触妻子了……

"病因就在这里。"燕语帮助丈夫进一步分析，"你的出发点是为了免除我的痛苦，是你的一片关爱和好意。但是，你却万万没有想到，由此而给我带来了长达7年的心理压抑。这个痛苦要大于剖腹产的好多倍。现在，我多么希望你的真爱啊？"

丈夫激动地紧紧抱住了妻子……

燕语终于以一片真诚和积极的努力唤醒了丈夫的热情，他们的生活又恢复了当初的欢笑和温馨。

化解焦虑，唤醒沉睡的"性趣"

当性爱被你无端忽视，当你与爱侣之间不再有激情的碰撞，当你们彼此再也感觉不到吸引时，你也千万不要放弃对性爱的追求，我们应该为自己找出自我满足的合理方法，不要让身心整日处在焦虑不安中。

性爱是一种"积极的休息"，能促进体内血液循环，有利于将因疲劳而产生的酸性废物代谢出体外。并且做爱时，人体释放内啡肽，它是一种天然镇痛剂，让人的神经系统放轻松，提高人体的免疫力。如果婚后无性，对健康来说反而是一种缺失。

性冷淡又叫性淡漠，是指性欲缺乏，通俗地说即对性生活没有兴趣。性冷淡以女性居多，而男性性冷淡是比较少得到人们关注的问题。除了因出现性功能障碍后丧失自信心，惧怕失败，进而害怕性生活，表现为行为上的"放弃"外，多数男性性冷淡的起因是出于对性伴侣的厌恶。

在一些婚姻生活中女性起主导地位的家庭，一些女性在婚姻生活中错误地将"性"作为一种生活控制手段。当夫妻在生活中出现矛盾时她们习惯使用"性制裁"，拒绝进行性生活。殊不知这样造成了一种事实：性生活不再是相爱双方爱的相互奉献，而只不过是男性受到调控的工具！当男性被迫接受这样的一个事实时，性生活就不可避免地失去了本应有的吸引力。

久而久之，"性制裁"的负面效应开始出现。一些男性就容易在婚外寻找性伴侣。而另一些有一定道德修养的男性或者无自身条件的男性就会对被操控的性生活产生厌恶，并以消极的态度

第二章 驾驭情绪的潮起潮落

面对，拒绝性生活，出现性冷淡。而此时的婚姻生活也就变得名存实亡了。

性爱是相爱双方对美好生活的共同体验，因此任何一方都不应该将"性"视为工具、手段，这是生活的本义。如果不是这样，最终是会自食苦果的。任何事物都有个度的界限，性生活也不例外，注意以下几个方面，别让性爱变成负担，以便保持夫妻和睦家庭的幸福。请您注意这些处方：

不可常拿性爱开玩笑。

夫妻性爱总会有性爱的信号，另一方应积极响应，在性爱上开点玩笑也能增添乐趣。但如经常在性爱上放出不恰当的信号，到了真正有性爱要求时，伴侣可能会误解成玩笑置之不理，而引起矛盾。

不能过分求新求异。

夫妻间有的性观念不同，如果伴侣对此很难接受，那就要注意尽量保持一致，或采取逐渐过度的方式慢慢改变，否则会事与愿违。

不要强迫伴侣过性生活。

男性和女性的性能力有一定的差异，而且也会因为年龄的增大而衰退。另外，受工作、情绪、健康等的影响，男性和女性的性欲差异总是存在的，所以不能强迫要求伴侣保持一致，否则，久而久之便会失去"性趣"。

不必过于规律和刻板地过性生活。

性生活过于规律而成"制度"，定时、定量、定点等，因死板会使性生活变得毫无生气，兴奋度不高，会觉得性爱是一种夫妻间的应付,并容易使伴侣对性有一种紧张感及压抑感。

不必每次性生活后都洗浴。

性生活前夫妻双方都应该清洗,房事后则不必匆匆进浴室或要求伴侣马上洗净。以免导致对方误解,你对性生活持厌恶应付态度或被怀疑患了洁癖。

女性不会每次都有性高潮。

想要女性每次性生活都有性高潮,或片面追求所谓的性高潮效果,是不现实的。专家指出,女性性高潮受许多因素的影响,夫妻间的性生活只要觉得满足愉快就行了,心理上的愉悦最为重要。

对付焦虑,成功想象训练

想象的力量有时超过意志的力量。用想象的方法来对付焦虑情绪引起的心理压力,是很有效果的。想象训练的特点是,通过在想象中对使自己感到紧张、焦虑的情景和事件的预演,加强自己的积极反应,抑制消极反应,从而达到当那种真实情境出现时,也能控制好自己的心理和行为、成功想象训练,更适用于应试心理正常,或经过脱敏想象训练后考试焦虑基本消除的学生;它可以帮助他充分自如地发挥自己的水平,达到最佳状态,考出最好成绩。

训练方法如下:

首先,第一步要进入放松状态。这同脱敏想象训练一样,先使身体完全松弛,身体若还有紧张的部位,就要使其达到完全

第二章　驾驭情绪的潮起潮落

放松。

第二步：想象训练。想象自己将要进行的一场考试。按照考试的程序，从想象你精神饱满地进入考场开始，到进入座位、做好准备工作、监考人员宣布注意事项、发卷、领卷、做题等，默诵你复习好的内容纲要，记得的公式、定理、定律、图解或某一典型习题的解题思路等等，要确保解题的正确性。

只想象自己轻松解题的大致过程或遇到难题后经过一番思索终于把它解开的过程，也可不涉及具体试题；

如果发现自己出现了紧张，便停止想象，将注意力集中于呼吸，重新进行放松。等完全放松后，再次想象刚才的情景并体会轻松感；

上面的情景重复想象两次，而且不出现紧张感；

想象自己考试获得圆满成功的景象和心境，想象那种心花怒放、欢快激动的场面和心情，体会其中的成功感；

注意力重新转向自己的呼吸并放松，结束想象训练！

注意：每次想象训练的时间不要过长，一般在 20～30 分钟即可。

测试：你有焦虑倾向吗？

下列每一种描述有四个等级："很少有"、"有时会"、"经常有"、"绝大多数时间是"，分别计 1 分、2 分、3 分、4 分。

记分标准为：将总分乘以 1.25，四舍五入取整数即为你的最后得分。

心理学入门故事

状态描述	A	B	C	D
1. 老板对你一笑,你回家后分析足足一小时,怀疑他别有用心。				
2. 同事说他把刚发的工资弄丢了,你很担心他怀疑小偷是你。				
3. 各种传媒炒作"世界末日"之际,你已经买好了救命用的各种储备。				
4. 不常看恐怖片,但总觉得看见自己被人大卸八块,不过不痛。				
5. 阳光明媚的清晨,你却觉得今天一定会倒霉。				
6. 季节没有到隆冬,你却时时感到四肢发抖、手指发颤。				
7. 坐在办公室里觉得头痛、背也痛,好像刚刚踢完一场足球。				
8. 晚上从不会通宵打麻将,白天却一样呵欠连天,四肢无力。				
9. 似乎屁股上有刺,你总是坐不下来,心里一团糟。				
10. 明明是坐电梯上楼,却突然觉得心跳加快。				
11. 小学时你曾因同桌向你笑而眩晕过一次,现在却经常发生。				
12. 频繁叹气,并非心情不好,而是觉得缺氧、胸闷。				
13. 睡觉时觉得床上有小蚂蚁,因为手指、脚趾会一阵刺痛发麻。				
14. 不常吃生猛海鲜,胃还是经常会痛,还会拉肚子。				

第二章 驾驭情绪的潮起潮落

状态描述	A	B	C	D
15. 正在逛街时突然想扶着墙,因为觉得自己要昏倒。				
16. 不愿与人握手,手总是很湿。				
17. 没多喝水却总要频繁去厕所。				
18. 并没有人向你暗送秋波,你却觉得双颊发烫,脸色发红。				
19. 躺在床上总是睡不着。				
20. 好不容易睡着了又被吓醒;该死的,又做噩梦!				

分数很低吗?恭喜你,你一点都不焦虑;有点高? 50分?没关系,你需要放松一下了;就算超过50分,也不用太担心,去看看心理医生会很快没事的。

跳出恐惧的阴森魔掌

盛夏的夜晚,有个人独自坐在自家后院乘凉,与后院相毗邻的是一片宁静的森林。这人的目的,就是要在接近大自然的环境中放松放松,享受一下夜晚的宁静。但渐渐地,他注意到,树林里的风越刮越大了,天上起了一些乌云,夜色也好像越来越暗。于是他开始担心,这样的好天气是否还能保持下去。接着,他又听到树林深处传来一些刺耳的鸦声。他开始猜想,可能会有吃人的怪物要向他自己扑来。

不大一会儿,这个人满脑子都是这种可怕的想法,结果变得

心理学入门故事

越来越紧张,那一刻他感到自己恐惧至极,好像整个世界都是阴森森的,顿时他感到战战兢兢不能自抑。

这个人越是让怀疑和恐惧的念头进入他的头脑,他就离享受宁静夏夜的目标越远。这个人的体验很好地验证了布赖恩·亚当斯的生活法则:"恐惧是无知的影子,若抱有怀疑和恐惧的心理,势必导致失败。"

恐惧是一种带有强迫性质的、不以人自身的意志和愿望为转移的情绪。恐惧能摧残一个人的意志和生命。它能影响人的胃、伤害人的修养、减少人的生理与精神的活力,进而破坏人的身体健康。它能打破人的希望、消退人的志气,而使人的心力"衰弱"至不能创造或从事任何事业。

恐惧能摧残人的创造精神,足以杀灭个性而使人的精神机能趋于衰弱。大事业不是在恐惧的心情下可做成的。一旦心怀恐惧、不祥的预感,则做什么事都不可能有效率。恐惧代表着、指示着人的无能与胆怯。这个恶魔,从古到今,都是人类最可怕的敌人,是人类文明事业的破坏者。

最坏的一种恐惧,就是常常预感着某种不祥之事的来临。这种不祥的预感,会笼罩着一个人的生命,像云雾笼罩着爆发之前的火山一样。有一些人对一些本来并不感到可怕的事情却产生一种紧张恐怖的情绪体验。他们自己也能意识到这种恐惧是完全不必要的,甚至能意识到这是不平常的表现,但却不能控制自己,即使尽了很大努力也依然无法摆脱和消除因而感到极为不安。例如,有些人看了《聊斋》就不敢再走夜路,害怕有什么鬼怪精灵的

第二章　驾驭情绪的潮起潮落

东西从暗处跳来，伤害自己。

恐惧是人生命情感中难解的症结之一。面对自然界和人类社会，生命的进程从来都不是一帆风顺、平安无事的，总会遭到各种各样、意想不到的挫折、失败和痛苦。当一个人预料将会有某种不良后果产生或受到威胁时，就会产生这种不愉快情绪，并为此紧张不安，忧虑、烦恼、担心、恐惧，程度从轻微的忧虑一直到惊慌失措。

现实生活中每个人都可能经历某种困难或危险的处境，从而体验不同程度的焦虑。恐惧作为一种生命情感的痛苦体验，是一种心理折磨。人们往往并不为已经到来的，或正在经历的事感到惧怕，而是对结果的预感产生恐慌，人们害怕无助、害怕受排斥、害怕孤独、害怕伤害、害怕死亡的突然降临；同时人们也害怕打官司、害怕失业、害怕失恋以及声誉的瞬息失落，可以说人的一生有诸多的害怕与担忧。

挥不去的阴影

宁娴是一名高中生，花一样的年纪，却被恐惧的阴云所覆盖。她的家离学校很远，上学要骑一段路的自行车。但她上学骑车，却蹬得飞快，像是要逃避什么是的。上课时，老用双手遮住脸，害怕别人看见自己后自己会感到不自然。下课后，总是最后一个走出教室。放学后总要拖到天色很黑才敢回家。她不敢独自上街买东西，不敢理发，更不敢穿漂亮的衣服……

原来宁娴生活在一个单亲的家庭里，在她很小的时候父母就

心理学入门故事

离婚了，小宁娴与父亲相依为命。父母的离异给小宁娴幼小心灵蒙上了一层挥之不去的阴影。在孩子们的世界里，一向是对这类事敏感好奇，他们用异样的眼光在看宁娴，还在远处指指点点，好像宁娴是个什么怪物。宁娴从此变得忧郁寡欢，不爱说话，也不爱笑，不敢与他人接触。

但在上高中后，又一件事情深深地刺痛了她的心。因为学校离家远，交通又不方便，所以她不得不骑自行车上学。因为宁娴从小就穿得很寒酸，加上骑的是一辆很破旧的自行车，所以更加害怕被别人瞧不起，尤其是异性。但是有一天，爸爸给她买了一辆新车。在上学的路上，宁娴骑新自行车，心情无比地激动。然而，由于压抑的惯性，她觉得自己很不自然，马上暗自告诫自己不要太高兴了，这只不过是一辆新自行车。但是，她越控制自己不笑，要"显得正常些"，她就越显得不自然。

从此，宁娴一上街就会神色紧张，总认为别人在盯着她，但又怕去看别人的目光，全部思想意识都集中在自己身上，就好像自己是在赤裸裸地上街，恨不得钻进地缝里去。过后总是想下次上街该怎么办，但是越是这样想就越是慌张……从此她在许多方面都不正常起来。

上面这位叫宁娴的女生是患了社交恐惧症。社交恐惧症往往缘于过于自卑，以至无法做出正常的社会应对。正如马克·富莱顿所说："人的内心隐藏有任何一点恐惧，都会使他受魔鬼的利用。"

第二章　驾驭情绪的潮起潮落

青春期的恐惧情结

　　青少年是进行自我认识、自我评价的初始期，但是他们的自我认识往往不客观、不全面、不辩证、不准确、不稳定。比如他们认识自己不能从自己的能力、性格、知识水平、品德等主要方面去看待自己，爱从别人说了自己一句什么，自己穿得怎么样，自己是否能说会道等肤浅、片面的方面评价自己，于是不免陷入了自我认识的误区。特别是像宁娴这样原来自尊心就很脆弱的人，稍稍有点不良的刺激便会引起心理上的"过敏反应"。

　　社交恐惧症的表现形式不仅仅是面对陌生人而手足无措，而且还表现为不能在公众场合打电话，不能在公众场合和人共饮，不能单独和陌生人见面，不能在有人注视下工作等较为极端的行为。在这种恐惧、焦虑的情绪出现时，还常伴有心慌、颤抖、出汗、呼吸困难等症状。

　　社交恐惧症者对自己太过于专注，例如一次普通的谈话，很简单，就是注意对方的谈话内容。但害羞的人所担忧的却是他给对方留下的是怎样的印象。这样一分神，他就往往跟不上对方讲话的内容。所以社交恐惧症者必须停止考虑自己而将注意力转向对方。

　　从心理学的角度来看，青少年的恐惧心理在于他们有着一个极差的自我意象。所谓自我意象就是人的心目中所反映的关于自己的形象。青春期恐惧的原因，就是有一个极差的自我意象产生，其原因有以下几个方面：

　　内向、孤僻的性格特征。小时候父母离异或亡故是造成孩子

心理学入门故事

这一性格的主要原因。

青春期的阶段，非常注意别人对自己的评价，而自身的条件使他们陷入了深深的自卑当中。

当处于青春期的孩子出现对他人恐怖反应后，便竭力地控制自己，这就产生了一种暗示、强化"症状"的作用。再加之愈感到"不自然"头脑中就愈多地出现"想象观念"。这进一步导致了自我感觉的恶化。如此恶性循环，"症状"便日益严重了。

他们这种自我意象的作用便是把自己想象成什么人，就按那种人行事。像有的孩子自己想象成一种卑下的、不正常的、别人难以接受其形象的人，那么她会想尽办法逃避他人、害怕他人。如上文中的宁娴即使没有那个"旧车、新车"事件，她也会最终得上这种"见人恐惧症"——"社交恐惧症"的。因为在她心目中的自我是丑陋的、不被人接受的，所以在外部的某种场合下，外人的目光马上会引起她的自惭形秽，刺伤她的自尊心，导致她本能地产生回避的反应。

对于青少年来说，要想消除怕见人的心理障碍，就必须有一个现实的自我意象伴随着自己，就必须能接受自己，必须有健全的自尊心，必须信任自己，必须不以自我为耻，还要能随心所欲地、有创造性地表现自我，而不是力图把自我隐藏或遮掩起来。当这个自我意象完整而稳固的时候，就能告别社交恐惧症。

勇气是恐惧的天敌

据说，在19世纪末，一个非洲国家的一个不到10岁的黑人

第二章　驾驭情绪的潮起潮落

小女孩，被母亲派到磨坊里向农场主索要100美分。

农场主放下自己的工作，看着那黑人小女孩敬而远之地站在那里求着什么，便问道："喂，小赤佬，你有什么事情吗？"

黑人小女孩没有移动脚步，怯怯地回答说："我妈妈让我向你要100美分。"

农场主用一种可怕的声音和斥责的脸色回答说："哼，我绝不给你！你快滚回家去吧，不然我用锁锁住你。"说完继续做自己的工作。

过了一会儿，他抬头看到小女孩仍然站在那儿不走，便掀起一块木板向她挥舞道："如果你再不滚开的话，我就用这木板教训你。好吧，趁现在我还……"话未说完，那黑人小女孩突然像箭镞一样冲到他前面，毫无恐惧地扬起脸来，用尽全身气力向他大喊："你必须给我100美分！"

慢慢地，农场主将木板放了下来，手伸向口袋里摸出100美分给了小女孩。小女孩一把抓过钱去，便像小鹿一样推门跑了。

留下农场主目瞪口呆地站在那儿回顾这奇怪的经历——一个黑人小女孩竟然毫无恐惧地面对自己，并且镇住了自己，真是不可思议。在这之前，整个种植园里的黑人们似乎还从未有谁敢这样过哩。

"跟生活的粗暴打交道，碰钉子，受侮辱，自己也不得不狠下心来斗争，这是好事，使人生气勃勃的好事"，正是勇气的支撑，使身体单薄的小女孩选择了抗争，"应当惊恐的时候，是在不幸还能弥补之时；在它们不能完全弥补时，就应以勇气面对它们。"

心理学入门故事

很多时候，恐惧其实并不能伤害我们。在忐忑不安的心绪的支配下，一种自然而然的焦虑就会在我们的心中积聚起来，转化为恐惧和惊慌失措。在这种情况下，我们就不能充分地享受生活了。面对可能蒙受的耻辱，我们就会退缩和自暴自弃，不去作创造性的贡献。由于害怕遭到拒绝，我们就不敢去努力争取我们真心想得到的东西。由于害怕失败，我们会拒绝承担责任。因此，恐惧绝对是人前进的绊脚石，只有勇敢地将其搬开，才能顺利地前行。

战胜自己就能战胜恐惧

世界上曾有这么一个人：22岁生意失败，23岁竞选州议员失败，24岁生意再次失败，25岁当选州议员，26岁情人去世，27岁精神崩溃，29岁竞选州议长失败，31岁竞选选举人团失败，34岁竞选国会议员失败，37岁当选国会议员，46岁竞选参议员失败，47岁竞选副总统失败，49岁竞选参议员再次失败，51岁当选美国总统。

这个人就是阿伯拉罕·林肯。许多人认为他是美国历史上最伟大的总统。

的确，"失败"是个消极的字眼，它的声音都令人感到刺骨。除了"死亡"之外，没有别的字眼能比它更令人听而生畏，令人感到恐惧可怕。

但是不可避免，我们每个人在人生和道路上，都会或多或少

第二章　驾驭情绪的潮起潮落

的遇到它，那究竟应该怎样去面对它呢？通过书，从认识到的这一天起，就告诉自己：我要成功！

面对失败带来的恐慌，逃避是逃避不了的，埋怨是没有用的，关键是要努力去找出解决问题的方法来。而这个方法，却最终只有一个人去完成，那就是我们自己。因为终有一天，我们是要独立去面对自己的人生的！

事实上，因遭受严重挫伤的情形毕竟少之又少，若是因噎废食，让自己过着封闭的人生，岂非得不偿失？所以，放开胆子，与人交往，融入社会，这才是智者之举。

其实，没有人能够完全怯懦和畏惧，最幸运的人有时也不免有懦弱胆小，畏缩不前的心理状态。但如果使它成为一种习惯，它就会成为情绪上的一种疾弊，它使人过于谨慎、小心翼翼、多虑、犹豫不决，在心中还没有确定目标之时，已含有恐惧的意味，在稍有挫折时便退缩不前，因而影响自我设计目标的完成。

怯懦者害怕面对冲突，害怕别人不高兴，害怕丢面子。所以在择业时，因怯懦，他们常常退避三尺，缩手缩脚，不敢自荐。在用人单位面前他们唯唯诺诺，不是语无伦次，就是面红耳赤、张口结舌。他们谨小慎微，害怕说错话，害怕回答问题不好而影响自己在用人单位代表心目中的形象。在公平的竞争机遇面前，由于怯懦，他们常常不能充分发挥自己的才能，以至于败下阵来。错失良机，于是产生悲观失望的情绪，导致自我评价和自信心的下降。

生活在现代社会，我们必须摒弃害怕受伤，怯懦畏惧的心理，端正心态，以一颗健康有力的心尝试生活，明天才会有更好的开始。

心理学入门故事

社交恐惧症是后天形成的,因此我们可以采取相应的措施加以克服和避免:

学会与人友好相处。

一个人受孤立的原因,一是因为在言行方面得罪了一些无聊之人,同时也不排除因自己从内心排斥身边的人,从而导致了孤立。所以学会与人为善,平等尊重,友好相处是改善孤立的好办法。

消除自卑,建立自信。

心理专家从研究中发现,许多患有社交恐惧症的人,他们在社会交往中的实际表现,要比他们自认为的要好。所以社交恐惧症患者往往是严重的自卑者,对于社交恐惧症患者来说,一定要树立自信,树立正确的自我认识,既接纳自己,也接纳他人。对自我形成客观评价,在交往中积极地鼓励和暗示自己。只有这样才能在交往中自然大方,挥洒自如。

多与身边的人沟通。

不与人交往比被人嘲笑要可怕得多,逃避交往就是逃避现实,就是让自己从生活中出局。所以要多与身边的人交流和沟通,从而增进了解,加深情谊。

生活中很多事例告诉我们,人之间的误会常常是因为语言沟通不够、感情交流太少引起的,所以在与人交往中,要设身处地体验、理解对方的感情,善于谅解和同情别人,这是增进相互理解、缩短人际距离的一种有效方法。

改善自己的性格。

害怕社交的人多半比较内向,应注意锻炼自己的性格。多参加体育、文艺等集体活动,尝试主动与同伴和陌生人交往,在交

第二章　驾驭情绪的潮起潮落

际的实际过程中，逐渐去掉羞怯、恐惧感，使自己成为开朗、乐观、豁达的人。

熄灭嫉妒自毁的毒火

有个叫娜丽的高二女生，不但人漂亮惹人喜欢而且还是班里的学习尖子生，因此成了同学们吹捧的偶像，也是被公认的校花。几个学期以来都是这样，娜丽的心理也暗自高兴，觉得自己简直就是别人眼里"公主"，也经常在心里窃窃自喜。

不料，这个新学期刚开始，班里就来了一位十分漂亮的女同学，同学们都说她长得像章子怡，把个娜丽给气得好多天都不跟同学们说一句话。

谁想这新来的同学学习还特勤奋用功，一学期下来，考试成绩出来了，竟然全班第一。而娜丽则由于近来心情不好，竟然倒退了好几名，这下可把娜丽气得怒火中烧，晚上胡思乱想睡不着觉，白天精神恍惚没心思学习。因此，学习成绩也一落千丈。

嫉妒是对他人的优越地位而心中产生的不愉快的情感。它俗称"红眼病"，是对别人的优势以心怀不满为特征的一种不悦、自惭、怨恨、恼怒甚至带有破坏性的负感情。

羡慕他人的优势，激发起一个人的奋发图强的精神，这是积极方面，但也可能使人因此而产生嫉妒心理。由于看到别人的长处，自己无力或不愿改变现状，于是就会对对方表示不满、愤恨，

心理学入门故事

甚至加以损害。

人生本就是一个大舞台，每个人都有自己适合的角色，人人是"自得其所"，各有归宿。要有勇气承认对方有比自己更高明更优越的地方，从而重新认识、发现和创造自己。这样就能从病态的自尊心和自卑感中解放出来，从嫉妒的泥潭中自拔出来。

嫉妒是一种"平庸的情调对于卓越才能的反感"，常导致害人又害己的不良后果，特别是青年人更应学会理智地处理嫉妒心理。

关于嫉妒的定义有很多，最具有包容性和准确性的是："嫉妒是与他人比较，发现自己在才能、名誉、地位或境遇等方面不如别人而产生的一种由羞愧、愤怒、怨恨等组成的复杂情绪状态。"

由此可以看出，产生嫉妒心的客观条件是由于主体之间存在相对性的差别，也就是老百姓常说的"红眼病"，总是只看到了别人比自己优越的方面。

要明确的是，嫉妒是有条件的，指向一定对象的，在一定的范围内才会产生。地位相似，年龄相仿，经历相近的人之间最容易发生嫉妒。而对于获得诺贝尔奖的某科学家，一般人只会羡慕而不会嫉妒。

嫉妒对当事人双方都有害无益。既折磨自己，又折磨他人。严重者会对自己或他人都构成伤害，令人悔恨终生。

嫉妒是人生中一种消极的负面情绪，更是损坏人们身心健康的一大罪魁祸首。培根说："嫉妒这恶魔总是在暗暗地、悄悄地毁掉人间的好东西"。

嫉妒还是人际交往中的心理障碍，它不仅容易使人们产生偏

第二章　驾驭情绪的潮起潮落

见，还能影响人际关系。荀子说："士有妒友，则贤交不亲；君有妒臣，则贤人不至。"所以，要正确看待嫉妒心理，积极的对它进行矫正。

女人天生爱嫉妒

女人天生爱嫉妒。谁若对此持不同意见，那他若不是个男的，就一定是个虚伪的人了。若不信，你自己留意一下，女人对自己身边的那些比自己漂亮比自己有能力的同性总是嗤之以鼻，不屑一顾，有时甚至还会表现出一些苛刻得令人啼笑皆非的言谈举止，比如这个人的生活作风啦，比如这个人的学识啦，比如这个人的穿衣戴帽啦，甚至这个人脸上的几颗雀斑、头上的一根白发，一旦被这些女人发现了，她们也会为此而兴奋不已，并且会故作大惊让礼一寸，得礼一尺小怪地议论纷纷：哈哈，原来她也不过如此呀！原来她………嫉妒的女人是在不断地对别人的打击中寻找乐趣，求得心理平衡的。

我见过一些表面上要好得不分彼此的女朋友，说起话来甜蜜得腻死人，可仔细一听却时不时地会听出几根锋芒来。真不明白女人在一起时为什么总不能心平气和，而是非得把对方当作一个潜在的敌人，暗地里较着劲儿，非得争个我高你低不可。若不，女人就会觉得自己成了个输家，就会觉得自己被人踩了痛处，那是一夜甚至几夜都睡不安稳觉的。

当然，女人有时也是宽容的，而且有时会宽容得令人不可思议。但这首先要有个条件，那就是她得觉得对方处处不如自己。

心理学入门故事

唯有如此，女人的所谓善良、贤淑、大度等种种美德才会表现得淋漓尽致、尽善尽美。就好像《红楼梦》里的林黛玉，她可以容得下晴雯、袭人在她的眼皮子底下与贾宝玉玩闹，却无论如何也不肯原谅贾宝玉对薛宝钗的哪怕一丁点儿的关爱，其原因也不过是晴雯、袭人是奴才，薛宝钗却是能与她平起平坐的主子罢了。只对不给自己造成威胁和压力的同性宽容，这是女人的悲哀。

我认识的人中也有几个优秀的美女，但只喜欢其中一个，因为她始终保持低调，说话做事从不张扬，举手投足也是那么得体。只有她，得到了大家的公认。可有一次喝多了酒，她却道破了心中的秘密：锋芒毕露，只会招人妒忌。原来她的自我感觉一直是相当好的啊，她知道自己的与众不同，只是不放在脸上罢了。

所以说，那些懂得深藏自己锋芒的女人是聪明的，比如薛宝钗，她的"宝钗借扇机带双敲"就是林黛玉永远也学不会的。她之所以赢得了贾府上上下下所有人的爱戴，也正是因为她的善于深藏自己。大概也是因此而使她避免了有可能同林黛玉一样的命运吧？

若深藏自己的嫉妒，即使身处一群漂亮的女人中间也始终能保持着一颗自信自爱、宽容大度的厚道之心，那么，这样的女人，即使她的心底里仍有那么阴暗的一角，只要她不会因此去伤害别的人，她就还是值得别人去尊重、喜爱的。

雅量钢琴家李斯特

莫扎特这个享誉世界的音乐家，他的音乐天赋曾被誉为18

第二章　驾驭情绪的潮起潮落

世纪的奇迹。他的英年早逝，据说就是因为被人嫉妒造成的恶果。当时宫廷作曲家萨利埃里看到莫扎特的才华远在自己之上，便挖空心思阻止莫扎特施展自己的才华：他乘莫扎特贫困之机，先以一笔可观的报酬诱使莫扎特写作，后又将交稿期一再提前。莫扎特被迫日夜挥笔拼命工作，以至积劳成疾过早的离开了人世，终年还不到 36 岁。

实际上莫扎特并不会因为被卑劣的嫉妒而销声匿迹，萨利埃里也并不因为卑劣的嫉妒而成为天才。如果萨利埃里具有仁爱之心，以宽大的胸怀帮助莫扎特的音乐事业，那么历史上将又会演绎一首萨利埃里爱才惜才的动人赞歌了。

与萨利埃相反，钢琴家李斯特的雅量却让世人敬佩不已。

19 世纪初，肖邦从波兰辗转来到巴黎。当时匈牙利钢琴家李斯特已蜚声乐坛，而肖邦还是一个默默无闻的小人物。然而李斯特对肖邦的才华却深为赞赏。怎样才能使肖邦在观众面前赢得声誉呢？李斯特想了妙法：那时候在钢琴演奏时，往往要把剧场的灯熄灭，一片黑暗，以便使观众能够聚精会神地听演奏。李斯特坐在钢琴面前，当灯一灭，就悄悄地让肖邦过来代替自己演奏。观众被美妙的钢琴演奏征服了。演奏完毕，灯亮了。人们既为出现了这位钢琴演奏的新星而高兴，又对李斯特推荐新秀的做法钦佩不已。

豁达是一种情操，更是一种修养。只有拥有"雅量"的人才真正懂得善待自己，善待他人，人生才会活出大境界。

心理学入门故事

如何使熊熊的妒火冷却

有两个年轻人,大学毕业的时候,都是学校的高材生,但到了工作岗位,其中一个在很短的时间内便做出了比较显著的成绩。另一个便在心里生出一种说不上来的味道,于是在别人赞扬老同学的时候,有意无意地说一些对方这也不行、那也不好的话。

有一回,他在说老同学不是的时候,一个长者严肃地对他说:"年轻人,要努力赶上人家才对,怎么能嫉妒人家呢?你和他一样,都是年轻人,他能做到的,你为什么不能超过他呢?"

长者的话,如醍醐灌顶。于是,年轻人发奋了,他从心里鼓足了劲,决心要赶上超过他的老同学。经过一段努力,他也在工作中取得了很大的成绩。

培根说得好:"每一个埋头沉入自己事业的人,是没有工夫去嫉妒别人的。"嫉妒可以使一个人萎靡不振,如果经过合理的内心调整,它也可以化为动力,催人奋进。

不断地奋斗、工作。

给自己订立一个长远目标和一个近期目标,孜孜不倦地为实现这个目标而努力。你的目标主要是同自己一个个的近期目标比,踏踏实实地前进。

正因为确立了坚定、明确、始终如一的目标,不为别人的成功而烦扰,你就不容易分心,嫉妒也就很难再占据你的内心,阻碍你的前进了。"化悲痛为力量",为了自己明天的成就,将自己与别人的差距作为自己的动力,你终将会在自己的领域取得辉

第二章 驾驭情绪的潮起潮落

煌的成就。

增加交往,增进了解。

嫉妒常常产生于相互缺乏帮助,彼此又缺少感情的人中间。大凡嫉妒心强的人,社交范围很小,视野也不开阔,只做"井底之蛙",不知天外有天,只有投入到人际关系的海洋里,才能消除自私、狭隘的煤炉心理。因此,相互主动接近,多加帮助和协作,增进双方的感情,就会逐渐消除嫉妒。

见贤思齐。

一个有道德的人,一个思想纯正的人,一个能积极进取的人,当他发现有人比自己做得好,比自己有能力时,从不去考虑别人是否超过了自己,或对别人心生不满,而是从别人的成绩中找出自己的差距所在,从而振作精神,向人家学习。这样,便有可能在一种积极进取的心理状态下,迸发出创造性,赶上或超过曾经比自己强的人。这就是古人说的见贤思齐。

调整心态。

嫉妒是由一种不良的心理状态引起的,原因多种多样。一旦有了嫉妒的心态,只要能对自己看问题的视角做必要的调整,从另一个角度全面审视,便会发现自己对别人的嫉妒是完全没有必要的,也是毫无意义的。对别人的嫉妒,实际是对自己的一种惩罚。有人看见别人日子过得比自己好,便气不打一处来,说人家钱来路不明;有人见别人打扮得漂亮一些,便不由得在心里骂一句"臭美";人家添置了新家电、装修了房子,便议论人家"烧包"。这实在是一种典型的嫉妒心理在作怪。这样作对别人丝毫无损,只能自己惹自己生气。如果能调整一下自己的心态,换一个角度来看问题,也许就会是另一番景象。

客观地对待自己。

在现实生活中,人们往往会自觉不自觉地滋生嫉妒心理,从而给自己的精神生活带来烦恼和不安。那么,从自我修养方面怎样才能避免和化解嫉妒心理呢?首要的是培养自知之明,以便客观和公正地评价自己。如果一个人不能正确估价自己,不能客观地评价别人,那么他就很难不产生嫉妒心理。而重要的是正确认识自己,因为只有正确认识自己,才能正确认识别人。

要具有仁爱之心。

《尚书·秦誓》中说,假如有一个耿直独立的人,虽然他没有什么别的才能,但他的心地善良,就会有宽广的胸怀:别人有才能好像自己有才能;对别人的美德,他总是真诚地赞慕。这种人具有以天下为公的胸怀,是真正能容纳别人才德的人。

开阔心胸。

一个心胸宽广的人,是不会嫉妒别人的。要使自己有一个比较开阔的心胸,必须不断加强自身修养,使自己从经常产生嫉妒的心理中解脱出来。要多向身边那些性情开朗、心胸开阔的人学习,要不断地在心里告诫自己,不能学小心眼。并要在生活实际中不断对自己的心胸做测验。有一个人自知他经常出现嫉妒心理,他便向一个性情开朗的朋友多次求教有什么方法可以克服嫉妒,那个朋友说,办法十分简单,只要你不去计较,便立即见效。这个人一想,的确是那么回事,后来,他凡是碰上对别人心生不满的时候,便想朋友的话,便觉得自己不会嫉妒别人了。

第二章　驾驭情绪的潮起潮落

对待他人要宽容。

一般来说，心胸狭窄的"小心眼"很容易产生嫉妒心理。只有使自己的胸襟开阔，改变器量过小的性格特点，才能时时刻刻清醒地意识到世界是很大的，能人背后有能人，要想自己在一切方面都胜过别人是根本不可能的。一个人如果善于以宽厚的态度对人处事，就必然能够善于容人。所谓善于容人，就是善于与任何人包括超过自己的人相处。

必须具有忍让精神。

要具有忍让的精神，我们就要做到下面的两方面：一是看到别人比自己强时，要能忍住自己的嫉妒心。多看人家的长处，多找自己的短处，这样不仅能寻求心理上的平衡，久而久之还会纯净自己的心灵，提高自己的道德修养。

二是自己比别人强时，要能忍受住别人的嫉妒，我国著名的爱国民主人士黄炎培先生，字任之，当人们问他为何叫任之时，他说："其中一个含义就是对无所谓的事、无聊的流言，不管它，由它去。"黄先生的做法很高明，你嫉妒你的，我做我的，让别人说去吧！走自己的路。如果你危害到我的人身安全和名誉，我则要诉诸法律，到头来受害的还是你。

变嫉妒为动力。

要做到这一点，首先要承认自己心存"嫉妒"。人生在世每个人都会嫉妒，我们应善于把自己和周围的人作纵横比较，只有这样，我们才会知道天是多么高，地是多么大。一个人知道了自己的渺小，并不是让你总是甘于自己的弱小，也不是让你自暴自弃，而是奋发向上。当一个人能够承认自己心存嫉妒的时候，他

心理学入门故事

的心境就会趋向平和，就有容人之度量。

测试：嫉妒心理自测。

状态描述	是	否
1. 你熟知的人成就很大时，你会感到生气吗？		
2. 你是否感到其他人生活得更舒适？		
3. 你想占有朋友的东西吗？		
4. 你想占有自己的亲戚的东西吗？		
5. 假如你的配偶在看他（她）先前的朋友或者情人的照片时，你会感到伤心吗？		
6. 你是否担忧自己的配偶还爱着先前的情人？		
7. 你是否坚持要了解自己配偶的全部经历和做过的事？		
8. 假如别人赞美你的配偶十分动人，你会感到不安吗？		
9. 你是否嫉妒别人的生活？		
10. 你是否嫉妒别人的家？		
11. 你是否嫉妒别人的性生活？		
12. 你是否嫉妒别人的衣服？		
13. 你是否嫉妒别人的工作？		
14. 你有没有讲过自己朋友的坏话？		
15. 假如朋友外出游玩而没有邀你一起去，你会感到伤心吗？		

第二章　驾驭情绪的潮起潮落

评分分析：

回答"是"得1分；"否"得0分。

10分以上，你的生活确实已经遭到嫉妒心理的破坏。它已损害了你与他人的关系，你对自己的一切逐渐产生不满。在嫉妒心理产生潜在的、更大的危害之前，你的确应该努力控制一下它的发展。

4～9分，你有较强的嫉妒心，但这并不是你生活中唯一的情感。嫉妒心影响了你与他人的关系，影响了你对他人的感情，但它并没有主宰一切。但假如你能够学会予以克服，一定可以从中获益匪浅。

3分以下，在你的生活中，嫉妒心所产生的作用十分小，而且，这是一种合理的、自然的人类情感。

走出孤独孑然的空间

雪儿是一个私生子，人们明显歧视她，小伙伴们不跟她玩。她虽然是无辜的，但世俗却是严酷的。她在孤独中渡过了她的童年，直到十三岁，镇上来了一个牧师，他告诉她和大家："过去不等于未来，重要的是你对未来充满希望，人生最重要的不是你从哪里来，而是你要到哪里去，只要你对未来充满希望，你就会有力量，乐观积极地去行动，成功一定是属于你的。"压抑的心灵，冰封的冷漠被博爱瞬间熔化，雪儿走出了她的孤独，四十岁那年，她荣任田纳西州州长，后来，成为世界五百家最大企业之一的公

心理学入门故事

司总裁,成为全球有名的成功人物。

　　孤独是一杯难咽的苦酒,但不管怎样,人人都须时时品尝它。孤独并不单纯是指独自生活,也并非意味着独来独往。一个人独处,并不一定会感到孤独;而置身于大庭广众之下,未必就没有孤独感的产生。事实上,只要你对周围的一切缺乏了解,只要你和身外的世界无法沟通,你就会体验到孤独的滋味。

　　孤独,这是一个灰色的字眼,好像人人都不愿意沾惹它。然而孤独又是那样的普遍。在现实生活中,人们或多或少都会有感到孤独的时候。而对有些人来讲,孤独好像如影相随,挥之不去。

　　一般来说,孤独是一种人们不愿接受的状态,它给人带来的是种种消极的体验,如沮丧、失助、抑郁、烦躁、自卑、绝望等,因此孤独对人体健康有很大的危害。据统计,身体健康但精神孤独的人在十年之中的死亡数量要比那些身体健康而合群的人死亡数多一倍。人的精神孤独所引起的死亡率与吸烟、肥胖症、高血压引起的死亡率一样高。但是这不表明孤独一定会有不良情绪。

　　社会心理学家认为孤独有以下三个特点:首先它是由社会关系缺陷造成的;其次,它是不愉快的、苦恼的;最后,它是一种主观感觉而不是一种客观状态。

　　据有关统计资料表明,孤独感已成为现代人的通病。心理学家估计随着社会变得越来越富有,这种对孤独感和人与人之间关系的关注将继续增长。

　　孤独与孤单不同。孤独是个体对自己社会交往数量的多少和质量好坏的感受。独自一人在山林中、旷野中时的体验,准确的

第二章　驾驭情绪的潮起潮落

称呼应叫做孤单。对孤独感的这种界定，能帮助我们理解为什么有些人虽然远离人群，生活却感到非常快乐，而一些人尽管被人群所包围，经常与他人交往，却体验着孤独。

孤独就这样降低了人们的生活质量。因此，当人们说一个人"很孤独"的时候，其实也就是说他"不幸"。

孤独从何来

孤独感往往在由于客观条件造成人际交流阻碍的情况下产生。一位在宇宙飞船上工作过很长时间的宇航员曾说过，与孤独相比，太空舱生活的种种困难和不便简直算不了什么。可见，每一个经历太空生活的人都必须面临孤独的考验。

孤独产生的原因多而复杂，比如事业上的挫折，缺乏与异性的交往，失去父母的挚爱，夫妻感情不和，周围没有朋友等。此外，孤独的产生，也与人的性格有关。比如有的人情绪易变，常常大起大落，容易得罪别人，因而使自己陷入一种孤独的状态；还有的人善于算计，凡事总爱斤斤计较，考虑个人的得失太重，因此造成了人际交往的障碍。

但是，孤独并非只在形单影只时出现，在大都市熙熙攘攘的人群中，在迎来送往的热闹中，孤独仍然存在。一般说来，大致有以下几种情况可使人陷入孤独：

有与别人不同的价值观。

有的人由于追求道德上的完美，对自己和别人有很高的要求，感到人和人之间的交往掺杂了太多利益方面的关系，甚至觉得世上人欲横流，因而变得愤世嫉俗、洁身自好，他们对趋炎附势、溜须拍马之辈深恶痛绝，深感人情冷漠、流俗卑污，因此远离是非之地、名利之场，生活中尽量与他人保持一定的距离。当屈原感叹"世人皆浊，唯我独清"的时候，他一定体会到了一种强烈的孤独感。

由于性格特点。

一些人由于自卑，与别人在一起的时候感到很不自在，担心受到别人的挖苦、嘲笑，于是就把自己封闭起来，尽量减少与别人的交往。这样做虽然维护了自己脆弱的自尊，保全了"面子"，代价却是使自己陷入了孤独的境地。

由于过分自傲。

人应当自信、自尊，可是如果自信变成自夸，甚至是贬低别人、抬高自己，则埋下落得孤家寡人的祸根。生活中不乏这样的人，他们或许小有才气，因而自视甚高，什么事都不在话下，什么人都不放在眼里，整日夸夸其谈，对别人评头论足，这样时间一长难免令人生厌，大家就不愿意与这样的人交往了。

孤独有时也是一种美

其实，放眼整个人生，孤独本身无所谓好坏，它只是一个无法轻易回避的人生问题和哲学命题。前苏联心理学家安东尼·斯托尔说："仓促的世界使我们逐渐感到厌倦，相对的孤独是多么从容，多么温和。"在他看来，孤独并不是坏事，因为这样可以使他个人的精神世界不被世俗侵犯，他可以用他愿意的节奏和方

第二章 驾驭情绪的潮起潮落

式去生活,孤独并不可怕,可怕的是对什么都没有兴趣,能够对一件事物热衷地去爱好,去钻研,这样的人不但不怕孤独,有时反而喜欢孤独。

事实上,如果一个人要想事业成功,要想有所建树,那就必须心甘情愿地走孤独之路。古今中外,许多不朽的名著,划时代的发明,往往在孤独中产生。成功者总是在孤独中怀着满腔的热情和乐观主义精神,忘我地为了事业而燃烧自己的生命。

超越孤独

要超越孤独必须正确地评价自我。人的自我评价与孤独状态是互为因果关系的,自我评价低的人不敢进行正常的社交活动,他们怕遭到拒绝,从而陷入了孤独。而孤独反过来又导致了更低的自我评价,因为在一个重视社会交往的现代社会里,自认为缺乏这种能力的人往往会贬低自己。所以,孤独者应对自己进行一番冷静、客观、合理的估计,特别要留意发现自身的一些长处,以增强自己的自信。

心理学家发现,孤独者的一些行为,常常使他们处于一种不讨人喜欢的境地。比如他们很少注意谈话的对方,在谈话中只注意自己,常常突然改变话题,不善于及时填补谈话的间隙。但当这些孤独者受到一定的社交训练,如学会如何注意与对方谈话后,他们的孤独感就会大为减少。

要超越孤独,就要多想想别人,多为别人做点什么。这样才能打破你所处的尴尬局面。什么时候都不要忘记:温暖别人的心,

心理学入门故事

也会温暖你自己。

要超越孤独,就要树立起正确的人生目标。现在人的心灵仿佛越来越脆弱了,动不动就害怕被别人排斥,害怕与别人不一样,害怕在不幸的时候孤立无援,害怕自己的想法得不到别人的理解……

总之,这是一种内心的恐慌。要想从根本上克服内心的脆弱,最好给自己树立一些目标并培养某种爱好。一个懂得自己活着是为了什么的人,是不会感到寂寞的;同样,一个活着有所追求、有所爱的人,也是不怕孤独的。

测试:你有孤独心态吗?

根据每个句子是否准确地描述了你或你的情况,指出"是"或"否"。如果一个题目因为你目前还没有卷入这种情况而不适用,就答"否"。

状 态 描 述	是	否
1. 我对家人感觉亲近。		
2. 我有一位能与我讨论我的重要问题和烦恼事的恋人。		
3. 我觉得自己确实与生活于其中的大团体没有多少共同点。		
4. 我很少接触家人。		
5. 我与家人相处得不好。		
6. 我正卷入一种恋爱或婚姻关系,双方都衷心努力合作。		

第二章 驾驭情绪的潮起潮落

状 态 描 述	是	否
7. 我与直系家族中的多数成员有不错的关系。		
8. 我认为当需要时,我不可能向生活在周围的朋友求助。		
9. 我生活的团体中没有人关心我。		
10. 我让自己去亲近朋友。		
11. 从恋人和丈夫那里我很少得到所需要的安全感。		
12. 我对生活中的团体及街坊有归属感。		
13. 在我居住的城市中,我没有许多朋友。		
14. 当我需要时,没有任何邻居会帮我。		
15. 我从朋友那儿得到许多帮助和支持。		
16. 我的家人很少真正听我讲话。		
17. 只有少数朋友以我希望被理解的方式来理解我。		
18. 当我有麻烦时,我的爱人或配偶能感觉到并鼓励我说出来。		
19. 我觉得在目前的恋爱或婚姻关系中自己有价值并被重视。		
20. 我知道团体中谁理解及分享我的观点和信念。		

计分:当您的答案和下面的(各测量表的题号及答案)相一致时就加一分。

友谊测量表:8—是;10—否;13—是;15—否;17—是;

家庭关系测量表:1—否;4—是;5—是否;7—否;16—是

恋爱－婚姻关系测量表，2—否；6—否；11—是；18—否；19—否；

更大群体关系测量表，3—是；9—是；12—否；14—是；20—否；

各测量表的分数越高表明孤独程度越高。分别计算四个表的得分，你会发现生活中哪个方面你最有孤独的困难。

揭开神经衰弱的疑惑

"我看电影、看电视或看小说时，非常容易受感动。我过去不是这样的，不知道为什么现在变得这么脆弱了。"李丽说。

"有时明明眼睛在看电视，脑子里却在'放电影'。尤其是睡觉以前本应该静心入睡，而且本来睡觉前还有点睡意，但躺在床上后却十分精神了，我用各种办法，如数数字、想象自己很轻松等强迫自己入眠。结果是到了夜深人静，别人都进入了梦乡，自己却越来越清醒。

"在街上或公共汽车上遇见不讲理的人就忍不住跟别人吵架，而且大部分时候比当事者更加气愤，久久不能平静。

"一和朋友谈及我感兴趣的事情，我就特别兴奋。谈上一两个小时都不觉得累。

"我有时就感到头痛、头胀或颈椎疼，而且颈椎疼起来时，不是像针刺一样疼就是感觉到一种钝疼。

"我现在非常容易生气和发怒，一点小事就急得如热锅上的蚂蚁，按捺不住。看见什么都觉得不顺眼，或者有时会冒出一些

第二章　驾驭情绪的潮起潮落

幸灾乐祸的思想来。有时也很容易就高兴起来，比如，生气的时候碰到好消息，马上就大喜过望、热泪盈眶，不能自制。我都不知道自己怎么了，真烦啊！"

上文李丽的问题明显是患了神经衰弱症。神经衰弱是一种早期难以发现、容易拖延病情的神经症，它产生的原因主要有精神和先天性格两种因素。

有权威研究资料显示：神经衰弱的当事人在患有神经衰弱之前，往往长期处于超负荷的体力或脑力劳动环境中，或者经历了诸如失恋、学业失败、上下级及同学间关系紧张、意外打击、高考落榜等生活中很多失意的事，引起情绪的波动和紊乱，是产生神经衰弱的主要原因。

据有关资料统计，脑力劳动者发病占96％以上，这间接地说明神经衰弱与过度脑力劳动有关。还有许多心理学家一致认为是超负荷的体力或脑力劳动引起大脑皮层兴奋和抑制功能紊乱，而产生神经衰弱综合症。

但是，有些人常年加班加点，大脑长期处于紧张状态，也未发生过神经衰弱。这到底是什么原因呢？因为除了外在的精神因素外，当事人本身的性格特点也是神经衰弱产生的内在原因。

从性格特点上看，神经衰弱的当事人偏向于胆怯、自信不足、敏感、依赖性强；也有的当事人任性、好胜、难以自制。这种性格的人，当长期处于精神刺激或者处境不利时，相对于拥有健康性格的人，很容易引起神经功能失调，出现神经衰弱。

心理学入门故事

神经衰弱揭秘

"晚上睡觉就精神,老也睡不着……"有人说。其实,这种情况就是神经衰弱。

"神经衰弱"直译为"神经的虚弱"。这一名称是美国著名心理学家格·姆·比尔德首先提出来的,他认为神经衰弱是与神经系统器质性疾患不同的一种功能性疾病,患者大都具有神经质素质。

目前认为神经衰弱是指由于某些长期存在的精神因素引起脑功能活动过度紧张,从而产生了精神活动能力的减弱。其主要临床特点是易于兴奋又易于疲劳。常伴有各种躯体不适感和睡眠障碍,不少患者病前具有某种易感素质或不良个性。学生中,由于学习压力大,起居不正常,也可能出现神经衰弱症状。需要改善睡眠、注意调养。

很多时候,我们习惯于把自己的感情和情绪寄托在某件事物上,于是往往会受到这些事物的影响。把自己的快乐与否寄托于外物本来就已经是一种悲哀,由于这种寄托而被别人奴役,则更是一种愚不可及的做法。

有神经衰弱的人,主要是注意力不集中。有两个方面的表现,一个是当事人容易因为外在环境的偶然无关刺激或变动而被动地转移了注意;另外一个方面是思考问题时不能关注于某一个主题,联想和回忆不断地把思想引向歧途,甚至离题万丈。对于后一种情况,当事人往往把它形容为脑子很乱。所以,当事人经常感到精力不足、萎靡不振、不能用脑,或反应迟钝、不能集中注意力、记忆力减退、工作效率降低。

但是，任何事都不是绝对的，对于神经衰弱的预防，应该记住"劳逸结合"。

神经衰弱自我调节

神经衰弱者往往过分关注、担心自己的症状，这种不恰当的态度和情绪往往使病情进一步恶化，所以，我们应该积极地、平静地面对自己的症状，不强迫自己立即消除和摆脱它，带着它生活，在此基础上重新界定适合自己的恰当的目标，并适当地安排时间，科学用脑。相信这种失调会逐步被调整过来的。

敢于独立并坦然接受自己。
一些神经衰弱者的疾病起源于自己不能接受自己的抑郁质，强迫自己做使自己难受的事，结果使自己陷入紧张和烦恼之中，不能自拔。如果你是这一类人，停止与自己过不去的行为吧。你的敏感与超人的洞察力会使你在某些方面高人一等，如艺术、表演、写作、发明创造等等。只要你利用自己的优势，你完全可以在这些方面独领风骚，在事业上获得成功并生活得很有尊严。每个人有自己的活法，并不是整天成为别人注意中心的人才能快乐。找一些自己信得过的人倾吐一下会使自己舒服许多，如果没有知心朋友不妨靠写日记来使自己平静。此外，学会礼貌地表示自己的不满也很重要。总之，坦然地接受自己的抑郁质会使自己身心健康，更好地享受人生的乐趣。

心理学入门故事

认识自己,树立的正确的目标。

神经衰弱者往往有过于完美的理想自我,他们对自己的要求很高,希望自己是人群中的强者,受人注目。为此,他们处处设战场,事事争强好胜。这在人才济济的大学校园,注定要遇到挫折,也就避免不了无尽的烦恼和紧张。所以,要想根治神经衰弱,应该从正确认识自己,为自己树立一个恰当的目标开始。

另外,应改变对睡眠的过分关注。当我们睡不着的时候,不必刻意地强迫自己睡,应顺其自然,利用那段没有人打扰的时间做一点有益的事情,该睡的时候自然会睡着。

运用自我催眠法

运用这个方法时应选择较为安静的环境,在午间和晚上临睡前进行。在眼前20厘米处挂一个直径2厘米的小球,使小球稍低于视平线。眼睛盯着小球,不要轻易眨动,用轻声缓慢的默念语言指导自己放松和入眠(有条件者可以将放松指导语和催眠诱导语录制好,需要催眠时放录音就可以了)。

放松指导语示例:"现在我舒适、安静地躺着,我感到额部放松了,头顶部放松了,后脑勺放松了,面部放松了,耳部放松了,下颌放松了,颈部放松了,双肩放松了,双臂也放松了,双肘也放松了,双手也放松了,一股温暖的感觉在手心流动——现在,这种温暖、松弛的感觉从手心传到了前臂、上臂、肩部,肩部更加放松了——温暖的感觉来到了胸部,胸部也放松了,无力了,呼吸越来越平稳——松弛、无力的感觉传到了腹部,腹部也放松了,现在大腿根部也放松了,松软的感觉传到了大腿、膝部,传到了小腿,传到了双脚,双脚放松了,无力了。脚心有一股暖

第二章 驾驭情绪的潮起潮落

流在流动——放松、无力感又回到了双腿,双腿很沉,我已不想挪动它们。我的整个身体都放松了,无力了。"

当感觉到全身已放松时就可以进行催眠诱导了,可用如下诱导语:

"我的全身放松了、困乏了,我已经很不想动了——我的眼部感到了困乏,眼睛很涩,眼睑很沉滞——倦意已经占据了我的大脑,大脑变得模糊了——我的全身都充满了倦意,手、脚已无力动了,我很想睡了——我的眼睛已经睁不开了,我真想闭上眼睛睡一觉——我闭上睡吧,闭上吧,我很快就要睡着了——浓浓的睡意笼罩了我,我要睡了——我会很深、很熟地睡一觉的。"

这样的催眠诱导语可以重复使用、直到睡着为止。

测试:你有神经衰弱的倾向吗?

请对下面的问题做出最适合你的选择:

1. 一星期中,你至少有两天觉得精神饱满、身心舒畅。

    A. 是　　　　B. 否　　　　C. 都不是

2. 已经睡了八小时甚至更多,仍感精神不振。

    A. 是　　　　B. 否　　　　C. 都不是

3. 精神不振,但找不到生理上的原因。

    A. 是　　　　B. 否　　　　C. 都不是

4. 以下症状中有哪几项是你经常经历的?

    头痛,头晕,呼吸不畅,心慌心悸,眼花,消化不良,便秘,习惯性腹泻,精神紧张,四肢乏力,长期失眠,精神不振,容易疲倦。

  A．8项以上　　B．4～7项　　C．3项以下
5．身体不适时，你是否向他人倾诉？
  A．时常　　　B．偶尔　　　C．从不
6．你周围的人是否重视你的存在？
  A．非常重视　　B．重视　　C．不重视

根据下表将各题得分相加，统计总分：

计分：

第1题选"是"，2、3题选"否"，4、5题选C，6题选A，各得1分。

第1题选"否"，2、3题选"是"，4、5、6题选B，各得2分。

第1、2、3题不选择，4、5题选A，6题选C，各得3分。

0～7分，你是一个身心健康的人；8～11分，你已经有神经衰弱的倾向了，应该改变一下目前的生活方式；12～15分，你已患了严重的神经衰弱，应重视自身的生理及心理健康，必要时可求助于心理医生。

铲除不满抱怨的心理

  有一个人极不满意自己的工作。一次，他对朋友说："我的上司一点也不把我放在眼里，改日我要对他拍桌子，然后辞职不干！""你对那家贸易公司完全弄清楚了吗？对于他们做国际贸易的窍门完全搞通了吗？"朋友反问道。"没有！""古人说'君

第二章　驾驭情绪的潮起潮落

子报仇十年不晚'。我建议你还是好好地把他们的一切贸易技巧、商业文书和公司组织完全搞通，甚至连怎样修理影印机的小故障都学会，然后辞职不干。"朋友说。

那人觉得朋友的"建议"有道理——以公司做免费学习之所，什么东西都通了之后，再一走了之，不是既出了气，又有许多收获吗？自此，他默记偷学，甚至下班之后，还留在办公室里研习写商业文书的方法：一晃一年过去了。

一天，那人和朋友又见面了。朋友问："你现在大概把公司的一切都学会了，可以准备拍桌子不干了吧？"然而，那人却红着脸说："可是我发现近半年来，老板对我刮目相看，最近更总是委以重任，又升官，又加薪，我已经成为公司的红人了！"

对家人不满，对朋友不满，对同事不满，对上司不满，对自己不满。生活中，我们因为受到这些不满情绪的影响，让焦虑、烦躁、甚至愤恨牢牢占据我们和身心，陷入伤害他人，损毁自己的泥淖中。既然明白生活充满了艰难，同时也领悟到人心无法满足，还懂得人生就是一种残缺，那么为什么不能把艰难当作幸福的积累，把不满化作前进的动力，去欣赏人生那或许正因为残缺才美丽的风景呢。

化不满为动力

加藤信三是日本狮王牙刷公司的小职员。起床后，他匆匆忙忙地洗脸、刷牙。不料，匆忙中出了一些小乱子，牙龈被刷出血来！加藤信三不由火冒三丈，因为刷牙时牙龈出血的情况已不止

心理学入门故事

一次地发生过了。

作为一个牙刷公司的职员,数次刷牙牙龈出了血,加藤信三的不满情绪越来越大了。他怒气冲冲地朝公司走去,准备向技术部门发一通牢骚。

是管理科学中的一条名言使他改变了自己的态度。这条名言说:"当你遇有不满情绪时,要认识到正有无穷无尽新的天地等待你去开发。"

试验中加藤信三发现了一个为常人所忽略的细节:他在放大镜下看到,牙刷毛的顶端由于机器切割,都呈锐利的直角。"如果通过一道工序,把这些直角都挫成圆角,那么问题就完全解决了!"同事们都一致同意他的见解。

经过多次试验,加藤信三和他的同事们把成功的结果正式地向公司提出。公司很乐意改进自己的产品,迅速投入资金,把全部牙刷毛的顶端改成了圆角。

改进后的狮王牌牙刷很快受到了广大顾客的欢迎。为公司做出巨大贡献的加藤信三从普通职员晋升为科长,几年后成为公司董事长。

加藤信三的成功正来自于他的不满。这并不是偶然的巧合。生活中我们如果能常常把自己的不满加以分析和研究,同样也可以像加藤信三一样给自己创造新的通往成功的契机。

抛开人生无谓的负担

珍妮是位女教师,她对自己的脸感到很不满意,哪儿看起来

第二章　驾驭情绪的潮起潮落

都不顺眼，因此她决定去整容。医师仔细地望着她，认为她长得并不难看，问题就在于她把自己估计得太低。动手术对她的脸稍做了一点点修改。珍妮很不高兴，她一边打量着镜中的自己，一边埋怨道："你并没有对我的脸做太大的改变。"医师说："你的脸没有什么问题，唯一的问题是你使用脸的方式错了"珍妮伤心地低下头。

珍妮沉默片刻，然后袒露了心声：每一天她到学校去时，都像戴着面具，表现出最好的一面，把所有的感情全部隐藏起来，只留下她认为"正确"的一部分。三年的教学生活，孩子们总是嘲笑她。

医师说："孩子们嘲笑你，是因为他们已看出你一直在演戏。身为一名教师，并不一定非要表现得十全十美，偶尔也可以表现得愚蠢一点，学生仍然会尊重你。拿掉你的面具，你会更喜欢你自己。"

离开诊所后，珍妮心情好多了。几个月后，她再也不担心她的脸，也不再焦虑。

人生苦短，何苦要给自己戴上面具，力求表现完美。美不是伪装，而是真实的释放。摘下面具，也就抛开了无谓的负担，真实的人生，才是最美的人生。

放下不满情绪的心理包袱

有个青年人常为自己的贫穷而牢骚满腹。"你具有如此丰富的财富，为什么还发牢骚？"智者问他。

心理学入门故事

"它到底在哪里?"青年人急切地问。

"你的一双眼睛,只要能给我你的一双眼睛,我可以把你想得到的东西都给你。"

"不,我不能失去眼睛!"青年人回答。

"好,那么,让我要你的一双手吧!对此,我可以用一袋黄金作补偿。"智者又说。

"不,我也不能失去双手。"

"有一双眼睛,你就可以学习;有一双手,你就可以劳动。现在,你自己看到了吧,你有多么丰富的财富啊!"智者微笑着说道。

这个故事教给我们一个"退一步去想"的方法。生活中如能降低些标准,退一步想一想,就能知足常乐。

第三章
弥补人格缺陷的漏洞

随着社会的发展与进步，生活变得越来越沉重与繁忙，因而越来越多的人产生了人格障碍。

人格障碍是指人的性格特征明显偏离正常，它是一种心理上的变异，不属于精神疾病，也不属于智力缺损，但有人格障碍的人群大多不能被人接受，也就不能更好地生活。

本章从各个方面指出了现代人的人格缺陷，并深入实际讲述了一些解除人格障碍的方法，帮助人们早日走出人格的误区，重新拾起快乐的时光。

摘掉偏执的有色眼镜

顾城是中国当代的诗人，朦胧诗主要代表人物。他生于北京，文革前即开始诗歌创作，1987年应邀出访欧美国家，进行文化交流、讲学活动。1988年赴新西兰，讲授中国古典文学，被聘为奥克兰大学亚语系研究员。后辞职隐居激流岛。1992年重访欧美并创作。留下大量诗、文、书法、绘画等作品，1993年杀妻后吊颈身亡。

他的作品译成英、法、德、西班牙、瑞典等10多种文字，被称为当代仅有的唯灵派浪漫主义诗人，也被称为以一颗童心看

心理学入门故事

世界的"童话诗人"。与舒婷的典雅秀丽、委婉绰约、美丽忧伤相比,他的诗则显得纯真无瑕、扑朔迷离。

但是,在他的充满梦幻和童稚的诗中,却充溢着一股成年人的忧伤。这忧伤虽淡淡的,但又像铅一般的沉重。这不仅是诗人个人的忧伤,更是一代人觉醒后的忧伤,是觉醒的一代人看到所处的现实而产生的忧伤。

人们都知道,顾城是一个诗人,一个童话诗人,但在他的内心深处去是一个任性而长不大的孩子。他有着单纯的生命信仰,他沉沦在自造的幻象里。"本真童心仍是一种很宝贵的艺术精神",在气质上更多了些"世纪末"的忧郁和偏执。

因此,他是一位生活在梦里的诗人,梦离现实是远的,那正是他的《远和近》的质疑。诗句是淡淡的,诗意却是冷漠的。人与人之间的诚信在远远之间,他宁愿选择"云",而不是"你"。因为"云"是远的,而"你"是近的远。

他有着"超越现实的异想",努力追求一个物外的、单纯的、与世隔绝的空灵世界。顾城对自己早就有清醒的认识,"我是个偏执的人,喜欢绝对"。最后,就是这"偏执"和"绝对"使他达到疯狂,丧失理性,在那最后的一瞬,他成了一个最疯狂的诗人,死亡对他来说,也许是最好的童心的回归。

自卑、敏感、多疑的人常常因为听到别人不经意的议论的而引起心理上的防范意识。当"自我防卫过度"到了偏激固执的地步,往往就会逐渐形成偏执型的人格。

偏执是比较常见的一种心理病症。具有偏执心理的人,常常

第三章　弥补人格缺陷的漏洞

比较敏感，多疑又多心，经常会觉得人总是和他过不去，甚至认为别人都是心狠手辣、不可交往的。由于他们不相信别人，疑心太重，所以常常是自我评价很高，认为自己的看法是对的，甚至明明自己错了，还强词夺理，推诿于别人。这种自疑、自负、固执的心理，严重地影响人与人之间的正常交往。

败走麦城的教训

三国时代的关羽，过五关，斩六将，单刀赴会，水淹七军，是何等英雄气概。可是他致命的弱点就是刚愎自用，固执偏激。

当他受刘备重托留守荆州时，孙权派人来向关羽之女为儿子求婚，关羽大怒，出口伤人，以自己的个人好恶和偏激情绪对待关系全局的大事，不计后果，导致了吴蜀联盟的破裂。

最后落个败走麦城、被俘身亡的下场。

我们不妨想一下，倘若关羽性格少一点偏激，不那么意气用事，那么，吴蜀联盟大约不会遭到破坏，荆州的归属可能也不是另外一种局面。

偏激是指人的意见、主张等过火。多存在于青少年中。性格和情绪上的偏激，是做人处世的一个不可小觑的缺陷。性格和情绪上的偏激是一种心理疾病。它的产生源于知识上的极端贫乏，见识上的孤陋寡闻，社交上的自我封闭意识，思维上的主观唯心主义等等。

偏激的人以绝对的、片面的眼光看问题。总是带着有色眼镜，

心理学入门故事

以偏概全，固执己见，钻牛角尖，对人家善意的规劝和平等商讨一概不听不理。偏激的人怨天尤人，牢骚太盛，成天抱怨生不逢时，怀才不遇，只问别人给他提供了什么，不问他为别人贡献了什么。

偏激在情绪上的表现是按照个人的好恶和一时的心血来潮去论人论事，缺乏理性的态度和客观的标准，易受他人的暗示和引诱。如果对某人产生了好感，就认为他一切都好，明明知道是错误、是缺点、也不愿意承认。

这样的人由于知识经验不足，辩证思维的发展尚不成熟，不善于一分为二地看问题，往往抓住一点就无限地夸大或缩小，自以为看到了事物的全部，极易出现以偏概全的失真判断，导致错误的结论。尤其是中学生正值青春期，内分泌功能迅速发展，大脑皮层及皮层下中枢的兴奋度迅速地增强或减弱，从而形成情绪的波动不安，出现偏激认识和冲动行为。

心理学家认为，固执与那种"不正常的"愚蠢的叫做顽固的倔强相近似。它是一种偏执型人格障碍，其主要特点是敏感多疑。好嫉妒、自我评价过高、不接受批评、易冲动和诡辩、缺乏幽默感。

现代医学研究表明，固执的人不但妨碍了健全的精神面貌，而且还会导致神经系统与内分泌系统的功能紊乱，进而影响到人的正常生理代谢过程，使人体的免疫能力降低，易患多种疾病。如神经官能症、消化道溃疡、高血压、冠心病等身心疾病，并使人早衰，缩减寿命。因此，有必要给这些人进行心理补偿，以减轻其身心的伤害。

第三章 弥补人格缺陷的漏洞

死钻牛角尖的下场

从前,村庄里有一位对上帝非常虔诚的牧师,几十年来,他照管着教区所布的人,施行洗礼,举办葬礼、婚礼,抚慰病人和孤寡老人,是一个典范的圣人。

有一天下起雨来,倾盆大雨连续不停地下了好多天,水位高涨,迫使老牧师爬上了教堂的屋顶。正当他在那里浑身颤抖时,突然有个人划船过来,对他说道:"神父,快上来,我把你带到高地。"

牧师看了看他,回答道:"我一直按照上帝的旨意做事,我真诚地相信上帝,因为我是上帝的仆人,因此你可以驾船离开,我将停留在这里,上帝会救我的。"

那人划着船离去了。两天之后,水位涨得更高,老牧师紧紧地抱着教堂的塔顶,水在他的周围打着旋转。这时,一架直升机来了,飞行员对他喊道:"神父,快点,我放下吊架,你把吊带在身上安好,我们将把你带到安全地带。"

老牧师却固执地回答道:"不,不。"他又一次讲述了他一生的工作和他对上帝的信仰。这样,直升机也离去了,几个小时之后,老牧师被水冲走,淹死了。

因为是一个好人,他直接升入天堂。他对自己最后的遭遇颇为生气,来到天堂时,情绪很不好。他气冲冲地在天堂中走着,突然间碰到了上帝,上帝说道:"尊敬的神父,欢迎你!"

老神父凝视着上帝,说:"几十年来,我遵照你的旨意做事,而当我最需要你的时候,你却让我被淹死了。"

心理学入门故事

上帝微笑着说:"哦?神父,请原谅,这怨不得别人。我确信我给你派去了一条船和一架直升机,可你却不肯接受。确切地说,是你的偏执个性害了你呀。"

的确,偏执者坚持己见,缺乏变通的智慧,因而常常正邪不分,忠奸不辨。没有见识,就不能观其人,听其言,察其行,因此就不能知彼知己,不能客观、公正地判断一切人或事,这样势必后患无穷。

从小我们就懂得"滴水穿石"、"绳锯木断"的道理,它们无一不在说明坚持不懈带来的成功,那些"半途而废"的行为确实让人为人惋惜。然而生活中就有些事情需要"半途而废"的精神,正如人们说的,"不要在一棵树上吊死"、"东山不通西山通",这些话的意思就是告诉我们事事都要懂是变通,不钻牛角尖,不要一条路走到黑,不要一个眼打井。就是不让我们固守一成不变的东西,这也是人生应该掌握的改变固执的智慧。

偏执心理是一种病症,患上这种病的人,往往走极端,死不回头,还自以为是,分明是自己做错了,却总觉得是别人不对。当自己不能和别人取得一致意见时,从来不反思自己的对错,而总是去探究别人做错了什么。正如上文中的牧师,几次求生的机会都被他错过,还去指责别人的不对。

偏执对人际关系的影响

电视剧《渴望》曾经轰动全国,其中王亚茹就是一个典型的

第三章 弥补人格缺陷的漏洞

偏执性人物。她的所作所为几乎是观众一致公认的"最没人情味"的人,她自负清高、傲慢不逊、冷漠无情、孤僻多疑、不苟言笑、不善交际、生性嫉妒、执拗刻板。

王亚茹的人际关系可谓糟糕的一塌糊涂。她与慧芳、小芳、月娟、刘大妈等人格格不入。对自己的父母及唯一的弟弟,也常常是怒目以对,对待恋人罗刚更是冷若冰霜、不近情理。就连唯一与她交往的老同学刘莉,也常因受不了她那古怪的脾气而几次欲撒手而去。她总是我行我素、随心所欲,说话办事全凭个人意愿及激情冲动,根本不考虑旁人的喜怒哀乐,不考虑社会影响,这几乎使她到了人见人恨的地步。

王亚茹的这些行为模式表现说明,她是一个典型的偏执心理较强的人。像她这样的人总是过多过高地要求别人,但从来不信任别人的动机和愿望,认为别人存心不良。不能正确、客观地分析形势,看问题易从个人感情出发,主观片面性大。如果建立家庭,常怀疑自己的配偶不忠等等。

偏激的人缺少朋友,人们交朋友喜欢"同声相应,意气相投",都喜欢结交饱学而又谦和的人。那些老是以为自己比对方高明,开口就梗着脖子和人家抬杠,明明无理也要搅三分,试想,这样的人谁愿和他打交道?比如,有的学生一次考试考好了,就以为自己什么都好,洋洋自得,容易产生骄傲情绪。而有时一次考试不理想,就消沉到底,一蹶不振,认为自己什么都不行了。

现实生活中,不能正确地对待别人的人,就一定不能正确地对待自己。见到别人做出成绩,出了名,就认为那有什么了不起,甚至想尽千方百计诋毁贬损别人。见到别人不如自己,又冷嘲热讽，借压低别人来抬高自己。固执的人，生活中并不少见，常有它而造成朋友分手、恋人告吹、夫妻失和、父子反目。因此，有偏执型人格障碍的人不能很好的为人处世，他们也不会拥有良好的人际关系。

偏执心理补偿

哲学家笛卡儿说过："读一些好书，就是和许多高尚的人谈话。"实验表明，经常阅读伟大人物的传记，更能使那些固执的人得到心灵上的慰藉。丰富的知识使人聪慧，使人思想开阔，使人不至于拘泥于教条的陈规陋习。

但是应该注意的是，越有知识越要谦虚，这是做人的美德。为人处事要尊敬和信任他人，多培养宽容的态度。不要过于欣赏自己的成绩，议论别人的不足。不要去计较那些微不足道的事情。要和勤奋好学、谦虚谨慎、品德优良的人多交往，养成虚心向别人求教的习惯。

偏执人格的人要克服虚荣心，培养高尚的情趣。人无完人，谁都会有缺点和错误，这用不着掩饰。我们要以真诚的态度来对待生活，要树立远大的目标，追求美好、崇高的东西。不要整天把心思放在修饰打扮和赶时髦上。更不要夸夸其谈，不懂装懂。

要善于克制自己的抵触情绪，以及无礼的言语和行为。对自己的错误，要主动承认，善于应用幽默，自我解嘲地找个台阶下来，不要顽固地坚持自己的观点。固执常和思维狭隘、不喜欢接受新东西，对未曾经历过的东西感到担心相联系。为此我们要养

第三章　弥补人格缺陷的漏洞

成渴求新知识，乐于接触新人新事，并学习其新颖和精华之处的习惯。

对偏执型人格障碍的治疗，应采用心理治疗为主，以多疑敏感、固执、不安全感和自我中心的人格缺陷。主要有以下四种方法：

一、认知提高法。

由于具有偏执性人格的人对别人不信任、敏感多疑，不会接受任何善意忠告，所以首先要与他们建立信任关系，在相互信任的基础上交流情感，向他们全面介绍其自身人格障碍的性质、特点、危害性及纠正方法，使其对自己有正确、客观的认识，并自觉自愿产生要求改变自身人格缺陷的愿望。

二、交友训练法。

鼓励其积极主动地进行交友活动，在交友中学会信任别人，消除不安感。交友训练的原则和要领是：

真诚相待：本人必须采取诚心诚意、肝胆相照的态度积极地交友。要相信大多数人是友好的和比较好的，可以信赖的，不应该对朋友，尤其是知心朋友存在偏见和不信任态度。必须明确，交友的目的在于克服偏执心理，寻求友谊和帮助，交流思想感情，消除心理障碍。

对朋友尽量主动给予各种帮助：这有助于以心换心，取得对方的信任和巩固友谊。尤其当别人有困难时，更应鼎力相助，患难中知真情，这样才能取得朋友的信赖和增强友谊。

懂得交友的"心理相容原则"：性格、脾气的相似和一致，有助于心理相容，搞好朋友关系。另外，性别、年龄、职业、文化修养、经济水平、社会地位和兴趣爱好等亦存在"心理相容"

的问题。但是最基本的心理相容的条件是思想意识和人生观价值观的相似和一致，所谓"志同道合"。这是发展合作、巩固友谊的心理基础。

三、自我疗法。

具有偏执型人格的人喜欢走极端，这与其头脑里的非理性观念相关联。因此，要改变偏执行为，偏执型人格患者首先必须分析自己的非理性观念。如：

不能容忍别人对自己有一丝一毫的不忠；

世界上没有好人，只相信自己；

不能表现出温柔，害怕会给人一种不强健的感觉；

下面，我们要对这些观念加以改造，以除去其中极端偏激的成分。

要明白自己不是说一不二的王侯，别人偶尔的不忠要原谅；

好人和坏人都存在，思想上应该相信那些好人；

对别人的进攻，马上反击未必是上策，首先要辨清自己是否真的受到了攻击；

如果不敢表示真实的情感，这本身就是虚弱的表现；

出现上述的非理性观念时，就应该把改造过的合理化观念默念一遍，以此来阻止自己的偏激行为。有时自己不知不觉表现出了偏激行为、事后应重新分析当时的想法，找出当时的非理性观念，然后加以改造，以防下次再犯。

四、对立纠正训练法。

偏执型人格障碍患者易对他人和周围环境充满敌意和不信任感，采取以下训练方法，有助于克服这种对抗心理。

常提醒自己不要陷于"敌对心理"的漩涡中；

第三章　弥补人格缺陷的漏洞

事先自我提醒和警告，处世待人时注意纠正，这样会明显减轻敌意心理和强烈的情绪反应；

要懂得只有尊重别人，才能得到别人尊重你的基本道理；

要学会对那些帮助过自己的人说感谢的话，切不要不理不睬；

要学会向认识的所有人微笑；

要学会忍让和耐心。生活在复杂的大千世界中，冲突纠纷和摩擦是难免的，这时必须忍让和克制，不能让敌对的怒火烧得自己晕头转向。

测试：你有偏执人格障碍吗？

状　态　描　述	是	否
1. 广泛猜疑，常将他人无意的、非恶意的甚至友好的行为误解为敌意或歧视，或无足够根据，怀疑会被人利用或伤害，因此过分警惕与防卫。		
2. 将周围事物解释为不符合实际情况的"阴谋"，并可成为超价观念。		
3. 易产生病态嫉妒。		
4. 过分自负，若有挫折或失败则归咎于人，总认为自己正确。		
5. 好嫉恨别人，对他人的错误不能宽容。		
6. 脱离实际地好争辩与敌对，固执地追求个人不够合理的"权利"或利益。		
7. 忽视或不相信与患者想法不相符合的客观证据。因而很难以说理或事实　来改变患者的想法。		

心理学入门故事

如果你的情况符合以上七种情况中的三种，那么你很可能患上了偏执人格障碍。

揭开羞怯红红的盖头

亚宁是一家机械厂的技术员，他精湛的技术使领导对他都刮目相看。但就是有一点使人对他不能深刻的了解：他十分"害羞"，总是一副"羞答答"害怕见人的模样。用其母亲的话说是："我家亚宁投错了胎，前辈子一定是个女孩"。

亚宁这种羞于见人的态度从小就有，在上学时，就不爱主动跟同学交往。父母根据他的性格，让他干了技工这一行，因为这份工作不需要跟人打过多的交道。但随着上班以后摆弄机器的时间增多，亚宁就越来越少跟人交往了。

他有时间就躲在机房里，回家也躲在自己房间看书，听音乐。到了该谈朋友的年龄，父母开始着急，因为他从不主动跟女孩子交往，于是父母四处找人给他介绍对象。

结果，他一见女孩子更是满面通红，人家问什么他就答什么，结果别人嫌他太木讷。他自己也觉得很失败，不应该这样。

可越紧张越严重，到后来，女孩子问他话时，他结结巴巴连话都说不出来。这样一来二去，他的情况越来越严重，害怕在公共场合被人注意，尤其当众讲话、当众写字、食堂用餐以及使用公共厕所之时，都会心情紧张、心慌气短、大汗淋漓，产生一种明知过分却又无法控制的恐惧感。

第三章　弥补人格缺陷的漏洞

他甚至不敢与别人对视，与人谈话时总避开别人的目光，似乎自己做了什么亏心事。见人就脸红，一脸红就更害怕别人笑话他没出息，紧张得脸更红了。

他觉得不仅自己周身不自然，而且也让别人不自在，他总想克制自己的这些情绪表现，可是每次都不奏效，他害怕自己这样下去会变成精神病，于是就逃避这些令人紧张的场合。

其实，亚宁的这种行为是羞怯心理在作祟。羞怯既指害羞，也指胆怯，也是心理懦弱的一种表现。人们总以为那是未成年人的心理或心理特征，随着年龄、阅历的不断增长，会自然地克服它。然而，根据斯坦福大学的心理学家所做的调查，在抽样调查的一万多名成人中，约40%有不同程度的羞怯心理，且男女人数比例基本持平。

虽然有些人明知道羞怯只是自己的心理作祟，没什么可怕的，也想改变自己，能自如地与人交往，但就是做不到。有时同不太熟悉的人交谈，本来还好好的，突然心里"咯噔"一下，就心跳加快，一股热血直往脸上冲，自己难堪不说，还叫别人莫名其妙，常常被别人笑话，致使与人交往时几乎成了惊弓之鸟，不敢与人交往。

但又渴望与人交往，在他们的身体里常常经历着两个不同自我的战争：一个害羞、懦弱、缺乏自信，一个则强迫自己去改变自己。所以感到生活真是太沉重、太累了，这是患上了一种叫羞怯反应，在心理学里叫"赤面恐惧症"。

在生活中可以说，几乎所有的人都有或曾经有过某种程度的羞涩和胆怯，不过有些人表现得特别严重。

心理学入门故事

犹抱琵琶半遮面

小玉今年 16 岁,是个聪明好学的女孩子,家长、老师和同学们都很喜欢她。可是她有一个难以解决的问题,就是害羞。上课的时候她害怕老师提问,几乎不敢抬头看老师,不敢举手发言,如果老师点名让她发言,她犹豫半天才站起来,而且满脸通红。

虽然她从来都知道问题的答案,但是只有考试的时候才能从容作答。她平时说话的声音小得像蚊子哼哼,让人无法听清她说什么。课间休息的时候也不和同学一起玩,总是静静地坐在那里看书,或者干脆看着窗外发呆。很少看见她有说话的时候,别人跟她说话时,她总是红着脸,轻轻地摇头或点头,仿佛她的话是金口玉言或一字千金,不能轻易地说出来似的。

其实,小玉是患了青春期羞涩症。羞涩,在某种程度上是必要的,不仅是自我保护,对青少年来说也是一种美,犹如刚刚绽放的月季,蹒跚欲飞的小鸟,自然清新。但是过分的羞怯毕竟不是一个优点,有时候甚至是一个不折不扣的缺点。比如在公众场合中,需要落落大方,却不敢动不敢言,鼓起勇气说话时又显得结结巴巴,那样就容易让人看扁或不理解。

羞怯心理较重的人在人际交往中表现为:话未开口脸先红、话语低沉心发跳,遇到困难,宁可憋在肚子里,也不好意思向他人请教。

羞怯心理会影响人的正常交往,不利于发展自己的聪明才智和适应社会环境。羞怯心理的产生有三方面的原因:

第三章 弥补人格缺陷的漏洞

青春期生理变化引起的感应性反应。人在青春期生理、心理发育最旺盛,激素分泌较多,外界刺激时会打破体内的平衡而变得紧张,表现为冒汗、脸红、心慌等感应性反应。

自卑心理的影响。具有羞怯心理的人羞于与他人交往,特别是不敢与陌生人交往,是因为对自己的信心不足,害怕出错。

成长中的环境影响。如果在童年、少年时期交往中曾经受到过他人的训斥、嘲笑或戏弄,心里会形成阴影,以后进入类似环境或新环境就会出现胆怯。

不做羞答答的"美人"

据说,萧伯纳在年轻的时候非常害羞,有一次,他到一条街去付账,他甚至会在街上来回走,没有勇气去敲门。

今天,人们可以对萧伯纳做出很多种评价,但是没有人会说他害羞。他之所以喜欢做惊人之举,从心理学的角度讲,是为了弥补自己的害羞。

据报告,在美国有40%的成年人有羞怯表情,在日本60%的人为自己害羞,在我们国则几乎所有的人都有羞怯的时候,连宋代大诗人苏轼也曾有过"归来羞涩对妻子"的尴尬场面。

心理学家认为,羞怯心理并不都是消极的,适度的羞怯心理是维护人们自尊自重的重要条件。有人调查表明,羞怯的人能体谅人,比较可靠,容易成为知心朋友,他们对爱情比较忠诚,能保持自己贞操。

心理学入门故事

女性适度的羞怯,可以使之更显得温柔和富有魅力。一个害羞的女大学生对潇洒的男子来说其吸引力可超过一个漂亮的交际花,这就是羞涩的魅力。当然,这里讲的是"适度",如过于羞怯,那就有了心理障碍。

马克·吐温说,人类是唯一会羞怯的动物,人类有时也需要羞怯一点。可是,人们却不应该在正常行事的过程中羞怯,但同时也不应该在一个连动物都会害羞的场合下无动于衷。

"真的,我本应该非常快乐,"一位女孩曾经对心理医生这样说道,"但是,我却并不快乐。一种可怕的害羞使我每次发现他人看着我的时候都会羞红了脸。我该怎样做呢?"

不错,羞怯是一种痛苦。它是一个令人麻烦的东西,使我们变得懦弱、不安、不快。我们会感觉自己很愚蠢,像一只被观赏玩弄的动物一样。但是,害羞是可以克服的。当然,这不是一蹴而就的事情,否则我们就会发展到一个极端,这是更可怕的。因此,过于羞怯就成了病态,所以我们不要做一个羞答答的"美人"。

鼓足勇气,打开害羞的茧壳

羞怯是一种对以描绘的情感屏障,是人人都能触及的精神茧壳。而人往往又在这种心理的网罗下,作茧自缚,所以,要破茧成蝶,就要打开束缚,勇敢地面对生活。

那么,我们如何才能控制自己害羞的情绪呢?

培养自信心

每个人都有缺点,也必然有优点。不必为自己的某些短处而

第三章　弥补人格缺陷的漏洞

自惭形秽,要看到并发挥自己的长处,克服自己的缺点,摆脱与人交往的自卑阴影。

遇事多采取主动态度,当你勇敢地说出第一句话,勇敢地迈出第一步时,你可能感到羞怯,但羞怯不等于失败,胜利者比失败往往多的是一份勇气。

努力用知识充实自己

知识可以丰富人的底蕴、增加人的风度、提高人的气质,也是克服羞怯心理的良药。俗话说"艺高人胆大",知识储备丰富自然会增加人际吸引力,使人交往自如。所以,我们要勤奋学习,努力拓宽知识面,掌握一些社交知识和技巧。

保持松弛

松弛是克服羞怯心理的关键。羞怯的人常常过于关心他人对自己的看法,而常处于紧张状态,此时应尽量用玩笑或幽默来自我解脱。如果你能把注意力集中到你所应注意的人或事上时,你就会渐渐忘记自己的不自在。

学会微笑

人际交往的身体语言中,最具魅力的是微笑。微笑是友善的表示、自信的象征。微笑可以使你摆脱窘境,可以缩短你与他人之间的感情距离,可以化解朋友间的误会,同时微笑可以减少你羞怯的感觉。

做个有心人

这是极有效的自我心理治疗方法。做个有心人,记下你感到不安的事情,你会觉得这些害怕和担心不可思议,而且完全没有必要,从而预先做好克服它们的准备。

心理学入门故事

比如去面试,也许你担心交谈当中会缺乏应变能力,那么你不妨在交谈前先猜想对方将怎样提问,把要回答的话想好,甚至自言自语地进行不懈的练习。这样就能临场不惧,应付自如。

加强交往能力的锻炼

要充分利用一切机会积极锻炼自己,学会同各种各样的人打交道,关键时刻表现自己。遇到聚会、联谊时,要善于寻找时机与周围的人攀谈。

测试:你有过度的害羞心态吗?

1. 单位搞活动,领导希望你来主持,这时你会

    A.欣然接受。

    B.答应试试,心中有些打鼓。

    C.觉得不可想像,坚决拒绝。

2. 如果你参加合唱,你希望被安排在

    A.第一排中间的引人注目处。

    B.旁边都有他人的后排位置。

    C.随便安排,只要不是中间就行。

3. 领导派你去火车站接人,并告诉你那人的姓名和外貌特征,如果你在火车站看到这样一个人,这时你会

    A.大步向前加以证实。

    B.把写着对方姓名的牌子在他的视线内晃动,以引起他的注意。

    C.站在一边,直到其他旅客走完,确定他是才向前招呼。

4. 在舞会上,有一位你并不认识但有些魅力的异性一直在注意着你,这时你会

第三章　弥补人格缺陷的漏洞

　　A. 微微低头或把脸扭开。

　　B. 扫对方一眼，又装作未觉察而掩饰过去。

　　C. 以同样的方式回报或报以微笑。

5. 在有较多不熟悉的人参加的讨论会上，如果你有一个问题，你将

　　A. 毫不犹豫地当即提出来。

　　B. 在会后向有关人员提出来。

　　C. 希望有人能代你提出这个问题。

6. 要是异性朋友当众叫你的名字而不加上姓，你将会

　　A. 感到很高兴。

　　B. 感到无关紧要。

　　C. 感到很不自在，阻止他（她）这么叫。

7. 你感到你对别人的吸引力和影响力

　　A. 能够吸引和影响少数人。

　　B. 不能够吸引和影响少数人。

　　C. 很能吸引和影响别人。

8. 如果有朋友要求你在他（她）的婚礼上做傧相，你将

　　A. 很高兴地接受。

　　B. 感到十分紧张，但只好接受。

　　C. 会感到十分吃惊，加以推却。

9. 在进入都是陌生人的房间以前，你会

　　A. 人相当为难，只好硬着头皮走进去。

　　B. 等有其他人来的时候才敢一起进去。

　　C. 毫不犹豫地走进去。

10. 当你与一个名人相遇时．你希望能得到他的签名。在什么情况下你才会开口向他提出为你签名留念的要求？

　　A．如果他是你所喜欢的名人，就要求他签名留念。

　　B．只有当别人要求名人签名时才跟着这么做。

　　C．不敢要求名人为自己签名。

11. 在有不少陌生人参加的私人聚会上，你会

　　A．轻松自如地谈笑。

　　B．一开始有点拘束，很快就会自由自在轻松起来。

　　C．一直感到拘束，不敢自由谈笑和行事。

12. 当你要找一个人，在地址不清楚而苦恼时，你首先会

　　A．向可能居住的各种人打听，请求帮忙。

　　B．到有关派出所或街道居委会询问。

　　C．回家去，待有了确切地址后再去找。

13. 要是在一次朋友的聚会上，你发现一位陌生的、很吸引人的异性，很希望与他（她）相识和交往，你将会

　　A．希望他（她）能注意到自己，并与自己交往。

　　B．要求其他人为你们相互介绍。

　　C．主动接近他（她），作自我介绍。

第三章 弥补人格缺陷的漏洞

答案 计分 试题	A	B	C
1	1	2	3
2	1	3	2
3	1	2	3
4	3	2	1
5	1	2	3
6	1	2	3
7	2	3	1
8	1	2	3
9	2	3	1
10	1	2	3
11	1	2	3
12	1	2	3
13	3	2	1

总分在 13～20 分，你是一个比较自信的人，害羞心理较少，你的社交是主动、积极的，你大胆，不拘谨，敢说敢做，因此，你能捕捉到较多的机会。但另一方面，你也应注意到分寸感，因为物极必反。

总分在 21～29 分，你有普通人的羞愧心理，程度中等，有时这会给你的行动带来一些障碍，因此，你还要更主动些，大胆些。

总分在 30 ~ 39 分，表明你的害羞心理比较严重，你在社交中比较拘谨，顾虑重重，害怕引人注目，害怕碰钉子，对自己信心不足，不喜欢抛头露面，无意与人竞争，行动有些犹豫。但另一面，你可能做事谨慎，喜欢思考、谦虚、忠厚、有教养。常为别人着想。因此，你要认清自己的长处和短处，多鼓励自己，增加自信。

超越自负浅薄的傲气

有一个人生就是"飞毛腿"，跑得特别快，而且经常以此在人前夸耀。有一次，他家被盗，他连忙跑去追贼。看到贼人背影时，他高喊道："别跑了，你说什么也跑不过我！"没多久，他果然赶过了贼人，但还一个劲地跑下去。

半路上有人问他跑得这样急干什么，他说追贼。又问他，贼往哪里跑了，他得意地说："我早就赶过他了，看，现在连他的影子也看不见了！"

这虽是一个比较夸张的笑话，现实生活中，这样自负得已经变傻了的"飞毛腿"应该不会存在。然而，虽然这是个漫画似的人物，可是却栩栩如生的刻画出了他的自负心理。

自负心理就是过高地估计个人的能力，失去自知之明。心高气傲的人，有的自视过高，总爱抬高自己贬低别人，把别人看得一无是处，总认为自己比别人强很多。有的固执己见，总是将自

第三章 弥补人格缺陷的漏洞

己的观点强加于人，在明知别人正确时，也不愿意改变自己的态度或接受别人的观点。

自负的人通常有很强的嫉妒心理，因为自负大多时候是自尊心过分敏感的表现，所以这种人有很强的自尊心，看到别人取得了成就时，其嫉妒之心油然而生，极力打击别人，排斥别人，并用"酸葡萄心理"来维持自己的心理平衡。当别人失败时，幸灾乐祸，不向别人提供任何有益信息。

自负的人往往自认为是"天之骄子"，什么都懂，什么都会，应得到优待，于是在择业过程中，总是抱有洋洋自得、自负自傲的心理。常常夸夸其谈，海阔天空，给人留下浮躁、不踏实的印象，使人难以接受。

不可轻言败。

自负属于哪些人

心理学家说，自负的人还很少关心别人，与他人关系疏远。他们经常从自己的利益出发，不太顾及别人。不求于人时，对人缺少热情，似乎人人都应为他服务。结果，人人都不愿意与他们有太多的来往，他们也不能维持良好的人际关系。据调查，下面这些人往往夜郎自大，容易产生自负心理。

极力维护自尊的人。

一些人的自尊心特别强烈，为了保护自尊心，在交往挫折面前，常常会产生两种既相反又相通的自我保护心理。一种是自卑心理，通过自我隔绝，避免自尊心的进一步受损；另一种就是自负心理，通过自我放大，获得自卑不足的补偿。

缺少生活挫折的人。

人的认识来源于经验，生活中遭受过许多挫折和打击的人，很少有自负的心理，而生活中的一帆风顺，则很容易养成自负的性格。现在的中学生大多是独生子女，如果他们在学校又出类拔萃，老师又宠爱他们，就会养成自信、自傲和自负的个性。

缺乏自我认识的人。

生活中常有些人缺乏自知之明，缩小自己的短处，又把自己的长处看得十分突出，对自己的能力评价过高，对别人的能力评价过低，自然就产生了自负心理。这种人往往好大喜功，取得一点小小的成绩就认为自己了不起，成功时完全归因于自己的主观努力。失败时则完全归咎于客观条件的不合作，过分的自恋和自我中心，把自己的举手投足都看得与众不同。

被父母过分娇宠的人。

家庭教育是一个人自负心理产生的第一根源。对于青少年儿童来说，他们的自我评价首先取决于周围的人对他们的看法，家庭则是他们自我评价的第一参考系。父母宠爱、夸赞、表扬，会使他们觉得自己"相当了不起"。

自负的双向性质

心理学家说自负是一个双向性质的问题，有着正反两面性。因此，我们在看待自负的心理问题时，要把这两个方面看个一清二楚，才能对它完全了解。

第三章　弥补人格缺陷的漏洞

有人说，一个人是不能没有自负的。尤其对青少年来说，在适当的范围内，自负可以激发他们的斗志，树立必胜的信心，坚定战胜困难的信念，使他们能够勇往直前。但是，自负又必须建立在客观现实的基础上，脱离实际的自负不但不能帮助人们成就事业，反而影响自己的生活、学习、工作和人际交往，严重的还会影响心理健康。

如果一个人的自负心理超出了范围，就会产生负面影响。首先，接受批评是根治自负的最佳办法。自负者的致命弱点是不愿意改变自己的态度或接受别人的观点，接受批评即是针对这一特点提出的方法，它并不是让自负者完全服从于他人，只是要求他们能够接受别人的正确观点，通过接受别人的批评，改变过去固执己见的形象。

其次，与人平等相处。自负者视自己为上帝，无论在观念上还是行动上都无理地要求别人服从自己。平等相处就是要求自负者以一个普通社会成员的身份与别人平等交往。

第三，提高自我认识。要全面的认识自我，既要看到自己的优点和长处，又要看到自己的缺点和不足，不可一叶障目，不见泰山，抓住一点不放，未免失之偏颇。认识自我不能孤立地去评价，应该放在社会中去考察，每个人生活在世上都有自己的独到之处，都有他人所不及的地方，同时又有不如人的地方，与人比较不能总拿自己的长处去比别人的不足，把别人看得一无是处。

第四，要以发展的眼光看待自负，既要看到自己的过去，又要看到自己的现在和将来，辉煌的过去可能标志着你过去是个英雄，但它并不代表着现在，更不预示着将来。

心理学入门故事

莫让"自大"覆盖谦虚的美德

爱因斯坦是20世纪世界上最伟大的科学家之一,他的相对论以及他在物理学界的其他方面研究成果,留给我们的是一笔取之不尽、用之不完的财富。然而,是像他这样的伟人,在有生之年还不断地在学习、研究,活到老,学到老。

有人去问爱因斯坦,说:"您老可谓是物理学界空前绝后的人才了,何必还要孜孜不倦地学习呢?何不舒舒服服地休息呢?"

爱因斯坦并没有立即回答他这个问题。而是找来一支笔、一张纸,在纸上画上一个大圆和一个小圆,对那位年轻人说:"在目前情况下,在物理学这个领域里可能是我比你懂得略多一些。正如你所知的是这个小圆,我所知的是这个大圆,然而整个物理学知识是无边无际的。对于小圆,它的周长小,即与未知领域的接触面小,他感受到自己的未知少;而大圆与外界接触的这一周长大,所以更感到自己的未知东西多,会更加努力地去探索。"

是啊!多么好的一个比喻,多么深刻的一番阐述!事实上也是如此,没有一个人能够有骄傲的资本,因为任何一个人,即使他在某一方面的造诣很深,也不能够说他已经彻底精通,彻底研究全了。

"生命有限,知识无穷",任何一门学问都是无穷无尽的海洋,都是无边无际的天空……所以,谁也不能够认为自己已经达到了最高境界而停步不前、趾高气扬。如果是那样的话,则必将很快被同行赶上、很快被后人超过。

第三章　弥补人格缺陷的漏洞

虽说自负可以激发人们的斗志，树立必胜的信心。但在现实生活中，并不是每个人都能真正把握好自负的分寸。很多时候妄自尊大的傲气会阻碍上进的步伐，本来该一往无前的事情往往因为自满自大的心理而停滞不前。所以，自负对于大多数人而言都会产生负面影响。因此，我们依旧要明白，谦虚是一种美德，是一种难能可贵的品质。

自古以来，国人就有谦虚的美德，人们有许多这方面的格言警句启迪后人。如"谦受益，满招损"，"谦虚使人进步，骄傲使人落后"，"三人行，必有我师焉"，"虚心竹有低头叶，傲骨梅无仰面花"，"百尺竿头，还要更进一步！"等。

所以，我们每个人都要养成"虚怀若谷"的胸怀，都要有一种"谦虚谨慎、戒骄戒躁"的精神，用我们的有限的时间去探求更多的知识！

测试：你有自负心理吗？

状态描述	是	否
1. 一旦你下了决心，即使没有人赞同，你仍然会坚持做到底吗？		
2. 参加晚宴时，即使很想上洗手间，你也会忍着直到宴会结束吗？		
3. 如果想买性感内衣，你会尽量邮购，而不亲自到店里去吗？		
4. 如果店员的服务态度不好，你会告诉他们经理吗？		
5. 你不常欣赏自己的照片吗？		

状 态 描 述	是	否
6. 别人批评你,你会觉得难过吗?		
7. 你很少对人说出你真正的意见吗?		
8. 对别人的赞美,你持怀疑的态度吗?		
9. 你总是觉得自己比别人差吗?		
10. 你对自己的外表满意吗?		
11. 你认为自己的能力比别人强吗?		
12. 聚会上,只有你一个人穿得不正式,你会感到不自然吗?		
13. 你是个受欢迎的人吗?		
14. 你认为自己很有魅力吗?		
15. 你有幽默感吗?		
16. 目前的工作是你的专长吗?		
17. 你懂得搭配衣服吗?		
18. 危急时,你很冷静吗?		
19. 你与别人合作无间吗?		
20. 你认为自己只是个寻常人吗?		
21. 你经常希望自己长得像某某人吗?		
22. 你经常羡慕别人的成就吗?		
23. 你为了不使他难过,而放弃自己喜欢做的事吗?		
24. 你会为了讨好别人而打扮吗?		
25. 你勉强自己做许多不愿意做的事吗?		

第三章 弥补人格缺陷的漏洞

状 态 描 述	是	否
26. 你认为你是个成功的人吗？		
27. 你任由他人来支配你的生活吗？		
28. 你认为你的优点比缺点多吗？		
29. 你经常跟人说抱歉吗？即使在不是你错的情况下。		
30. 如果在非故意的情况下伤了别人的心，你会难过吗？		
31. 你希望自己具备更多的才能和天赋吗？		
32. 你经常听取别人的意见吗？		
33. 在聚会上，你经常等别人先跟你打招呼吗？		
34. 你的个性很强吗？		
35. 你的记性很好吗？		
36. 你对异性有吸引力吗？		
37. 买衣服前，你通常先听取别人的意见吗？		

评分分析：

第 1、4、10、11、13、14、15、16、17、18、19、26、34、35、36 题，答"是"计 1 分，答"否"计 0 分；其余各题答"是"计 0 分，答"否"计 1 分。

分数为 25～40：说明你对自己信心十足，明白自己的优点，同时也清楚自己的缺点。不过，在此警告你一声：如果你的得分将近 40 的话，别人可能会认为你很自负，甚至气焰太胜。你不妨在别人面前谦虚一点，这样人缘才会好。

分数为 12～24：说明你对自己颇有自信，但是你仍或多或少缺乏安全感，对自己产生怀疑。你不妨提醒自己，你的在优点和长处并不比别人差，要特别强调自己的才能和成就。

分数为11分以下：说明你对自己显然不太有信心。你过于谦虚和自我压抑，因此经常受人支配。从现在起，尽量不要去想自己的弱点，多往好的一面去衡量；先学会看重自己，别人才会真正看重你。

杜绝逃避畏缩的借口

林广是一位事业有成，但感情上受到过伤害的中年男子。现在他已经40岁了，是一个15岁少女的单身父亲。10年前，他的婚姻由于前妻的背叛而宣告结束，此后他的每一次恋爱都在女方提出结婚的时候被他终止。

林广生于"高干"家庭。他的母亲为了优越的生活嫁给了他的父亲，却对丈夫和子女漠不关心。在文化大革命的时候，面对林广的父亲——这个她从来没有真正爱过的男人，竟陡然反目、落井下石，导致的父亲早早地离开了人世。

林广的童年就这样在忽视、不安和创伤中度过了，这使他的心灵中蒙上了一层怎么也无法抹去的阴影。

长大以后，林广通过自己的拼搏成为了一位腰缠万贯的商海骄子，爱情也如雨点般落在他的头上。几番精挑细选，他终于和一个能歌善舞、风情万种的演艺圈女孩携手走进了围城，拉开了婚姻的屏障。

第三章　弥补人格缺陷的漏洞

婚后,两人恩恩爱爱和和美美,不久就有了一个俊秀可爱的女儿。然而好景不长,他恍惚感觉美貌的妻子好像对自己不忠。谁知噩梦成真,仿佛一觉醒来,他心爱的美人和将近一半的家产都已经归属于另一个男人。真是一次失败而又可怕的婚姻。

一晃几年过去了,林广的现任女友是个年轻美貌的电视主持,温柔娴静、知书达理。他们已经同居了4年了,彼此相濡以沫,难舍难分。然而,这段貌似甜蜜的爱情长跑似乎总也达不到终点。几年的时间已经让漂亮动人的女主持从一枚青涩的橄榄变成了一只熟透的苹果,她在渴望着那个几乎所有的女人都会渴望的爱情归宿——婚姻。

可是,这个似乎在合理不过的愿望却一再被林广打碎。因为,林广一直在逃避婚姻,也许曾经的伤害让他谈虎色变,他没有勇气去面对。但看到她的失望、痛苦和迷惘,他深深地感到自责、苦闷和焦虑。他的心分明告诉自己他在多么深切地爱着她,依恋着她,可不知为什么他就是无法和她牵手走进婚姻殿堂!

林广因为一次失败的婚姻,由于前妻的欺骗,使他的感情受到了极大的伤害,在他的内心深处潜藏着对婚姻的焦虑不安和恐惧,从而导致了他对婚姻自我保护式的逃避态度。而逃避是不敢直面现实,以鸵鸟式的自欺欺人方式躲开,希望因此能够避开应有责任,是一种消极的心理,这样反倒无助于问题的解决。

一个人产生逃避心理一般有两种原因,一种是由于对自己的不自信。一个不自信的人,他的心理承受能力就比正常人要脆弱得多。当突如其来的困难来临或面临着重大抉择时,他发现自己

心理学入门故事

肩上的担子超过平常，因为不自信便不敢以积极的心态去承担，于是选择了逃避。

另一种原因是因为害怕惩罚。当一个人做错了事担心受到指责，而这种指责往往又是当事人不愿意接受的，于是他往往会找借口推卸责任或者采取欺骗，希望他人能够不再追究。

纵观当今社会之所以有那么多的人选择单身，是与嬗变的生活观念、家庭观念密切相关的。现在有越来越多的人只对自己负责任，一切行为准则都是以自我为中心，致使自己变成了一个没有责任感的人。害怕承担责任是他们逃避婚姻的最主要原因。

"逃避到什么时候"

老鼠一族本来可以解决猫给他们带来的灾难，但是因为没有一只敢于承担责任，所以至今还在受猫的威胁。

有这么一群老鼠吃尽了猫的苦头，它们召开全体大会，号召大家贡献智慧，商量对付猫的万全之策，争取一劳永逸地解决事关大家生死存亡的大事。众老鼠冥思苦想。有的提议培养猫吃鱼吃鸡的习惯，有的建议加紧研制毒猫药，有的说……

最后，还是一个老奸巨猾的老鼠出的主意让大家佩服得五体投地，连呼高明。那就是给猫的脖子上挂个铃铛，只要猫一动，就有响声，大家就可以事先得到警报，躲藏起来。

这一决议终于被投票通过，但决策的执行者却始终产生不出来。高薪奖励、颁发荣誉证书等等办法一个又一个地提出来。但无论什么高招，好像都无法将这一决策执行下去，没有一只老鼠

第三章　弥补人格缺陷的漏洞

愿意完成这个光荣的任务。至今，老鼠们还在自己的各种媒体上争论不休，也经常举行会议……

这则故事也说明了推卸责任的后果。假如有一只老鼠现在站出来的话，他将是一个鼠族英雄，会获得别人的器重和信任。但是它们都选择了逃避，甘愿作永远的逃兵，真不知它们会逃避的什么时候？

现实中有很多人和它们一样，有时候在心里也会有非常好的想法，在出现问题的时候，也想去帮助。可是就是没有勇气主动站出来，主动解决问题，主动把责任承担过来。而是一而再、再而三的犹豫使不决，最后使事情变得更严重。

避免或逃脱责罚是人类的一种本能。多数人在"有利"与"不利"两种形势的抉择中都会选择趋吉避凶。通过各种"免罪"行为，人们可以暂时逃脱责罚，保持良好的自身形象。但是逃脱并不是一种正当的行为，它本身就代表一种怯懦。在成功的道路上，怯懦心理是一块绊脚石。

美国心理学家麦迪逊在他的名著《心理疾病》中说："病态心理中，最隐秘而又最严重的是怯懦心理。"然后他又用科学的语言描述说："怯懦有许多层次，自下至上，越来越严重。它的层次依次是：失惊、恐怖、震骇等活跃情态，到惶恐、不安等沉静情态。"

有时一个人表面装出不屑一顾的样子，实则是因为骨子里的懦弱，没有面对挑战的勇气，没有承担责任的真诚。懦弱对社会、对事业，都相当不利。一个人的成功，需要具备的要素中有一条

心理学入门故事

很重要,就是勇敢无畏。作为普通人,不可能因祸得福、一举成名,但如果活在担忧惊恐中,一天到晚愁眉不展,一天到晚惊声尖叫,看见这个心虚,看见那个害怕,那他的生活就会很累,也可能导致一辈子不成功。

法国思想家拉罗什福科说:"软弱甚至比恶行更有害于德性。"一个人如果发现自己身上有这种心理缺陷,就要设法克服它,或者合理地利用它,使自己变成一个勇敢的人。

虚拟的新房

阿枫是白领阶层,都快到而立之年了却还未有成家,也见他和什么女孩有亲密的来往,经常是孑然一身。但是,在另一个时空他却有一位"同居"了近两年的女友。两人偶然在网络上认识,开始因为比较谈得来就一直保持联络,后来渐渐熟悉后就谈起了恋爱,不久后就"同居"了。

阿枫说,坐在电脑前,打开"爱情公寓"网,输入密码,一间网络虚拟的房间就会出现在屏幕上。每天定时上网互诉衷肠,前不久在网上领了"结婚证"后,便一起"装修新屋"。"有了爱的小屋,我们还打算领养一个孩子"。

阿枫的女友是学房内设计的,两人常常为一间"书房"或一套"家具"的布置争论不休,有时竟然闹到翻了脸,但过不了多久两人还会和好。

说起将来,阿枫说还没有认真考虑过,至于是否相爱自己都不清楚,只是两人这样相互倾诉已成了一种生活习惯。平时生活

第三章　弥补人格缺陷的漏洞

两人没任何关系，周末在网络上两人就俨然是同居良久的"小两口"了。

据说，上网玩游戏玩到一定的级别就会有"月下老人"牵线搭桥，使你挑选自己心目中的"恋人"，在"月下老人"的主持下两人可以结婚，并由"月下老人"颁发结婚证书，拥有合法的身份后"小两口"可以度蜜月、游星际。婚后，他们还可以生孩子，只不过对于级别的要求更高，这样才有权利生儿育女。现在有更多的人加入到此行列中，场面火暴。

现在生活中，人们对同居问题大多持宽容态度，所以同居现象越来越普遍。但现在有很多人在网上大搞起了"网络同居"，就有些让人匪夷所思了。为什么会出现"网络同居"的现象呢？根据专家分析有下列原因：

这里没有现实压力，是虚妄的情感归属。

巨大的升学、就业压力使部分青少年心理负荷过重，他们选择"避世主义"，渴望逃避现实生活，并通过"网络同居"来找到心灵伴侣，释放情感，放松自己。有一位大学生的话证实了这一观点："没房子、没女朋友，就业压力又那么大，真的不行，只好找寄托来安慰自己了。而且还能同时和几个女友交往，这是现实生活所不允许的。"

这里没有道德的约束，可以满足自尊心和自信心需要。

"在虚拟社区里可以完全不必受任何社会道德的约束，可以同时有几个同居密友，很轻松。我们很多同学都有这样的生活"一位有一段"同居"经验的男生对此做这样的解释，"这是一个

心理学入门故事

虚拟的生活空间,在这里你可以凭自己的想象,设计自己的生活,寻找一段完美的爱情。"

更多大学生对此表示理解和接受。

现在越来越多的大学生都表示,对未婚同居表示理解,并可以接受。这也可能是"网络同居"兴起的原因之一。

一旦生活变得郁闷难受的时候,你会渴望去逃避令人难以忍受的现实,这是非常自然的事情。暂时性的逃避,在解除我们的精神紧张方面,也许很有益处。这也许才是"网络同居"兴盛的真正原因。

利用怯懦,迈出第一步

浩然已接近中年,可以说他是唯唯诺诺地走到年龄的。他好像天生就是一个胆小怕事的人,总是小心谨慎的生活,遇到什么问题总是不知道怎么办,畏首畏尾的神态。老婆总是骂他是一个懦夫。他也为自己的"无能"感到烦恼,但就是"勇敢"不起来。

就这样活了小半辈子,在经过一个又一个的挫折后,他终于认识到:自己的怯懦是无法改变的,也没有必要再改变。自己所要做的,是合理地利用这种怯懦心理。

有了这种认识,他开始采取主动了。他想首先应从自己家里做起。

于是面对老婆的大吵大骂,他不再惧怕,也不再反抗,而只是淡淡一笑,说:"我虽然无能,但我也能找到自己的位置。"

老婆被他这种自信的微笑惊呆了,因为这么多年还是第一次

第三章 弥补人格缺陷的漏洞

看到他这种"超常"的表现。

他又说:"请相信,我会很快找到工作的。"

老婆跟他过了这么多年,很清楚他怯懦的性格。所以,他这么说的时候,她很高兴。于是,他们的家庭,很快地恢复了和平。

然后,他开始找工作了。

在那些性格不同的老板们面前,他显得很镇定。虽然心中仍有些怯懦,但怯懦中,已没有了胆怯与逃避,一种含着谨慎成分的自信让他敢于面对。

在这种心理的支配下,他不莽撞,也不畏缩,而是不急不躁、不卑不亢。他不会盲目去找一个不适合自己的工作,也不会在遇到一个自己合适的工作以后仍畏缩不前。

经过充分的准备,浩然终于在一家私营公司应聘出纳一职。他仔细地准备了自己的简历,准备了面试的答辩词。然后,他鼓起勇气走向那个公司。

他迎着老板的目光,流畅地说出自己的应聘词。在老板不客气的盘问中,他很小心,很得体,绝不在畏缩、也不浮躁。终于赢得了老板的满意,于是他有了新工作。

浩然的成功在于他的一次心灵的革命,这场革命,是利用怯懦的革命,是自信的一次变革。为此,我们要告诫所有具有逃避、怯懦心理的人,一定要珍视自己所拥有的一切,不要轻看自己的生活,自己的爱情和自己的事业,而最重要的是不要轻视自己的潜能。只有这样,你才能达到改善这种怯懦心理的目的。才能让自己面对现实,不再逃避。

心理学入门故事

一个懦弱的人，必须培养和树立责任心，才有可能勇敢地承担责任，才能去做自己想做的事，否则会畏首畏尾，永远走不出黑暗。不论遇到什么习题，哪怕是面临失败，也不要灰心丧气，要勇敢地正视它，以积极的态度寻找应变的方法。一旦问题解决了，自信心也会为之增加。

无论生活中还是工作中，敢于承担责任是一种永远不会褪色的光荣，而同时，不敢承担责任的人，是没有立足于社会和发展自我的机会的。任何一个人，朋友也好，爱人也好？老板也好，他们无一不喜欢与敢于承担责任的人相处、共事和生活。

所以，一味的逃避是一条走不通的路。人人都有无法逃避现实的存在。纵观历史上的哪些成功人士，没有一个不是充满勇气，勇于承担属于自己的责任。只有勇于承担，才会让自己更具有责任感，也才会在各种磨砺中，使自己更加成熟。

面对现实，不选择逃避，成为责任的勇敢承担者，我们可以尝试下列做法：

主动去接触那些让你害怕的人。

主动同他们谈话，向他们表明你的态度，以及你对事物的看法，看看他们如何反应。当你发现，他们的怀疑态度是你担忧的因素之一时，你便可以正视这种态度，摆脱他们的控制。

选择并尝试一些新事物。

比如，尽力结识更多的新朋友，多多置身于一些新的环境，尝试一些新的工作，邀请一些观点不同、性格不一的人到家里来做客等。

第三章　弥补人格缺陷的漏洞

不要为自己做的每一件事找到理由。

当别人问你为什么要这样做或那样做时,你并不一定要说出可信的理由,以使别人满意。实际上,你决定做任何事情的理由都很简单——因为为你想这样做。

尽管努力去做。

你可以在家里尽情地唱歌、跳舞,尽管你唱得不好也不优美。

尝试做一些改变,让生活变得丰富多彩。

比如,上班时不一定非得要乘坐同一种方式的交通工具,每天早餐不一定总是要吃同样的东西等。可以充分发挥自己的想象力,如果想象自己拥有一大笔钱,足够存几年内怎么也花不完。这时,我们也许会发现,原来设想的计划几乎都是可以实现的。

测试:你有逃避心理吗?

状 态 描 述	是	否
1. 与人约会,你会准时赴约吗?		
2. 你认为你这个人可靠吗?		
3. 你会因未雨绸缪而储蓄吗?		
4. 出外旅行,找不到垃圾桶时,你会把垃圾带回家去吗?		
5. 遇到麻烦时,你会想方设法为自己开脱责任吗?		
6. 你永远将正事列为优先,再做其他休闲吗?		
7. 收到别人的信,你总会在一两天内就回信吗?		
8. "既然决定做一件事情,那么就要把它做好。"你相信这句话吗?		

状态描述	是	否
9. 与人相约，你从来不会耽误，即使自己生病时也不例外吗？		
10. 小时候，你经常帮忙做家务吗？		
11. 自己犯了错，你会把责任推脱到别人的身上吗？		
12. 在求学时代，你经常拖延交作业吗？		
13. 碰到困难的事情，你会知难而退或者一推再推吗？		
14. 对于自己不愿意做的事情，你会千方百计地逃脱吗？		
15. 考试没有考好，你会为自己找个漂亮的借口吗？		

评分分析：

选择"是"得1分，选择"否"得0分。

分数为10~15：你是个非常有责任感的人。你行事谨慎、懂礼貌、为人可靠，并且相当诚实。

分数为3~9：大多数情况下，你都很有责任感，只是偶尔有些逃避，没有考虑得很周到。

分数2分以下：是个完全不负责任的人。你一次又一次地逃避责任，造成每个工作经常干不长，手上的钱也老是不够用。

清除逆反敌对的情结

有一女生性格倔强，富有同情心和正义感，当班干部时工作主动泼辣。上初一和初二时，见到有的男教师处理男女生纠纷、排座位、对男生违纪行为偏袒等现象，她便认为男教师对男生有

第三章 弥补人格缺陷的漏洞

偏爱，对女生存偏见。有几次她站出来为女生辩护，反遭讥讽和嘲笑。于是，她公开宣称："我就是不喜欢男教师！"

上初三时，她的班主任是一位男老师。课堂上回答或讨论问题，老师都尽量以公平、民主的态度来对待男女生。针对农村女生胆小的特点，课外辅导时，老师经常主动询问她们有什么疑难，并不厌其烦地耐心讲解，慢慢地师生感情融洽了。

这时班主任才正面接触这位女生，给她逐一分析学校教师，从白发苍苍的老校长到刚刚毕业的新教师，他们的身上都有一种奉献精神，都是热爱和关心自己的学生的，只是他们处理问题时有时不那么细致，并引导她寻找这些老师身上的"闪光点"。慢慢地，她的成见消除了。学校一位青年男教师结婚，她组织班上同学在该教师的新婚典礼上，表演了许多精彩的文艺书目。

"逆反心理"是人对某类事物产生了厌恶、反感的情绪，做出与该事物发展背道而驰的行动的一种心理状态。

学生的"逆反心理''是一种消极的抵抗心理，这种心理一旦产生，就会形成一种固定的思维模式，对教师的教育乃至所有的言行都持否定的态度，使教育达不到预期的效果。而且久而久之还可能导致矛盾激化。因此，教师一旦发现学生对自己形成了"逆反心理"，应及时采取措施，予以疏导。

对"逆反心理"的追根溯源，要求教师要有敏锐的观察能力，善于及时从蛛丝马迹中发现"逆反心理"的萌芽，采取有效措施去进行疏导。

当一个人因遭受挫折引起强烈不满时，他可能会产生一种敌

心理学入门故事

对的心理，并表现出一种仇视、对抗的态度。有敌对倾向的青少年软硬不吃，好坏不听，常对他人抱有不友好的态度，甚至把别人对他的赞扬也看成是冷嘲热讽，把老师、同学对他的善意批评看作是恶意的挖苦，轻则置若罔闻，重则做出报复、破坏的举动。他们经常在班级搞一些恶作剧，有的甚至以对他人的戏弄或殴打为；在家里则顶撞父母，不愿听他们的话。

敌对情绪从何来

有一段时间，一向学习认真的汪锋同学上课总是分神，作业也马马虎虎。老师找他谈话，他也是一副不予理睬的模样。向其他同学了解情况后才知，原来是因为有一次上课点他回答问题，他没答上来，老师在班上严厉批评了他，因为那个问题是老师上堂课反复强调过的。而他上堂课由于生病请假没上。批评使他感到委屈，伤害了他的自尊心。

知道了症结所在，老师便主动检讨了自己的错误，并将他未听到的课给他重讲了一遍。很快，他又恢复到以前的良好心理状态，并与老师成了"朋友"。

不起提到逆反心理，每个人都可以举出不少例子。比如：对于先进人物的宣传，人们的反应不仅冷淡、反感，甚至贬低宣传及宣传者；当见到商品广告出现"价廉物美"字眼时，很多人的第一反应是"这种商品的质量肯定是次的"；还有人说："我一见到他就反感，一听到他讲话就不舒服"……凡此种种，都是逆

第三章 弥补人格缺陷的漏洞

反心理的表现。

究竟逆反心理的本质是什么,目前争议很大,可谓仁者见仁,智者见智。在各种关于逆反心理的说法中,《心理学大词典》的解释基本上把它的本质属性揭示了出来,是比较规范的:"逆反心理是客观环境与主体需要不相符合时产生的一种心理活动,具有强烈的抵触情绪的态度。"

孩子的逆反心理始终被认为有碍儿童身心健康。其实,逆反心理并非一无是处,它虽有妨碍孩子身心发展的一面,但也有很多正面效应。

首先,产生逆反心理使幼儿教育的弊端曝光。当前,幼儿教育在方式、方法上存在许多问题。比如,许多年轻的父母不了解儿童年龄特点和身心发展水平,对他们提出的要求过高,让儿童承受的学习任务过重,不知道儿童具有多方面发展的潜能和资质,具有多方面的兴趣和爱好,为孩子过早定向,强制儿童过早地从事长时间的专业训练。

也有些父母脾气暴躁,动辄打骂、罚跪、罚站甚至逐出门外。还有一些父母却相反,视自己的孩子为"太阳",一切以孩子为中心,百依百顺,本来孩子可以很好独自完成的任务,父母却要唠叨半天,甚至包办代替等等。孩子产生逆反心理,可以说正是这些教育弊端造成的。教养方式和手段违背孩子的天性,自然会引起孩子的抵触、对抗和逆反心理。可见,孩子逆反心理的形成"事出有因",它在一定程度上敦促人们对幼儿教育做出改进。

其次,逆反心理包含有许多积极的心理品质。儿童产生逆反心理,是其天性的自然流露。它从另一方面反映了幼儿自我意识

心理学入门故事

强，好胜心强，勇敢，有闯劲，能求异，能创新。现代社会充满竞争，迫切需要具有创造性思维、能开拓、能进取的人才。因此，父母要善于发现逆反心理中的创造性品质和开拓意识，并合理引导。只要引导得当，逆反心理是能够在现代社会发挥积极作用的。

再次，逆反心理在某种程度上能防止其他一些不良的心理品质的形成。逆反心理强的孩子，在不顺心的情况下，在愤怒、压抑、不满的时候，敢于发泄，他们不会让不愉快的事情长期滞留心中，他们不会让有碍自己身心健康的负情绪长期得不到释放，他们不会有畏缩心理、压抑心理，他们也不会懦弱、保守、逆来顺受。他们以这种形式保持心理平衡，有时也能起到维持身心健康的作用。因此，父母应善于发现逆反心理中的积极因素，并善加利用，而不应在孩子有逆反心理的时候，一味抱怨、恼火，甚至对孩子实行高压政策。

逆反心理的效应

青少年历来都受到心理学家、教育学家及家长的特殊关注。从十二三岁到十七八岁，是儿童生理上基本成熟，认识和情感有了飞速的发展，理想、信念、世界观开始形成的重要时期。在这个阶段，由于生理成熟与心理成熟的不平衡性，青少年心理发展呈现错综复杂、矛盾重重的局面，逆反心理的表现十分突出。青少年多数具有强烈的好奇心，受好奇心的驱使，他们喜欢新事物和新知识。

心理学研究表明，好奇心过强能形成一种特殊的心理需要，

第三章　弥补人格缺陷的漏洞

这种心理上的认知需要可以转化为学习活动的动机,诱发学习兴趣,促使和推动学习者去探索有关的事物和认知信息。青少年在学习中表现出来的不迷信、不盲从,具有较强的求知欲和探索精神,正是他们好奇心的具体表现。

一般说来,人们对于越是得不到的东西,越想得到,越是不能接触的东西,越想接触,这就是所谓"禁果逆反"。我们有些老师、家长禁止青少年做某事,却又不说明为什么不能做的理由,结果适得其反,使"不要吸烟"、"不要早恋"之类禁令达不到应有的预期效果。对于被禁止、批判的电影、文学作品、理论文章却怀着极大兴趣去观看、查阅……"被禁的果子是甜的",好奇心驱使青少年有时甘冒受惩罚的风险去尝也许并不甜的"禁果"。

有相当数量的青少年对学校、领导、教师的宣传,表现出一种不认同、不信任的反向思考。他们往往以社会上某些个别的不公正的事实来以偏概全地全盘否定正面宣传。同样,也有一些青少年不能从全局出发,从一定高度上去把握现实,片面地夸大社会主义制度的某些不完善和资本主义制度的某些可取之处,有时甚至进行有意无意的反面宣传。

在教育过程中,许多教育者和家长都希望通过先进人物的感人事迹来教育感染青少年,唤起他们的热情,以期达到激励后进的目的。但结果却往往适得其反。先进人物被说成是沽名钓誉的"投机家"或"傻子",有些人无端怀疑这些先进人物的动机,进而否定他们的先进事迹。对于身边的榜样,则冠以"拍马屁"给予排斥和嘲笑。

心理学入门故事

在一些青少年当中，打架斗殴被看作是有胆量；与老师、领导公开对抗被视为有本事；哥们义气等不良的行为却赢得了很多人的认同。而乐于助人、爱护集体、爱护公物、遵守校规校纪的青少年则被肆意讽刺、挖苦，造成在集体氛围里好人好事无人夸，不良倾向有市场，正不压邪的局面。

有逆反心理的青少年，对于思想政治教育十分冷淡，认为思想政治教育大而空、形式化，不符合青少年的现实生活，对思想教育、遵章守纪要求有着消极的抵抗心理。因此，对思想政治教育采取应付、抵制、消极对抗的态度。

用关爱化解逆反心理

身边的很多例子告诉我们，敌对心理对人尤其是对于心理尚未成熟的青少年来说，是存有一定危害的。如果要让他们健康成长、快乐生活，努力学习，必须纠正他们敌对、叛逆的异常心理，多一些关爱与理解，让人与人的心灵真正握手！

多与父母、老师沟通，让他们多了解自己。这是敌对、叛逆者最有效的良方，是心灵握手的第一步。以前，往往因不了解而引起很多不大不小的误会或偏见，造成交流的堵塞，引起孩子的敌意。

无论你是孩子还是家长或是老师，我们应该多制造一些机会交流沟通，互相了解对一些问题的看法，知道哪些地方需要双方都进行改进，这样就可以化解误会，增进了解。只有双方都得到更多的支持，学习和生活才会开始良性循环。

对于学生而言，要发挥自己的强项。任何人都不是一无是处，都有自己的优势，自己的弱项。虽然你学习成绩不怎么样，但你

第三章　弥补人格缺陷的漏洞

能歌善舞、能写会画、体育能力出众，只要尽情发挥，这也是成功、胜利。如果你把时间用于对自己优势能力的挖掘发挥，你就没有心思用敌对方式向世界表示你的不满了。

还有，不要吝啬，多给自己一点积极暗示。如果说你与你的父母老师简直无法沟通，你又是一个非常平凡的人，几乎各方面都没有特别突出的才能，你也用不着灰心丧气，不然的话会对自己的健康造成极大的伤害。最佳的做法是常给自己积极的暗示，每天可不定时地对自己说我很快乐，我很幸福之类的积极话语。保持愉快的心态，不但可以减轻你的敌对倾向，而且可在学习生活中给你正面的影响。

总之，不要整天一副世界对不起你的样子，让自己的眼神柔和一些，让自己的微笑自然一些，进步就在不远处。

测试：你有逆反心理吗？

对下列题目，做出"是"或"否"的回答。

状 态 描 述	是	否
1. 你不喜欢按照别人说的去做吗？		
2. 你是否认为绝大多数规章制度都是不合理的，应该废除？		
3. 如果父母再次叮嘱同一件事，你就感到厌倦吗？		
4. 你佩服与老师对着干的同学吗？		
5. 你经常考虑事情的反面吗？		
6. 你是否对班干部指手画脚很讨厌，而故意不按他（她）的要求去做？		

状 态 描 述	是	否
7. 老师和父母越是要你用功学习，你越是不想学吗？		
8. 老师的话很多都有漏洞、问题吗？		
9. 你喜欢与众不同吗？		
10. 违反学校里的某些规定使你感到一种快乐吗？		
11. 别人的批评常常引起你的反感和愤怒吗？		
13. 你是否认为老师有很多缺点和错误？		
14. 你喜欢搞一些使被捉弄者痛苦或愤怒的恶作剧吗？		
15。你是否觉得父母和老师不应该为一些事大惊小怪、小题大做？		
16. 你藐视权威吗？		
17. 对批评你的人，你都感到厌倦吗？		
18. 你是否认为冒险是一种极大的快乐？		
19. 你总是不像大多数人那样去做事吗？		
20. 对自己感到没有意思的事，别人怎么说你也不会好好去干吗？		
21. 体特别爱做令人大吃一惊的事吗？		
22. 人们对你很不重视吗？		
23. 一旦决定了干某事，不管别人怎样阻止你，你也不会改变主意吗？		
24. 你总是对老师表扬的同学感到反感，不想理睬那个同学吗？		

第三章　弥补人格缺陷的漏洞

状 态 描 述	是	否
25. 你喜欢干一些能引起很多同学注意的事吗？		
26. 当你被别人说得火冒三丈时，你就会偏不按照他说的去做吗？		
28. 你讨厌那些当班干部的同学吗？		
29. 你认为上课时出现一些老师没有意料到的情况令人开心吗？		
30. 对伤了你的自尊心的人，你是否要给他添一些麻烦，让他感到你是不好惹的？		
31. 越是禁止的东西，你越要想方设法得到吗？		

评分分析：

各题答"是"得1分，答"否"得0分，将得分相加，统计总分。

0～9分：你的逆反心理很弱。这使你只做并且只喜欢做该做的事，而不去做不该做的。

10～20分：你存在一定的否定倾向。激动时你可能丧失理智、意气用事，有时会做一些不该做的事。

21～30分：你有相当严重的逆反心理。你所想的和所干的与众不同，与习俗和规定不符。如果你不清醒地意识到这一问题，并不努力加以克服，你只能是一个不受大家欢迎的独行者。

远离贪婪的无底洞

1856年，俄亥俄州的亚历山大商场发生了一起盗窃案，共失

心理学入门故事

窃8只金表，损失16万美金，在当时，这是相当庞大的数目。

就在案子尚在侦破中，纽约商人罗森到此地批货，随身携带了4万美元现金。当他到达下榻的酒店后，先办理了贵重物品的保存手续，接着将钱存进了酒店的保险柜中，随即出门去吃早餐。

在咖啡厅里，他听见邻桌的人在谈论前阵子的金表盗窃案，因为是当时的新闻，这个商人并没有太在意。

中午吃饭时，他又听见邻桌的人谈及此事，他们还说有人用1万美元买了两只金表，转手后净赚3万美元，其他人纷纷投以羡慕的眼光说："如果让我遇上，不知道该有多好！"

然而，罗森听到后，却怀疑地想："哪有这么好的事？"

到了晚餐时间，金表的话题居然再次在他耳边响起，等到他吃完饭，回到房间后，忽然接到一个神秘的电话："你对金表有兴趣吗？老实跟你说，我知道你是做大买卖的商人，这些金表在本地并不好脱手，如果你有兴趣，我们可以商量看看，品质方面，你可以到附近的珠宝店鉴定，如何？"

罗森听到后，不禁怦然心动，他想这笔生意可获取的利润比一般生意优厚许多，所以他便答应与对方会面详谈，结果以4万美元买下了传说中被盗的8只金表中的3只。

但是第二天，他拿起金表仔细观看后，却觉得有些不对劲，于是他将金表带到熟人那里鉴定，没想到鉴定的结果是，这些金表居然都是假货，全部只值2000元而已。直到这帮骗子落网后，商人才明白，从他一进酒店存钱，这伙骗子就盯上了他，而他一整天听到的金表话题，也是他们故意安排设计的。

第三章　弥补人格缺陷的漏洞

歹徒的计划是，如果第一天罗森没有上当，接下来，他们还会有许多花招准备诱骗他，直到他掏出钱为止。

因为贪心而迷失方向的人比比皆是；因为贪图，而丧失天良的人也随处可见。贪欲不仅可怕，也是导致许多人失败的原因。

适当的物欲能产生上进的动力，但欲望太盛的人也常会因其贪得无厌而被欲望的重负活活压死。

事实上，我们所拥有的，并不少，而仅仅因为欲望太多就使自己不满足，甚至憎恨别人所拥有的或期望比别人拥有更多，以致心里产生忧愁、愤怒和不平衡；欲望太多，就会导致心理贫穷！

托尔斯泰说："欲望越小，人生就越幸福"，同理，我们也可以说欲望越多，就越容易致祸，古往今来，多少人欲壑难填，多少人被贪婪打败，所以，生活中，我们一定要减轻欲望，懂得舍弃，只有这样才能从贪婪中解脱，从而获是心安理得。

曾有人说：欲望像海水喝的越多，越是口渴。欲望过多，不要节制，就变成了贪婪。贪婪并非遗传所致，是个人在后天环境中受病态文化的影响，形成自私、攫取、不满足的价值观而出现的不正常的行为。贪婪没有满足的时候，越加满足，胃口就越大。

贪婪的人每天生活在殚精竭虑、费尽心机的算计中，更有甚者可能会不择手段，走向极端。所以，在生活中，我们要远离贪婪的黑洞，放平心态，只有这样我们才能轻松地面对得与失的每一刻，平静地对待生活的每一次起伏。

心理学入门故事

心灵不堪重负

　　据说上帝在创造蜈蚣时,并没有为它造脚,却可以爬得和蛇一样快速。有一天,它看到羚羊、梅花鹿和其他有脚的动物都跑得比它还快,心里很不高兴,便嫉妒地说:"哼!脚越多,当然跑得越快。"

　　于是,它向上帝祷告说:"上帝啊!我希望拥有比其他动物更多的脚。"

　　上帝答应了蜈蚣的请求。他把好多好多的脚放在蜈蚣面前,任凭它自由取用。

　　蜈蚣迫不及待地拿起这些脚,一只一只地往身体上贴去,从头一直贴到尾,直到再也没有地方可贴了,它才依依不舍地停止。

　　它心满意足地看着满身是脚的自己,心中暗暗窃喜:"现在我可以像箭一样地飞出去了!"

　　但是,等它一开始要跑步时,才发觉自己完全无法控制这些脚。这些脚劈里啪啦地各走各的,它非得全神贯注,才能使一大堆脚不致互相绊跌而顺利地往前走。

　　这样一来,它走得比以前更慢了。

　　过度的欲望让蜈蚣步伐缓慢、举步维艰,而人的心里一旦产生过分的欲望,终有一天,也会产生超载的现象,而这种负面的结果是不堪设想的。

　　汤玛斯·富勒说:"满足不在多加燃料,而在于减少火苗;不在于累积财富,而在于减少欲念。"

第三章　弥补人格缺陷的漏洞

贪欲会使人的精力和体力双重透支。放下贪欲，追求平实简朴的生活，是获得快乐的最简单的方法。

当欲望产生时，再多的得到都无法填满，贪多的结果只会带来无穷尽的烦恼和麻烦。学会接纳自己、欣赏自己，使我们从故念的无底深渊中得到释放与自由，是快乐的始发站。

有人说欲望就像是一条锁链，一个牵着一个，永远都不能满足。

我们每个人都有欲望，但欲望多了，人生就会变得疲惫不堪。每个人都就学会轻载，更应当学会知足常乐，因为心灵之舟载不动太多的重荷。

宋学大家程颐所讲："一念之欲不能制，而祸流于滔天。"古往今来，贪婪成性的大有人在，因贪婪而身败名裂，甚至招致杀身之祸的人就更是不胜枚举了。而驱使他们做出种种抉择的唯一动力便是贪婪的心态。

恩格斯曾鲜明地指出：卑劣的贪欲是文明时代从它存在的第一日起直至今日的动力；财富，财富，第三还是财富——不是社会的财富，而是这个微不足道的单个的个人的财富。这就是文明时代唯一的、具有决定意义的目的。

叔本华说，意志创造了世界却对人的自身无补，人们永远无法满足自己的欲望，永远受到欲望的煎熬，而这则是人生悲剧的根源。也有人说人的心灵之所以走入困惑本质源于欲望。

其实欲望并非万恶之源，它既能使人堕落，又是人类进步的阶梯。假如每个人都进入无知无欲的状态，那社会以及整个人类都会倒退，甚至再度回到小国寡民的社会之中去。但是，千万不

心理学入门故事

忘了欲望要有个度。

知足常乐，不被贪欲所奴役

法国杰出的哲学家卢梭用一句特别经典的话形容现代人的物欲，他说："10岁时被点心、20岁被恋人、30岁被快乐、40岁被野心、50岁被贪婪所俘虏。人到什么的时候才能只追求睿智呢？"的确人心不能清净，是因为物欲太盛。人生在世，不能没有欲望。然而，物欲太强，你就会沦为欲望的仆人，一生也不会轻松。

实际上，物质上不足是一种病态，其病因多是权利、地位、金钱引发的。这种病态如果引发下去，就是贪得无厌，其结局是自我爆炸，自我毁灭。

托尔斯泰曾讲过这样的故事：有一个人想得到一块土地，地主就对他说，清早，你从这里往外跑，跑一段就插个旗杆，只要你在太阳落山前赶回来，插上旗杆的地都归你。那人就不要命地跑，太阳偏西了还不知足。太阳落山前，他是跑回来了，但已精疲力竭，摔个跟头就再没起来。于是有人挖了个坑，就地埋了他。牧师在给这个人做祈祷的时候说："一个人要多少土地呢？就这么大。"正像《伊索寓言》里所说的："有些人因为贪婪，想得到更多的东西，却把现在所有的也失掉了。"

所以生活中我们应该明白：即使你拥有整个世界，但你一天也只能吃三餐。这是人生思悟后的一种清醒，谁真正懂得它的含义，谁就能活得轻松过得自在，白天知足常乐，夜里睡得安宁，

第三章　弥补人格缺陷的漏洞

走路感觉踏实，蓦然回首时没有遗憾！

唐代伟大的文学家柳宗元曾写过一篇名为《蝜蝂传》的一散文，文中说，有一种善于背负东西的小虫蝜蝂，行走时遇见东西就拾起来放在自己的背上，高昂着头往前走。它的背发涩，堆放到上面的东西掉不下来。背上的东西越来越多，越来越重，不停止的贪婪行为，终于使它累倒在地。

人赤条条地来去于这个世界上，不可能永久地拥有什么，当你煞费心机所获取来的又在自己赤条条地离开之前交给他人的时候，那将是怎样的一种心态呢！相反，假使我们能对我们现有的一切感到满足，那么，我们便会活得洒脱得自得其乐，幸福也在其中。所以有人提出："人生是这样短暂，我们纵然身在陋巷，也应享受每一刻美好的时光。"

排除吝啬的痼疾

从前有一个非常吝啬的人，他从头上的每一根头发到脚上的每一个脚趾头都很吝啬，他从来没有想过要给别人东西，连别人叫他讲"布施"这两个字，他都讲不出口，只会"布、布、布……"个半天，好像一讲出这两个字，自己就会有所损失。

佛陀知道了这件事后，就想去教化他，于是到了他住的城镇去开示。佛陀告诉大家布施的功德：一个人这辈子之所以富有，比别人长得高、长得帅，所有一切美好的事物，都跟上辈子的布施有关。这个吝啬的人听了佛陀的教示之后很感动，可是他仍然

心理学入门故事

布施不出去,他为此深感烦恼,便跑去找佛陀,对佛说:"世尊呀!我很想布施,但是做不到。"

佛陀从地上抓了一把草,把草放在他的右手,然后要他张开左手,佛陀说:"你把右手想成是自己,把左手想成是别人,然后把这把草交给别人。"这个吝啬的人一想到要把这把草给别人,就呆住了,想得满头大汗,仍然舍不得给出去,最后,他突然开悟:"原来左手也是我自己的手。"就赶紧把草给出去,自己也为此深感欣慰。第二次他只约花了一分钟,就把草给出去。后来,他只要很简单地就可以把草给出去。

佛陀又说:"现在你把草放在左手,把右手张开,将草交给别人。"第一次他也是想了半天才给出去,第二次他很容易就交出去。最后,佛陀对他说:"你现在把这把草给别人。"他便把这把草给了别人。

经过不断的练习,这个有钱人便把财物布施给别人,最后把身体也布施给了别人,结果证得了菩提。

吝啬,就是小气。吝啬与吝惜不同,吝惜指对所有财物十分珍惜,不浪费,不大手大脚,是一种勤俭节约的好行为。《三国志·魏志·王萧德评》曰:"吝惜财物,而治身不秽。"意谓珍惜财物,不铺张浪费,是一种好品德。教育家徐特立早期在长沙办学,非常勤俭,常常将别人丢弃的半截粉笔拿来写字。他曾在诗中写道:"半截粉笔犹爱惜,公家物件总宜珍。诸生不解余衷曲,反谓余为算细人。"而吝啬则是一种不正常的心态和行为。《三国志·魏志·曹洪传》曰:"始洪家富而性吝啬。"《颜氏家训·治家》曰:"吝者,穷急不恤之谓也。"可见吝啬是一种有能力资助或帮助他人,却不肯付诸行动的行为。

不成为一毛不拔的"铁公鸡"

吝啬之人都非常计较个人的得失,遇事总怕自己吃亏。他可以大慷公家之慨,对个人利益却丝毫不能让步,总是高估人家低估自己,永不知足,因而也具有贪婪之心。吝啬之人非常看重自己的财富与利益,为了既得利益,可以六亲不认,甚至"鸡犬之声相闻,老死不相往来"。对别人的苦楚显得冷漠无情,毫无怜悯之心,甚至落井下石。

吝啬之人很少参与社会活动,也不关心周围的事物,"事不关己,高高挂起,明知不对,少说为佳"。他们不愿帮助别人,因此很少有知心朋友,有了困难也就很难得到他人的帮助。

如今有一个独特现象,越是大城市,越是收入高的地区,人们就越吝啬、越计较个人的得失;而在边远的山区村寨,人们的收入水平很低,却乐意帮助乡邻。在美国出现的 AA 制,也许是经济平等,保持独立的一种做法,但是也滋生了吝啬、冷漠、自私的心理。吝啬之人的另一个称呼,就是"一毛不的"铁公鸡"。

水能载舟亦能覆舟

钱是什么?为什么大多数的人都会在某方面对它觉得非常不舒服?这是一个棘手的问题,因为金钱并不是像它所表现出来的那样,金钱所涉及的是更深的部分,金钱并非只是表面一种的流通工具而已,它跟你内在的头脑和态度有关。金钱是你对东西的

心理学入门故事

喜爱，金钱是你对人的逃避，金钱是你面对死亡的安全，金钱是你想控制生命的努力，金钱代表一千零一件事，金钱并非只是流通的工具，否则事情就容易多了。

金钱是你的喜爱——对东西的喜爱，而不是对人的喜爱。最舒服的爱是对东西的爱，因为东西是死的，你可以很容易就拥有它们。你可以拥有一间很大的房子，或是一座皇宫，甚至连最大的皇宫你也可以很容易就拥有，但是即使一个最小的婴儿你都无法拥有，甚至连那个婴儿都会拒绝，甚至连那个婴儿都会为他自己的自由而抗争。一个婴儿，不管他是多么小，对一个想要占有的人来讲都是很危险的，他会反抗，他不让任何人来拥有他。金钱不会反抗，但是你将不会有任何满足，因为唯有当你爱一个人，你才能够有深层的满足。

那就是为什么那些吝啬的人变得非常丑，因为从来没有人对他们的爱有所反应。如果没有爱降临在你身上，你怎么美得起来呢？你一定会变丑，你一定会变得封闭。一个拥有金钱或是试图去拥有金钱的人是吝啬的，他将会永远都害怕人，因为如果你跟人们亲近，你就必须开始分享。如果你允许某人亲近你，你就必须同时允许某些分享。

那些喜爱东西的人会变成像东西一样——死的、封闭的，没有什么东西在他们里面震动，没有什么东西在他们里面唱歌跳舞，他们的心已经失去了跳动，他们过着一种机械式的生活，他们拖着生命在走，他们背负了很多东西，但是他们没有任何自由，因为只有爱能够给你自由；唯有当你给爱自由，爱才能够给你自由。

我们并不反对金钱，并不是说："把你的钱拿去丢掉。"因

第三章　弥补人格缺陷的漏洞

为那又是另外一个极端。一个为了钱而受很多苦的人,一个执著于金钱而不能够爱任何人或是不能够敞开心灵的人,到最后会感到非常挫折而将所有的钱都抛弃,放弃世俗而跑到喜马拉雅山上去,进入西藏的僧院去当喇嘛。

钱并不是为它本身而存在的,它是为生命而存在的。

学会"布施",改变吝啬的面孔

由于现代社会经济发展迅速,吝啬行为已不再限于财务,而扩展到更广阔的领域,当今的吝啬行为可谓五花八门。吝啬是自私、冷漠的衍生物,破坏了人类所固有的仁爱之心、同情之心。

人与动物的最大区别就在于人具有社会性,吝啬之人极度自私,不给别人任何帮助,将人的本性降格为动物般的本性。吝啬破坏了人类美好的社会关系、伦理关系和道德关系。物质与精神上的吝啬心理将会对一些社会成员造成精神及肉体上的伤害。

有句话说道:钱不是万能的,但是没有钱是万万不能的,这话之所以精辟,是它道尽了钱和人之间微妙的相互关系。人活在世上,的确需要钱才能生活下去,开门五件事:油盐酱醋米,总是要对付过去的,因为我们不是不识人间烟火的人。但是还有比钱更重要更珍贵的东西,比如亲情与友谊,这种情意上的牵绊,是刻骨铭心的。大千世界中,谁也不愿做孤家寡人,而在人与人相处的过程中,彼此的关心与帮助也是不可缺少的。每个人都有需要别人帮助的时候,今天帮人一把,日后自己有难处,也定会得到他人的关心和帮助。一句话,我们不要再做那只一毛不拔的"铁公鸡"。

心理学入门故事

测试:你有吝啬心理吗?

对下面的问题回答"是"或"否"。

状态描述	是	否
1. 非常计较个人的得失,遇事总怕自己吃亏。		
2. 非常看重自己的财富与利益。		
3. 为了既得利益,可以六亲不认,对别人的苦楚显得冷漠无情,毫无怜悯之心,甚至落井下石。		
4. 很少参与社会活动,也不关心周围的事物。		
5. 不愿帮助别人,因此很少有知心朋友。		
6. 可以大慷公家之慨,对个人利益却丝毫不能让步,总是高估人家低估自己,永不知足,因而也具有贪婪之心。		
7. 和朋友一起外出吃饭时,从不主动抢先要求付账。		
8. 经常苛求自己和他人,不愿为他人甚至自己的亲人白花一分钱		
9. 很少逛街买东西。		
10. 丢失一点财物,就会愁苦好些日子。		

评分分析:

答"是"得2分,答"否"得1分。

如果地得分在8~20分之间,你有强烈的吝啬心理;得分在2~8分之间,你只有轻微的吝啬心理;得分在2分以下,你没有吝啬心理。

第三章　弥补人格缺陷的漏洞

勒堵邪恶邪念的滋生

香港电视连续剧《还我今生》中的世杰，8岁因意外患上抽搐症，处于半植物人状态，其兄在父亲残疾、母亲另嫁的情况下，呕心沥血地维持了一家，并不惜一切代价使其起死回生。而他康复后，为了满足私欲，先是抢占了哥哥的未婚妻，又认仇人为父，气死亲生父亲，最后发展到逼死亲生母亲、谋杀亲哥哥，一系列行为可谓丧尽天良，毫无人性。

世杰的人格为常人所无法接受，甚至无法理解。而仔细分析下我们就会发现世杰的人格形成和他从小父母对他的教育是分不开的，如世杰小时干了坏事，自己一推了之，老是让哥哥背黑锅挨打，而其母却因其成绩好聪明灵活，百般偏爱袒护，忽视了对他的品行教育，以至酿就了他后来极端自私的人格。

用病理心理学原理分析，其人格属于一种比较典型的反社会性人格障碍。这是一种犯罪型人格障碍，其基本特征是没有"良心"，干了坏事一点儿也不觉得难过，对别人的痛苦漠不关心，且总是将自己的幸福建立在别人的痛苦之上。这种类型的人一般智力发展发育良好，只是私欲极重，不择手段地去攫取，富于攻击性和破坏性。

现实生活中，具有反社会性人格障碍倾向的人不在少数，他们为了自己私欲，有的营私舞弊、贪污诈骗，有的杀人放火、拐卖儿童，有的卖淫嫖娼、走私贩毒，给社会、家庭带来极大危害。

祖祖辈辈以杀人为生的职业刽子手，若是在行刑前想到磨快

心理学入门故事

屠刀，让受刑者少一点死前的痛苦，那一念就是善；普通人在日常生活中见到不幸的人而生比较之心而不是同情之心，那一念就是恶。

人性中有善也有恶。恶的那一部分，往往被压在我们自己都无法察觉的地方，并且以我们同样无法察觉的方式影响着我们的心情和行为。心理学的主要任务，就是把这些恶暴露在光天化日之下。

善良不是一种愿望，而是一种能力。一种洞察人性中的恶的能力，一种把他人的痛苦完整地理解为痛苦的能力。做一个人最重要的，也许就是学习善良。

被邪念冲昏的天之骄子

近两年，有关大学生的负面报道频频出现，"清华学生硫酸泼熊事件"的网上热论方兴未艾，"马晓明被劝退杀害亲人的惨案"、"某大学生夜闯女生楼被捕"、"湖南一大学生因感情纠葛杀害女友并肢解"、"成都一大学生用微波炉烧烤幼犬"等报道又接踵而来，最骇人闻的是"马加爵杀人案"……一连串近乎疯狂的举动，让人触目惊心，不禁要问一句，当代大学生——天之骄子，你们究竟怎么了？

先暂且撇开这些血淋淋的事件不说，"大学生"是我们这个社会中受欢迎的群体之一，在社会公众的普遍心理上，他们是高素质、有修养的代名词。但上述事件的发生也似乎告诉我们这样一个事实，那就是"大学生"在心理上出现问题的概率极大。不

第三章 弥补人格缺陷的漏洞

少权威研究人员和研究机构指出，大学生是一个特殊群体，社会要求高、家庭期望高、个人成才欲望强烈。但由于他们心理发展处于尚未成熟阶段，缺乏社会经验，加之为在激烈的高考竞争中取胜，几乎全身心投入学习，心理比较脆弱、适应能力差、情绪不稳定，心理失衡常常发生，是心理障碍高发易发群体。有研究数据表明，大学生的各项心理指标都高于国内正常人群，而且差异显著。

然而令人遗憾的是，许多大学生心理处于"亚健康"状态这一事实并没有引起高校的足够重视。到目前为止，几乎所有高校推出的基本上还是高分高压的应试教育，思想素质教育和心理教育长时间内得不到重视。尽管许多高校都将《大学生思想道德修养》作为必修课，却多半是走走形式而已。至于心理教育，在高校教育课程中恐怕更是稀罕。因此，高校尽快走出教育误区，是尤为关键的。

另外，如今媒体对所谓"大学生"的负面举动铺天炒作，有多少用意落在谴责肇事者的畸形心理以及埋怨教育盲区之上，还真令人有几分怀疑。善意的劝慰及警醒当然是需要的，同样有个度的问题，炒作过头了，刺激部分具有犯罪萌念者的精神感官，促使其邪恶心理战胜理智……这种效果，与良好出发点是相悖的。

如某网站相关专题报道中所说，大学生犯下的错误，决不仅仅是个人的原因，值得家庭、学校乃至整个社会深入反思。笔者拙见，反思检讨并非嘴上说说而已，而应在行动上有所展示。在事情真相尚未盖棺定论前，铺天宣扬暂且缓行为佳。但有一点是可以做的，即告诫所有有铤而走险倾向之人：一失足成千古恨，再回头已百年身。

"善良教育"要及早

近日,听到一名家长这样教育上幼儿园的孩子:"和小朋友打架要狠,打不过你就咬他、抓他。"言语之中虽然充满了对孩子的关爱,但这种教育方法实在让人难以苟同。

其实,在现实生活中,我们有不少家长对孩子有过这样的教育方式,总是要求孩子要对别人怎样,却不要求孩子做到什么,这样极易使孩子养成任性的习惯,缺少内在的善良本质。

据报道,德国非常重视对孩子的善良教育,这种"善良教育"是从爱护动物、同情弱者、宽容待人、唾弃暴力等方面着手。爱护小动物,这是德国许多幼童善良教育的第一课;中小学生主动帮助盲人、老人过马路早已蔚然成风;宽容待人、严以律己,被普遍认定为一个人善良品质的重要方面;对影视中出现的暴力镜头,大人总是告诫孩子们持对暴力的批判态度,引导孩子树立与人和平共处的心态。

笔者以为,德国"善良教育"的做法,很值得我们借鉴。首先,善良教育可以更好地培养孩子的善良品质,有利于孩子的健康成长和成才。作为家长我们不可以在孩子面前推翻孩子在幼儿园、学校已经形成的善良意识,在生活的各个方面都应加以循循善诱,使他们在身体健康成长的同时,也使善良的品质健康"成长"。由于孩子具有极强的可塑性,加强对他们的善良教育,可谓是善莫大焉。

第三章 弥补人格缺陷的漏洞

其次,善良教育有助于孩子形成良好的公民道德意识,培养他们良好的待人接物的习惯,对于孩子今后形成以善为本的人生观,有着举足轻重的意义。前不久,有报道说,某校两名大学生,以打捞手机为名,将两名民工骗入校内冰凉的水池中,结果招致许多在校学生围观。这些大学生的做法,其实都是缺乏基本的善良品质。

第三,善良教育是我们推动社会主义精神文明建设的一个基本要求,有利于树立良好的社会风气。因此在加强对孩子善良教育的同时,我们每个人都应该用善良的行动,去影响和引导他们,教育他们以善良的品质开始善良的人生。应当说,善良教育是我们这个社会不可或缺的重要一环,它希冀着人生美好的未来,以善良之心对待人生,这是一个人应当一生追求的道德规范。因此,善良教育值得倡导,我们的家长切不可忽视,否则,"善"花结出恶果来,则悔之晚矣。

因此,采取有效措施,预防和矫正儿童、少年的品行障碍是非常重要的。

首先,要进行道德情感的教育,尤其要进行责任感和义务感的教育,让儿童知道自己作为一个人,不能光享受,还应履行义务和责任。

父母要注重自身的修养,为孩子树立良好的道德榜样,给他们创造一个健康的生活环境和学习环境。对儿童少年的不良行国倾向,要及时进行教育、批评,将其消灭在萌芽状态,切不可掉以轻心,甚至包庇纵容。从身边的一点一滴做起,以身作则分清善恶正邪,在原则性率问题上千万不能乱了方寸,颠倒黑白,以

心理学入门故事

免在不知不觉中对孩子赞成不良的影响,酿成后患。

拥抱善良,摒弃邪恶

拥抱着善良,我们就会拥有一种美好的感觉,就会拥有一种亮丽的情怀;平凡的生命便会显得生动起来,普通的世界便会渲染出迷人的色彩。

相反,如果您胸中没有善良的情愫,您也就失去了一颗平和的心,您便不会用一种平和的心态对待您所际遇的人和事。之所以有那么一种拔一毛利天下而不为的人,关键的问题并不是这种作为本身给他带来多少损失或利益,而是这种人的世界观、人生观、价值观使他根本不能容忍或接受这种行为。这种人的胸中除了自私、狭隘,已经容不下与他自身利益并无大碍或者并无根本利害冲突的善良,除了幸灾乐祸或我不幸天下人皆应不幸的这种阴暗心理之外,我们很难在这种人身上找到其他更多的情怀。因为这种人远离了善良,随之而来的嫉妒、仇恨、不平便会把他燃烧得焦躁不安。所以,这种人不但容不得他人发财、升迁,甚至看不惯他人拥有良好的心情和灿烂的笑容。凡是与他不能利益与共的人便都成了他臆想的对手,于是也就成了他防范或攻击的对象。其实这种人真的活得很苦、很累,很令人为他悲哀。

对于芸芸众生来说,也许创造辉煌或走向伟大确实不是一件容易的事,但要拥有一颗平和而善良的心,并以此善待社会、善待他人又似乎是一件并不那么复杂、那么困难的事。给迷途者指条路,向落难者伸出一只手,用会心的笑祝贺友人的成功,用真

第三章 弥补人格缺陷的漏洞

诚的话鼓励失落的同事等等,这种看似轻而易举的行动,其实并不仅仅只是种朴素的善良,而是用善良浸润后的灵魂折射出来的人格的光辉,是经过善良沐浴后而散发出来的平和心态。

经过这种人格光辉照耀和用平和心态武装起来的人就一定会拥有一种美好的感觉和亮丽的情怀,他便会经常陶醉在因善良的举动而引发出来的幸福之中,而不会因为愧对他人或心存嫉恨而产生无缘无故的内疚或愤怒。因此,无论是观景、观物,看人、看事,都会从内心深处荡漾出平和而温馨的幸福。

当然,我们所倡导的善良并不是善恶不辨、是非不分,对坏人、坏事一味放纵、宽容的那种毫无原则的愚善,而是意在弘扬真、善、美这三位一体的善良之光。我们这里所说的善良,同西方寓言《农夫与蛇》的故事中的那位农夫的"善良",同我国古代寓言《东郭先生与狼》中的东郭先生的"善良",是完全不同的两码事。

因此,我真诚地祈祷着人们无私无怨地拥抱善良。因为,拥抱着善良,我们便有了海的浩瀚和大地的宽广,拥有了鲜活的人生和无限的时空,生命万物便会因为善良的滋润而显得生动明丽,多彩的人生便会因为拥抱善良而更加丰盈。

第四章
卸下精神压力的负担

心理学上,压力(Stress)也叫应激,最早于1936年由加拿大著名的生理心理学家汉斯·薛利(Hans Selye)提出。他认为压力是表现出某种特殊症状的一种状态,这种状态是由生理系中因对刺激的反应所引发的非特定性变化所组成的。

就现代人来说"压力"几乎是无所不在,我们从出生就背负上了压力。儿时肩负着父母的期望,在学校希望你能名列前茅、在家里又希望你懂事,做一个品学兼优的好孩子;长大后又希望你能找个好工作、收入稳定;接下来就是希望早点成家立业……如此一直期望下去。

这样,我们身上的压力总是不断的一重一重的积压,而我们所面对的现生活又带来更多的压力——工作、经济、疾病、环境等等,这些压力有时真像一座座小山,压得我们喘不过气来。

心理专家说,"压力"是现代社会人们最普遍的心理和情绪上的体验。所谓"人生不如意十之八九",也就是说谁的一生,都不可能一帆风顺,坎坷挫折时有发生,面对种种不"如意",人们常常会焦虑不安,内心体验到压力的沉重。

生活在现代社会,承受压力是不可避免的。但是过度的压力总是与紧张、焦虑、挫折联系在一起,久而久之会破坏人的身心平衡,造成情绪紊乱,精神失常,生理机能下降,从而损害身心

第四章 卸下精神压力的负担

的健康。那么，面对如此沉重的压力我们该怎么办？怎么做才能使压力减小到最低值？

拆散工作压力的巨网

徐林是一家外企的工程师。由于企业的私有性质和随时存在的裁员压力，他必须长时间工作以满足外企老板的额外要求。他是个十分尽职尽责的人，一切以自己的工作为重，同事们都很喜欢和尊敬他。

后来，因为部门经理调到了别处，他接任了该项职务。由于他是追求完美的人，每次都确保自己部门的计划能够出色地完成。为了在要求的时间内完成任务，他每天晚上都工作到很晚，周末还要加班，同事们都戏谑地称他是"不知疲倦的机器人"。

但是，在一天的早上，同事来上班在部门的电梯里发现了他。他瘫倒在那里，不省人事，左手提着公文包，右胳膊还抱着一沓厚厚的工程学据。后来，人们得知，徐林在同事们下班回家后，一个人又加班到深夜。在他准备下班回家，不料却全身不支，瘫倒在电梯里。

有关部门着手调查在职员工的压力问题。调查报告指出，大约有40%的员工的压力问题令人担忧。

心理医生反应，在强大的工作压力下会导致人身产生多种疾病。常见的有精神恍惚，失眠，不能很好地入睡或休息；还会导

心理学入门故事

致肠胃疾病，食欲不振，消化不良；更多的人则表现为郁郁寡欢，情绪低落，对工作与生活都失去热情。另外，还有多种疾病也是因为操劳过度，积劳成疾引起的。因此，在今天激烈工作的竞争中，人们一定要慎重，首先要注意身体，因为健康才是"革命的本钱"。下列是一些常见职业疾病的危害应对，可供参考：

失眠的危害及应对。

现在很多白领阶层都工作到深夜，有时甚至通宵达旦地工作，但是因工作关系又要起早，使睡眠没有规律，生物钟紊乱，破坏人脑的"睡眠装置"，从而引起失眠。他们往往晚上难以入睡，夜里稍微有声音就会醒来，导致白天没有精神，哈欠连天。

这些因为不良的生活习惯、压力过大、长期心理压抑等原因，常年受着入睡困难、多梦、早醒等问题的困扰。有些失眠者的免疫力也因此受到很大程度的损害，最终引发高血压等疾病。

因此，工作再忙也要做到劳逸结合。合理安排工作和休闲，并勇于尝试各种有效的放松方式，为自己的情绪宣泄找一个出口；要加强自身性格的修养，遇事不慌，加强专业知识的学习，不断接受新知识新技能，就能轻松地应对自如，保持平和心态。

肠胃疾病的危害及应对。

这种病症表现为：消化不良、消化性溃疡，这两种病都与工作和生活状态有密切联系。表现为整天吃不下，见到饭就有"够了"的感觉，导致食欲不振，有时候甚至胃痛得厉害。

由于现在生活节奏加快、工作效率提高，尤其是工作的紧张程度更是大幅度提高，所以情绪不好和心理压力过大就会导致饥一顿饱一顿，而且有些年轻人为了减肥甚至打消了吃饭的念头，

第四章 卸下精神压力的负担

时间过长胃肠功能和消化功能就会出现障碍。

时代所迫，工作压力在所难免，因此在职人员不要放纵不要消极。在单位或家里遇到情绪不好的时候不要总耍脾气、喝闷酒、不进食物，在感到疲惫想放松的时候不要到霓虹灯下的KTV、舞厅等地方放纵自己的情感。要合理地到郊外去散心，例如旅游、健身，参加沙龙聚会等等。要多吃蔬菜、少吃油腻食品，同时工作忙的时候尽量少吃油炸食品。

抑郁症的危害及应对。

被称为"心理流感"的抑郁症，就如感冒一样流行，特别白领上班族。因为他们的工作压力大，导致了这个群体在情绪、心理问题上有其特征，很容易出现精神疲劳、注意力分散、遇事烦躁等不良状态。

不能跟同事和朋友沟通，而且自己的见解不善于表达出来，常常憋在心里，遇到不满意的事情生闷气，对任何事物都没有向往。

他们相往往每天过多的压抑，情绪低落，还出现不同程度上的情绪不佳，对任何事情都没有兴趣，丧失了以往生活、工作的热情，并经常对前途感到悲观、失望。

心理医生分析患有抑郁症的人要敢于畅所欲言。不要把不开心的事情"闷在心里"，要找朋友倾诉和尽量放松心态。当遇到挫折的时候可以回到家中向爱人倾诉，或是约上几个朋友找间茶坊，然后大吐苦水并寻求帮助，这样一来心情会轻松很多。

也可以找一个适合自己的工作环境。因为，即使同样的工作让不同的两个人做，有人可以完成得快而轻松，有人会感觉是负担和压力。所以这就需要去寻求适合自己的工作方式和环境，找到自己舒心的工作才可以完全投入进去。

学会在忙碌中偷个懒

　　狮子与黑熊同为野兽，其生活方式却是天壤之别。作为非洲大草原的王者，狮子是强悍的肉食动物。在草原上，它们几乎可以猎杀一切动物。然而，每一种被捕杀的动物都不会轻易就范，为了获得足以维持生计的肉食，狮子经常都要与猎物发生激烈的冲突，有时，不得不与野牛、大象、长颈鹿这样强大的对手放手一搏，常常为此身负重伤。

　　但是，生活在另一个环境里的黑熊却性格温和，对食物没有那么挑剔，能找到什么就吃什么。从植物的果实、青草和嫩芽，到蠕虫、甲虫、蚂蚁、鸟和鸟蛋、小动物，有的时候还偷吃农民种植的作物，在偷吃蜂蜜的时候，常常连蜂巢一起吞下，被蜜蜂蜇得嗷嗷大叫也不改性情。

　　黑熊每天要花去大量的时间去嬉戏，生活得自由自在。狮子固然是草原之王，然而，在激烈的竞争压力下，它们的平均寿命只有十几年；而黑熊虽然憨态可掬，没有兽王的威严，它们的寿命却能够达到二十多年，甚至三十多年。

　　狮子与黑熊的生存方式提示我们：超载的、高负荷的生活是一种自戕，它会严重的戕害身心，导致身体机能的早衰或早夭。

　　在职场上打拼特别是事业起步刚有成绩的而立之年的人，他

第四章　卸下精神压力的负担

们在日益激烈的社会竞争面前，从早到晚连轴转，满负荷乃至超负荷工作，像一辆满载货物的汽车在高速公路上疾驶；像一个绷紧了弦的发条争分夺秒。

在他们的人生里，一面是年富力强，事业蒸蒸日上，另一面是努力拼搏，超越极限，心理不能承受生命之重负，身体亮起"红灯"却没有觉察。但不知不觉中，疾病乘虚而入，潜滋暗长，由于透支生命，英年早逝，让人扼腕痛惜。如演艺圈了知名人士高秀敏与傅彪正是这种情况，他们正值壮年，事业如日中天，却撒手人寰。

正值这个时期的人，事业、家庭两副重担要"一肩挑"。上有白发苍苍的老人，下有茁壮成长的孩子，在事业与家庭之间，在老与少之间，在矛盾、困惑、挫折等打击不期而至时，在种种得与失的抉择面前，要学会给自己的心情放个假，学会在忙忙碌碌中偷个懒，给心理一个缓冲期，调节一下高压之下的情绪。

轻松一下，全身心放松，自由释放，自我舒展，无拘无束是医治心灵的灵丹妙药。记住，切莫今天用身体换金钱，而到"明天用金钱换身体"。只有平时养心健体，韬光养晦，养精蓄锐，厚积薄发，完全让自己轻轻松松，更好地投入生活中，珍惜生命，拥有健康，才能享受人生的快乐。在身心疲惫的时候，学会给自己放个假，让久积的激情荡起微澜，让枯燥的生活增添色彩。

让自己偷个闲。在初春阳光灿烂的午后，悄悄逃出那喧嚣繁杂的城市，信步走人幽静的田间小道，尽情地享受阳光的沐浴。用心感受脚下土壤的柔软，让春风习习地抚弄额角鬓际的发丝，然后吸一口混杂着青草和泥土清香的空气；放眼展望那无边绿油

心理学入门故事

油的麦田,封闭的心情便豁然开朗,烦恼和忧愁也蒸发在这明媚的春光里。

给自己一个平静的夜。在炎夏安静的傍晚,悄悄踱进一片阴凉的小树林,摆脱人间的喧嚣。伸手摘一片翠绿的树叶,吹出一串清脆的音符,伴着知了的高歌和虫儿的低吟,久久地回荡在这幽深的树林当中;望一眼羞红了脸的太阳和密密地投在地上的婆娑树影,内心的烦躁和不安便溶解淡化在这清爽的自然当中。

送自己一个清爽的心情。在秋雨绵绵的清晨,带上所有的忧伤和烦恼,毅然走进雨中,尽情地享受秋雨的洗礼。踩着脚下凋零的树叶,抬头看一眼灰蒙蒙的天空,然后感受最后一片树叶在风雨中挣扎的情景,任残叶和秋雨飘落在四周。

在这满目萧瑟的凄凉当中,让眼泪尽情滑落在两腮,和着秋雨来冲刷心中的悲哀和伤痛。

还自己一个悠然的时刻。在冬日初晴的黎明,顶着清寒兴奋地冲进一个晶莹剔透的世界。丢掉手套的束缚,捧一捧温热的白雪,聆听冬日的寄语。轻轻摇落树上的积雪,感受雪花簌簌落下的声音。带着"忽如一夜春风来,千树万树梨花开"的喜悦,融入那冰清玉洁的童话世界,心中的灰尘便沉淀下来,人性的纯洁便得到升华。

给自己一个假日,让身心得到解放;给自己一个静止的时空,让心灵稳定下来;给自己一个舒适的港湾,使活力得到恢复,使激情再次迸发。善待自己,提高精神生活的境界,才能从沉重的负担中解脱出来!

第四章　卸下精神压力的负担

摆脱"黑色星期一"

张利是一家设计公司的经理,每到星期一总是穿着黑衬衫上班,甚至连领带都是黑色的,他自称是"黑色星期一"的受害者。通常在这一天,办公室内的气氛不是顶好,他担心自己的工作效率也会变得比较差,而黑衬衫正好帮他传达了一个讯息——我的心情和你一样"黑",请多包涵。

不过,别误会,张利其实并不是那种情绪化的人,他只是选择一个比较幽默的方式来排除星期一的"郁闷",让自己轻松一下。否则,只要一想到接下来连续5天的工作,心情可能就更沉重了。

他观察周围同事星期一的情绪不佳的原因,大多是因为还沉醉在假日的欢娱气氛里,尤其是在经过一段连续假期之后,很容易对工作产生疏离,他曾经看见有人在会议中途打瞌睡,就是由于前一天玩得太过头了。

明天就是星期一,又是你回到单位工作的日子。你现在感觉如何,是期待还是憎恶？很多人害怕星期一,因为这一天他们通常变得很郁闷,工作也变得没有效率,不论做什么都提不起劲,这种现象,有人把它叫做"星期一症候群",也有人称它为"黑色星期一"。

如果你的症状轻微,也许你只是前一、两天玩得太累,才影响你星期一的工作情绪,或是连续假期放得太久,一时收不了心,你只需振作一下,应该很快就恢复了。但假如已过了星期一,到星期二甚至星期三,你的郁闷还是丝毫没有减退,甚至有变本加厉的趋势,你恐怕已患上"工作倦怠症"了。

患"工作倦怠症"的人,毛病大多出在长期劳累、得不到适当的激励、办公环境不佳、人际关系恶劣以及缺乏目标等原因,如果问起他们工作的意义,他们很可能这样回答:"既无聊又单调,不过是谋生的工具而已。"

工作唯一能让他们感到高兴的,大概就是下班时间,如果真是到了这个地步,就该好好静下来思考,问题到底出在了哪里?有没有什么方法能让自己脱离苦海?

大体说,工作倦怠症几乎都是经过日积月累之后出现的毛病。所以,要解决问题的症结也必须花一些力气。改善的重点在于"如何重燃对工作的热情"。管理专家曾经列举出一些方法:重新修订工作目标,适度的休息,设定新的挑战,自我奖赏,做好生活规划等等。

总而言之,所有的步骤都在强调"你必须调整心态,充分享受工作的乐趣,才能从桎梏中解脱出来。"没有热忱,就无法全心全力做好任何事情。如果你明早醒来,觉得自己的心情有那么一点"黑色",你不妨试试做这几个动作:

大声说话,或者朗诵;

唱歌;

对着镜子微笑,给自己打气;

立正站好,抬头,挺胸,收腹。

"既乘舟泛于湖上,何不乘兴而归。"星期一不一定非是"黑色"不可,其实,你可以改变它的"颜色"。比如红色、黄色、绿色,或五颜六色、五光十色,只有将星期一的"颜色"变得新

第四章 卸下精神压力的负担

鲜而刺激，你的工作就能充满趣味，心情就会充满活力。

合理作息，不做工作狂

克林兰卡是一家IT企业的高级技术主管，四年前他来到这个靠近美国西海岸的大城市，找到了这份相当不错的工作。为了能够得到更好的晋升，也为了珍惜这份来之不易的工作，他每天都要早出晚归，努力地工作。

克林兰卡的努力取得了良好的回报：他业绩突出，得到了上下级一致的赞扬。终于有一天，他难得地休息了一个假期。

在度假的时候，他感到似乎缺少了点什么。一直绷紧的神经发条突然松了下来，让他感到有些焦躁不安。想了很长时间，他才意识到：原来日复一日紧张的工作，一旦不再工作，竟然都不适应了！天啊！他惊骇地张大了嘴。

克林兰卡只是众多工作狂中的一个。当我们坐在办公室里，望着窗外亮起的华灯，对自己说"再处理完一份公文就走"，这时，就要小心，很可能你已经是一个工作狂人了。

那些有工作狂倾向的人，唯一的乐趣就在于紧张的、高强度的工作。他们顾不上家庭，没有友谊，没有了爱好与兴趣，没有闲逸人生的乐趣……高强度的工作对身心健康的损害也是有目共睹的。失眠、神经质、心脏病等常常伴随着他们。

要想摆脱工作狂的状态，关键之处在于改变认识。如果你感觉紧张的工作压得喘不过气来，那么还不如把工作稍微放一放，出来透个气。放松不等于懒惰，而是为了更好地完成工作，蓄势待发，准备得越充分，爆发出来的力量就越大。忙里偷闲的感觉别有一番风味，既可以稍作休整，又可以看一下自己的成绩，以慰身心。再者，要重视亲情、友情。

人生的价值不仅仅在于工作。"男为悦己者劳作，女为悦己者起舞"，如果事业是人生的一大支柱，那么家庭、亲情，则是人生的另外一个支柱。

人只有合理作息，才是正常的生活。所以，缓解压力，减轻精神负担，必须合理地安排好工作时间。我们经常会到一些人这样发感慨："忙了一天，也不知道忙了什么，时间还不够用。"

其实，只要有效地运用时间，就可以提高工作效率，在相同的时间里做更多的事，而且做得更好。对于职场人员而言，合理而科学地安排时间是一门必修课，它能极大地缓解心理的压力，使我们能从容面地自己的工作。如何合理安排工作时间，请你注意下面的文字：

对每天的工作，要安排优先次序。

排定每天工作优先次序必须使下列各因素取得平衡：紧急性、重要性、与其他工作之间的关联、完成工作所需的时间和人际关系。工作性质区分按下述四类并依其特性列出优先次序。

紧急性低，重要性低：D

紧急性低，重要性高：B

紧急性高，重要性低：C

紧急性高，重要性高：A

第四章 卸下精神压力的负担

首先，列出当天应做之事的工作计划表，并按其重要性以 ABCD 分别排列，并预估可能使用的时间。首先全力完成了所有的 A 类工作之后，再依序完成 B、C、D 类工作。必要时将 C、D 类工作授权或委派属下代办。为使时间有效运用，每天工作计划不可安排过分紧密，必须有一些富余时间，作为自己的回转空间，以增加工作效率。

其次，记录每件工作完成实际使用时间并与预计使用时间作对比，改进自己的时间管理方法。

每天首先着手最重要的工作。

对一般人而言，每天都必须处理许多事务。不少人错误地认为，他们总是先处理次要的事情激励自己，最后才去做最重要的工作。这其实是一种不经济利用时间的方法。

试想，如果把重要的工作拖到最后来做，你已经经过一天的工作，大都已疲惫不堪，很难有足够的精力来考虑它，时间也不会很多，想把它做好就很难。其实，这样做的根本原因，是因为内心深处有畏难情绪，回避最重要的工作。作为一名出色的工作者，一定要克服这样的心理倾向，首先着手最重要工作，用足够的时间精力来处理它，并把它办好。

每天留些"机动时间"。

很多人都容易犯这样的错误：用各种活动把一天的时间表排得满满的，以致没有一点"机动时间"处理可能出现的各种突发事件。如果出现意外情况，就不得不放弃计划中的工作，来处理突发事件，而今日未完成的工作，就必须加进明日的工作表中。

心理学入门故事

但是,您想过没有工作是一场马拉松,而非短跑,如此给自己加压,你能坚持多久?因此,你应每天留些"机动时间",即使没有发生突发事件,也可利用"机动时间"处理一些较次要的问题,或与同事联络一下感情,也可休息一会,考虑一天工作中的得失等。这样,才可以紧张而又不失轻松地完成一天的工作,从容地迎接明天的挑战。

测试:你是否属于工作狂的类型?

状态描述	是	否	两者间
1. 对工作的狂热和兴奋程度,超过家庭和其他事情。			
2. 工作有时有薪酬,有时没有。			
3. 将工作带回家。			
4. 最感兴趣的活动和话题是工作。			
5. 家人和友人已不再期望你准时出现。			
6. 额外工作的理由,是担心无人能够替你完成。			
7. 不能容忍别人将工作以外的事情排在第一位。			
8. 害怕如不努力工作,就会失业或成为失败者。			
9. 别人要求你放下手头工作,先做其他事,你会被激怒。			
10. 因工作而损害与家人的关系。			

分析:

如果你至少有三题回答是肯定的,无疑,你是个工作狂,而且你对工作的态度极有可能损害你的健康和你与亲友们的关系。

第四章　卸下精神压力的负担

如果你对两题或两题以下做出肯定回答，你对工作的态度是健康的。为了生计，你会十分喜爱自己所从事的工作。但你同时也有其他许多的兴趣，并不打算让工作占据你全部的生活。你是个懂得休息的人，从工作态度上讲，你难以在事业上做出大的成就；但你的生活会过得很充实。

接受现实，转换工作态度

在一个实验中，一只猴子每20秒受到轻微但是不舒服的电击。如果猴子要避免电击，它必须按红色的按钮让时钟复位，此时20秒会重新开始计时。因此，如果猴子能够在20秒过去之前找到按钮并且按下按钮，就能停止电击。如果它在正确的时间按下按钮，就可以避免所有的电击。这个实验一天持续6小时。

6个星期之后，这只猴子死于穿孔性胃溃疡。接受实验的第二只猴子也死了，同样死于穿孔性胃溃疡。

这时研究人员设立了一种控制，让第二只"同伴猴"坐在执行的猴子的边上。唯一的不同是它的按钮不能让它避免电击。

这只"同伴猴"居然活下来了，并且保持健康甚至很快乐，除了电击。但是执行的猴子死了。

对"同伴猴"来说，并不存在压力，因为没有必要做出决策。就像猴子在想："我最好还是接受它，才能好好地生活。"

这个研究，说明了压力如何"杀死"执行的猴子。那么，不妨想一想，我们是否也花费太多的时间和精力，去对抗我们根本

心理学入门故事

无法控制的东西和人身上？

研究压力与人类身心影响的加拿大医学教授塞勒博士曾说过："压力是人生的香料。"他提醒我们，不要认为压力只有不良影响，人们应该转换认识和情绪，多去开发压力的有利方面。

是的，在人的一生中，压力自始至终存在着。人一出生，压力便开始附着在周围。长大后，压力越来越大，其中更多的是来自工作和生活上的压力。既然无法摆脱压力，就像我们无法摆脱地球的引力一样，就要学着正视它。

行为医学研究发现，追求成就感和事业成功是人类行为极其重要的动机之一。古往今来，许多仁人志士为追求成就感和事业上的成功不懈地努力着，而工作正好是人们实现这两者的途径之一。工作带给我们的重大意义还在于，它不仅给我们提供衣、食、住、行等经济、社会上的支持，还对人的心理及人格稳定和成熟起到积极的作用。

虽然性格决定命运，有时，情绪也会影响到人某一段时期的生活、工作和学习。虽说过重的工作压力会令人疲惫不堪，觉得精力耗竭，进而影响到工作和生活质量。但事物都有两面性。我们可以通过调适、休息等各种手段让自己得到休息、恢复精力，而且还可以通过工作追求成功，实现人生价值和理想。

所以，从来没有人因为劳动而死（除非过劳死），而无所事事和游手好闲反而会给人的生命带来危险。因此，在现代社会，竞争日益加大，无论从事何种职业的工作人员均会觉得工作压力在不断地加大，很多人面对工作压力苦不堪言，却不知道工作压力能给人带来奋进的力量。

第四章　卸下精神压力的负担

面对激烈的社会竞争，很多上进人士都认识到自己的不足之处，于是纷纷挤出时间，在工作之余充电，以便为自己在尚未可知的将来增加竞争力。从这一点上看，适当的职业压力不仅是必要的，而且能够扩展职业发展的空间。

职业人士应该认识到，工作是必需的，伴随而来的工作压力也是不可避免的。"毋恃敌之不来，正恃吾以待之"。因此，当我们把工作当作谋生手段、实现自我价值的时候，还要重视精神生活，崇尚身心健康。在忙碌中，学会化解过重的工作压力，将工作压力转换为工作动力。端正对工作的态度，心理接受它，就能快乐地工作。

去做自己喜欢的工作

菲尔·强森的父亲开了一家洗衣店，他把儿子叫到店中工作，希望他将来能接管这家洗衣店。但菲尔痛恨洗衣店的工作，所以懒懒散散的，提不起精神，只做些不得不做的工作，其他工作则一概不管。

有时候，他干脆跑去做别的事。他父亲十分伤心，认为养了一个没有良心又不求上进的儿子：使他在员工面前丢脸。

有一天，菲尔告诉他父亲，他希望做个机械工人——到一家机械厂工作。什么？一切又从头开始？老人十分惊讶。

菲尔坚持自己的意见。他穿上油腻的粗布工作服，从事比洗衣店更辛苦的工作，工作的时间也更长。但他竟然快乐得在工作中吹起口哨来。他选修工程学课程，研究引擎，装配机械。而当

心理学入门故事

他在1944年去世前,已是波音飞机公司的总裁,并且制造出"空中飞行堡垒"轰炸机,帮助盟国军队赢得了世界大战。如果他当年留在洗衣店不走,他和洗衣店——尤其是在他父亲死后——究竟会变成什么样子呢?

一位名叫约翰·史都加·米勒的智慧家告诉我们,工人不能适应工作,是"社会最大的损失之一"。的确如此,多数人的忧虑、悔恨和沮丧,都是因为不重视工作而引起的。世界上最不快乐的人,也就是憎恨他们日常工作的那些人。

做自己喜欢的工作,可以避免许多工作上不必要的压力。人们总是因为对所做的工作不感兴趣,于是感到乏力,心情低落,恨不得一上班就下班,每天为工作所苦。如果一个人喜爱自己目前的工作则大大相反,他会把工作当成一种乐趣,一个游戏,完全乐在其中,工作不但不会给他造成心理压力,反而会每天都令他的生活充满快乐。

所以,如果可能的话,请试着去找寻一份自己喜爱的工作。美国轮胎制造商古里奇公司董事长说:"如果你喜欢你所从事的工作,反倒像是游戏。"不错,不一个人把工作当成游戏,对其投入无比的热情和兴趣,也一定会比别人少了许多工作上的精神压力。

爱迪生就是一个好例子。这位未曾进过学校的报童,后来却使美国工业生活完全改观。爱迪生几乎每天在他的实验室里辛苦工作18个小时,在那里吃饭、睡觉。但他丝毫不以为苦。"我一生从未做过任何工作,"他宣称,"我每天乐趣无穷。"

第四章　卸下精神压力的负担

选择自己喜欢的、适合自己从事的工作，对健康也十分重要。琼斯霍金斯医院的雷蒙大夫配合几家保险公司做了一项调查，研究使人长寿的因素，他把"正确的工作"排在第一位。正好符合了苏格兰哲学家喀莱尔的名言："祝福那些找到他们心爱工作的人，他们已不再需求其他的幸福。"

设计趣味，使工作变得积极

郭女士是一家企业的部门经理，可是她很厌倦她所在部门的风气，她知道办公室工作的确无聊。事实上，一些工作看起来确实无聊得很，但是员工们似乎并没有改进这种状况的愿望。

他们改进工作的最大的创意是实行"弹性工作制"。其中两个人上班来得早，一边吃早饭，一边聊天，因为这是个没有其他人在场的好机会；有三个人准时来到，相互点个头，就闭紧了嘴巴；还有两个人下班后走得最晚，但都是在干他们自己的事情。可规定的工作，每每都是完不成。

有相当一段时间，郭女士对这种千篇一律的工作方百无聊赖，一筹莫展。但是，她确信一定有方法使无趣的工作变得更有趣，并有希望提高员工们承担义务的积极性。"至少我要试图丰富他们的工作并鼓励他们学习，我有可能会改善他们的表现。"她想。

郭女士采取了一些实验性的措施。首先，她将整个部门分成若干个工作小组，给每一个小组指定任务并让其分担工作。接下来，她建立了一个反馈系统，顾客的反馈，对管理者或职员的意见，以及意见相关者的反应，都会被及时张贴出来。此外，她还帮助

心理学入门故事

员工们制订了轮换岗位的计划，来增加工作的趣味性。

到目前为止，这项措施的成果是令人鼓舞的。

工作的设计可以影响员工们的压力和满意感，进而影响组织的绩效。通过丰富化的工作设计，经理让员工像吃自助餐一样的方式来选择工作内容的组合，员工们被允许在小组里更多地参与一些活动，使得工作内容变得不那么枯燥。

通过这种参与，员工或许会明白，每一个任务是如何与最终产品相联系的，这有助于他们对整个方案的理解。比起整天只做一些简单的任务来说，提供了更多的学习机会，这种方法在增进合作、提高生产力、提高产品质量上起到了重要作用，并满足了员工们对学习、挑战、多样性，增加责任和成就的需求。

是的，工作可以被设计，可以更充分地利用个体的能力。简单化和高专门化的工作对员工的积极性几乎没有激发作用，因为它们不需要个体的才能和努力。

另一方面，过于复杂的工作也没有激发作用，如果它超过个体的能力和技能的话，令人满意的工作必须是使个体能够学习、成长、发展和调整的、在一个高度自动化的组织中，工作如果具有挑战性并能满足员工的学习需求，就能增强员工承担义务的积极性，并激发起工作的兴趣。

调动积极性，就不要把压力事件完全看作消极的或是不良的，因为压力也可以帮助我们找到改善的机会。如果我们不去寻找一个自己想去的地方，就不会知道当我们走下去时会得到什么。这样，我们就随时都可能遭遇压力事件的突然袭击。只有明确想去

第四章　卸下精神压力的负担

哪儿可以帮助自己从现在的压力中脱身，才能更好地准备面对未来的压力。

在压力环境中工作，如果一个人认为他的工作是值得做的和重要的，那么这个工作对他而言就是有意义的。有意义的工作既是一种挑战，也是一个学习的机会。大多数人感觉工作有意义和目标明确时感觉不到压力。

这种管理模式是从这样的假设中发展来的——近距离的监督和控制才能提高效率。所以，把工作设计为最少的技能需求、受限制的个人职责、最详细标准的工作程序，就能改变工作中的消极性，使工作在压力下变得积极而有意义。

不要把工作压力带回家

有人说，休息是为了更好的工作。但不少人经历了一天激烈的奋战后，会将工作中所的紧张情绪带回家中，他们回到家中仍然无法放松。完全忘了工作是工作，生活是生活，不要混到一块。

一位伟人说过："不会休息的人就不会工作和学习。"所以必须在工作和家庭之间划出一条界线，不要把工作上的一些问题带回家里去，这通常包括两个问题。

首先，是情感上的工作冲突一定要处理与解决，不要让它们影响你其他的生活。了解为什么某个同事老让你不舒服，为什么你的上司会控制你其他的生活。了解为什么你工作上的成功或失败总会影响你心情的起伏。这些重要问题都必须好好解决，否则你的工作会捆绑你，奴役你，使你失去生活中的自我。

心理学入门故事

其二，在时间、精力或其他资源上设限确定你的工作不会侵犯个人生活，影响你的人际关系或其他重要的事情。对那些要花更多额外时间的特别企划或项目设下界限，而且确定工作上超时加班不会变成习惯。

不要将工作带回家，否则你既解决不好你的工作问题，也有可能影响你的家庭生活。试试以下几种调节方法，它们能够帮助我们从办公状态调整到居家状态：

将困难写下来。

如果在工作当中遇到很大的困难，回家后仍得不到放松，那么请拿起笔和纸，一口气将所遇到的困难或是不愉快写下来，写完后把那张纸撕下扔掉。

提前为下班做准备。

在下班两个小时前列一个清单，弄清哪些是你今天必须完成的工作，哪些工作可以留待明天。这样你就有充足的时间来完成任务，从而减少工作之余的担心。

将工作留在办公室。

下班时尽量不要将工作带回家中（即使是迫不得已，每周在家里工作不能超过两个晚上）。

静坐。

在进晚餐、去健身房锻炼或是抱起小孩之前，花上3~5分钟闭上眼睛做深呼吸。想象着将新鲜空气吸入腹部，将废气彻底呼出。这样就能够清醒头脑，卸下工作的压力。

合理安排家务。

如果想要在一夜之间把所有的家务干完，你自然会感到紧张

第四章　卸下精神压力的负担

和焦虑。相反，如果能够合理安排或是将一些家务留到周末再处理，就能使做家务成为工作之余的放松手段。

创立某种"仪式"。

给自己创立某种"仪式"，以它为界将每天的工作和家庭生活分开。这种"仪式"可以是在餐桌上与孩子谈学校的事情，也可以是喝上一大杯柠檬汁……

下班路上的享受。

如果是驾车下班，可以放自己喜欢的 CD 或是录音带；如果是坐公车或是地铁，则可以读一章小说……总之，下班路上花上几分钟做自己喜欢的事情有助于缓解工作的紧张情绪。

将家里收拾整洁。

一个杂乱无章的家会给你一种失控的感觉，从而放大了白天的压力。睡觉前花上 5 分钟收拾一下住所，第二天你就可以回到一个整洁优雅的家了。

在住所里放置一个杂物盒。

购买或制作一个大篮子或是木头盒，把它放在住所中很少去的地方。走进家门后立即将公文包或是工具袋放到里面，第二天出门之前绝不去碰它。

借助音乐。

在准备晚餐、支付账单或是洗衣服时打开自己喜欢的音乐。欢快、好听的音乐能够给你在干家务时增添不少乐趣。

降低工作压力的诀窍

怎样才能建立一个没有压力且有激发力的工作环境？下面是

心理学入门故事

一些帮助我们降低工作压力的诀窍：

生活规律化。

生活要劳逸结合，应该注意保证睡眠时间和饮食规律。在工作之余给自己留点时间，做些自己感兴趣的事情，如音乐、烹饪、打球、钓鱼、书法、绘画、郊游、睡懒觉等，都能使您紧张工作的大脑松弛下来，这能使你在下一个工作单元中保持较高的工作效率。

长期、持续、紧张的加班工作，不但不能提高工作效率，还会影响您的身体健康。

制订实现目标的计划。

达到一个目标，就像上楼一样，不用梯子，一楼到十楼是绝对蹦不上去的，相反蹦得越高就摔得越痛。因此，必须是一步一个台阶地走上去。

制定计划就像先设楼梯一样，将大目标分解为多个易于达到的小目标，你就可以一步步实现计划，每前进一步，达到一个小目标，都能使你体验"成功的感觉"，而这种"感觉"将强化你的自信心，并将推动你稳步发展的潜能去达到下一个目标。

适时地转移。

如果条件不具备，通过多方面的努力仍不能达到目标。就应该分析一下，这个目标，对于自己是否合适。如果不合适，再努力下去只能是失败，就像是从一楼向十楼蹦一样，再蹦下去只能是多跌几个包。

这时，可以对自己说一句"我尽力了"，适时地退出，重新设立新的目标，俗话说得好，"条条大路通长安"，别在一棵树

第四章　卸下精神压力的负担

上吊死。

切实可行目标最重要。

在设定目标之前，要充分考虑到自身的特点，因为每个人都有自身发展的长处和短处，在选择目标时要注意扬长避短，充分发挥自己的长处。

另外还要考虑到实际的客观条件是否具备，这就像盖房，光有设计蓝图还不行，还应该有砖、水泥、钢筋等建筑材料，如果建筑材料有限时，去盖摩天大楼，就必然会半途而废，永远达不到目标。

这时就要根据现有材料，设计建设一个"具有特色的建筑"，它能让你同样找到"成功的感觉"。

寻求心理医生帮助。

必要时，要寻求心理医生。就像手指被刀割破了，疼痛、流血，如果伤口小，自己就能止血，贴上创可贴，过几天自己就长好了；而伤口大，流血不止时，就应该看医生，让医生给你缝合、止血、包扎。

当你的心理调整不过来时，心理医生通过心理治疗及药物治疗，能帮助你减轻痛苦强度，缩短痛苦时间，修正心理上的偏差，发挥你的潜力，去重新寻求事业的成功。

心理学入门故事

测试一：职场人士工作压力测试。

请回想一下自己在过去一个月内有否出现下述情况：

状 态 描 述	偶尔发生	经常发生	从未发生
1. 觉得手上工作太多，无法应付。			
2. 觉得时间不够，所以要分秒必争。例如过马路时闯红灯，走路和说话的节奏很快。			
3. 觉得没有时间消遣，终日记挂着工作。			
4. 遇到挫败时很容易发脾气。			
5. 担心别人对自己工作表现的评价。			
6. 觉得上司和家人都不欣赏自己。			
7. 担心自己的经济状况。			
8. 有头痛/胃痛/背痛的毛病，难于治愈。			
9. 需要借烟酒、药物、零食等抑制不安的情绪。			
10. 需要借助安眠药去协助入睡。			
11. 与家人/朋友/同事的相处令你发脾气。			
12. 与人倾谈时，打断对方的话题。			

第四章 卸下精神压力的负担

状态描述	偶尔发生	经常发生	从未发生
13. 上床后觉得思潮起伏,很多事情牵挂,难以入睡。			
14. 太多工作,不能每件事做到尽善尽美。			
15. 空闲时轻松一下也会觉得内疚。			
16. 做事急躁、任性而事后感到内疚。			
17. 觉得自己不应该享乐。			

评分分析:

计分方法:从未发生计0分,偶尔发生计1分,经常发生计2分。

0~10分:精神压力程度低但可能显示生活缺乏刺激,比较简单沉闷,个人做事的动力不高。

11~15分:精神压力程度中等,虽然某些时候感到压力较大,仍可应付。

16分或以上:精神压力偏高,应反省一下压力来源和寻求解决办法。

打开家庭压力的牢笼

现在的一切都不能让艾丽丝如意。刚结婚时,艾丽丝很快乐。她曾上班一段时间,直到乔治的工作打下基础后才开始全心照顾家庭,就像她母亲昔日在华盛顿的生活。

心理学入门故事

但是,现在艾丽丝仿佛被绑在快车道,只有车轮可以代步。她清早醒来胃就纠结作痛,夜晚则头痛欲裂。迫使她不得不躺下来休息,直到疼痛和呕吐消退,可以继续工作为止。

她承认白天一有空余时间就睡觉的感觉。晚上下班回家,常倒头便睡,过了晚餐时间,醒来时才发现还没有给孩子吃晚饭。当乔治出差时,她尤其喜欢这样睡大觉。

但是,艾丽丝在幼儿园的工作表现无懈可击。虽然没有什么资源可以帮助她照顾班上那几个5岁孩子,但她每天总能轻松地度过。艾丽丝很荣幸能成为"幼儿园中最优秀的老师"。

就像许多陷入同样困境的母亲,艾丽丝有段时间很难理解为什么情况会这么分歧。毕竟她和乔治享有受财务上的成功和"自由"。他们拥有一幢4房的新家,前院有个游泳池,新车,并雇用女佣每星期做两次家务。表面上,艾丽丝凡事顺遂,为什么艾丽丝还会想逃避生活呢?

艾丽丝是我们越来越常见的新世代。她对婚姻的梦想严重破灭,就像许多现代妇女,渴望逃开,丢下丈夫和孩子,将一切抛诸九霄云外。

当心理咨询师问艾丽丝:"你丈夫生命中的第一优先要务是什么?如果可以的话,能不能告诉我,他的第一、第二,第三、第四优先要务各是什么?"

艾丽丝答:"第一,工作;第二;财务安全感;第三,子女;第四,父母。"

"你自己排在哪个位置呢?"

第四章　卸下精神压力的负担

"嗯，我想可能是第五吧。"

艾丽丝显然有许多问题，可以看出最大的问题在于乔治。她丈夫并没有在婚姻中展现一家之主的风范。任何时候，只有妻子不是高居丈夫优先要务的第一位，这段婚姻一定会出问题。

另一个悲剧还在于，当艾丽丝鼓起勇气告诉乔治自己的感受时。没想到却引起乔治的反感。每当她提起需要抛开这一切，或夫妻俩需要花点时间相处时，乔治就动之以情、晓之以理，说他外出打拼都是为了她和子女。最糟糕的是，艾丽丝很相信他的说词。

艾丽丝正是许多现代身陷逆境女性的典范，顶着一切苦楚和压力。她告诉自己，若想实践自我，就得出外工作，开名贵的轿车，住豪华的房子，当一个有爱心的妻子、母亲、和出优秀的上班族，这些身份将艾丽丝绑得死死的，逼得她心力交瘁。难怪她想逃！但是，逃能逃得了吗？

事实上，任何一个家庭都存在压力，只不过程度不同。家庭的压力源除了夫妻感情生活外，还包括其他许多的方面的主要压力源，比如双亲工作的家庭、经济上的压力和孩子的压力等。特别是双亲工作的家庭。

如今社会的转型和发展，使人们一方面希望女性外出工作挣钱补贴家用，另一方面又希望她们不放弃自己的传统责任：即照顾家庭、子女与父母。这就使已婚职业妇女极易陷入两难的困境，并且可能受到伤害。

可是一些丈夫不顾这个事实，依然认为妻子在各个方面为家庭多做贡献是理所当然的，很少从思想上、行为上给予帮助。

心理学入门故事

作为事业、家庭一肩挑的职业妇女，面对来自各方面的压力，也要学会自我排解，不要总是记着去照顾别人，而亏待了自己。

作为已婚的上班女性，只要有可能，尽量在事业与家庭当中给自己留出一块天地，好让自己在其中得到休息、调整、充实与提高。这么做，对事业、家庭与自己都有好处。

另外，丈夫应该平时从各个方面多体贴妻子、增强对家庭的责任感，主动承担更多的家务和更多教育孩子的责任，职业妇女的心理和身体就会轻松愉快些。

孩子是家庭的头号压力

英华和自己的2个孩子之间最大的问题，出在纪律。由于英华是个讨好者，很容易纵容孩子。她外出上班意味着孩子大部分时间都得与保姆共处，或者像她5岁的儿子，大半都待在学校里。

孩子们十分的憎恨妈妈外出工作，为了让她知道这一点，她回家后孩子们就无法无天。英华和许多上班妇女一样，对此有很深的罪恶感，因此更加纵容孩子们的"造反"。

她非但不能有原则地管教孩子，还以当个"好母亲"加以安抚，给予孩子们超乎常理的各种纵容和享受。结果晚上就寝时，必然上演英华对两个子女大吼尖叫的戏剧，这就是她纵容孩子不守规矩的后果。

难怪英华会视孩子为头号压力，但她这种遭遇并非特殊情况。毫无疑问地，面对如此的家庭生活，许多妇女的体力只够让她在

第四章　卸下精神压力的负担

问卷上写下两个字：疲倦。

父母总是盼着孩子快点长大，但事实上，当孩子逐渐长大，压力源虽然不一样，却一点也没有轻松。

一位育有 11 岁和 9 岁子女的 33 岁母亲说："当孩子越大越不讲理时，我觉得压力很大。"

当然，等孩子到了青春期，事情就会好转，是不是？

一位 40 岁育有两个青少年子女的母亲这样形容他的家："老天爷真是开玩笑！我 17 岁的孩子常因约会晚归，一回到家就紧抓着电话筒不放。另一个 14 岁的孩子罹患慢性病。就算一天有 48 个小时还是不够用，而且我的丈夫常常推脱责任，不帮忙做家事。"

父母总担心青春期孩子的学业和交友情况。生活就这样不断循环下去。压力和孩子迎面而来，丝毫无法逃避。

有关调查说，"没有时间"是妇女的第二大压力源。显然许多妇女都有同样的困扰。她们忙得精疲力竭，任何突发情况都让她分身乏术。只要有一个孩子生病，即使只是两天，她也毫无招架之力。因为根本没有时间伤风、感冒。她们的作息时间表排得太紧了，许多事情撞在一起，情况非常严重。许多做母亲的生活都忙碌异常。

根据调查，妇女最常埋怨的就是时间不够用、工作量过多而疲惫不堪。一再听到的怨言是："作息时间表排得太满了。"许多妇女并不想这么忙，但是一回到家就不得不担起做母亲的责任，凡事操劳。

调查报到的近两百位妇女，其头号压力源是子女。

心理学入门故事

当我们有了孩子的时候,这是一件值得祝贺的好事,但是同样孩子会给我们添加不小的压力,这不仅包括经济上的,也包括心理上的。

孩子还在襁褓里的时候,我们担心他会生病,担心他的成长。当孩子慢慢长大,开始上学时,又会担心他的学习、怕他学坏、怕他出意外等等。

《缓解生活压力》一书中说,在孩子的成长岁月中,也可能会对父母亲造成压力。孩子与双亲的关系,可以分为三个阶段:结合、分离和重聚。

在结合期,小孩子从家庭中学习爱、认同和接纳;在分离期,孩子逐渐学会独立和较少依赖家庭;重聚期,则发生在孩子能独立且能保护自己之后,再回来和家人结合在一起。

结合是20岁以前的阶段,分离是20岁左右的阶段,而重聚则是20岁以后的阶段,每一个阶段都有它的压力和快乐。因此孩子带给家庭的压力是持续的,有阶段性的压力源。

消费是不可避免的家庭压力源

莎拉和克利结婚三年多了,在外表看来他们的家庭似乎没有经济方面的问题,至少让人觉得他们有很多钱可以买任何想要的东西。但是,他们自己却依然认为他们的财务有许多问题。莎拉说:"我们经常缺钱。

对大部分人来说,金钱问题不只在于我们需要它,而且还希

第四章　卸下精神压力的负担

望多多益善。我们往往渴望得太多了。事实上，克利和莎拉什么都想要，无论他们怎么努力工作挣钱都不够。

比如抚养孩子的开销很大，但是没有孩子的太太也会抱怨钱不够用，一位30岁的女士表示："当账单堆积如山，而薪水却不够支付时，我就深感压力沉重。"

每件事都有代价，压力往往就是我们必须付出的代价之一。

三个子女已经结婚的57岁妇女说，她的压力来自女婿、媳妇和爱犬。这只爱犬居然将她花了3000元，还有许多买来种植的花卉不知为什么死掉，还必须全部从土里挖出来扔掉，再重新换上，这又是一笔不算太少的开支。

实际上，很难说清楚为什么许多家为金钱问题而苦恼。也许家家都有本难念的经，或者只因为他们身处鼓励消费的社会，各种商品不断吸引人努力赚钱、拼命消费，以致压力越来越大，终至破产。

现代社会高失业率伴随着物价上涨，但是人们却没有足够的钱来支付所需时，可能会给家庭造成很大的压力。家庭开支、抚养孩子、银行按揭等等一系列的经济开支压得人们喘不过气来。

钱少有压力，钱多也有钱多的压力。

如果一个人突然继承了一大笔遗产或者买彩票中了几百万的头奖等等，这些额外的财富也会给他新的压力。他会担心如何运用新财富投资，如何把它变成更多的钱，会害怕失去这些财富。这样，他必须花费更多的时间、精力去处理这些财富。虽然这让他兴奋、生活富裕，但却会产生压力。

心理学入门故事

婚姻状况是笼罩整个家庭的压力源

王娜说现在自己整天都累得要死，每天下班后，要到幼儿园接女儿回家；到家就马不停蹄的洗菜、淘米，准备做晚餐；吃完后，又要洗刷；这些都做完后，又要哄四岁的女儿上床睡觉；等这一切都做完后她已经累得筋疲力尽，两眼困得睁不开，也就没有心情和丈夫温存了。

像王娜一天的生活情况，可能很多上班的家庭主妇都体验过。这种日子过久了，就很容易出问题。

不同的家庭有不同的生活习惯，假如做丈夫的是位业务员，他可能常提早下班打高尔夫球等搞点娱乐活动，自娱其得的消遣一番。但当他晚上十点多、十一点多休息时，问妻子想不想"和他玩"时，一般家庭气氛都会变得很紧张，因为，这时妻子已经精疲力竭，准备好好睡一觉，于是问题就出现了。

有关心理专家说，想解决这个的问题，关键并不在于家庭主妇应辞掉工作，也不在于为安排有趣的活动，真正的关键是学习将对方摆在优先顺序的第一位。因此，那些关系紧张、饱受压力之苦的夫妻，应该试着去做一些：如暂时抛开孩子，尽情享受生活乐趣，好好沟通及做爱一些夫妻之间和谐的事情等。

但奇怪的是，有好多夫妇摆脱压力居然很困难。他们乐于孜孜不倦地工作，直到精疲力竭、灯残油尽、心脏病发作。有好多夫妻都这么说：

"我们没有余力这么做。"

第四章　卸下精神压力的负担

"我们夫妻俩都要上班。"

"我们有许多责任。尤其是孩子一步也离不开我们。"

这些深沉的回答，令人提不出什么异议。但是，这样的夫妻想过没有？

也许你们的财务很紧，但是你们负担不起的是：没钱好好地和伴侣交谈、放松吗？

是的，你们俩都在上班，但是每星期都工作七天吗？

若是真是这样，你们最好有所改变，而且越快越好。是的，你们俩都背负了许多责任，但首要的责任应该是彼此向对方负责。虽然孩子们离不开你们，但当孩子们必须不能随时待在身边时，不再有紧张、焦虑的心情，这一点很值得努力的。

实际上，夫妻越能团结合作，就越能处理压力。例如，家务事是上班族妇女典型的压力源。上班族夫妇需要拟订优先顺序，必要时就雇人料理家务、照看孩子。这样就会有相当一部分压力得到缓解，慢慢就能恢复夫妻之间的和谐生活。

也许有的做丈夫的很小气，拒绝雇请帮佣，凡事试图"自己解决"，其意思就是让妻子做。面对这样的丈夫，身为家庭主妇的你，就是累死恐怕也不会讨好。因此，被丈夫摆在第一位的上班族妻子应该是幸运。我们忠告所有女性："如果你拥有好丈夫，可要紧抓不放，因为好丈夫很难训练。"

夫妻之间和谐的感情生活是调适家庭生活压力的基础。众多研究说明，婚姻质量与身心健康息息相关。夫妻关系融洽、家庭和睦是减轻并释放负面情绪或取得同情与慰藉，补偿和增强应付不幸事件的重要心理支柱。

心理学入门故事

当妻子有心理症状时，丈夫则会产生躯体不适、强迫和敌对症状；当丈夫有心理症状时，妻子则倾向于产生抑郁、焦虑、人际关系敏感和精神病性症状，可见夫妇的心理症状可交互影响。

心理学家综合夫妻双方的102个心理社会因素，并对这些因素进行分析研究，揭示对丈夫心理健康水平影响最大的两个因素依次为妻子的抑郁、偏执情绪，居第三、第四位的是丈夫自身在婚姻、人际关系方面发生的问题，第五位为个性中的易紧张性；而对妻子心理健康水平影响最大的则是自身的人际关系问题，其次为丈夫在婚姻、工作、经济方面所发生的问题。

对不同年龄段的家庭研究显示，30～39岁的丈夫、妻子精神负荷明显加重，不愉快的情绪体验明显增多，妻子主要表现在躯体不适、强迫、恐怖、精神病性方面；而丈夫则主要表现在人际关系、强迫症状、抑郁、敌对情绪上。这可能与人到中年所面临的婚姻家庭、工作经济及人际关系等问题明显增多有关。

不愉快的生活事件可引起人体免疫功能下降和神经内分泌功能紊乱，造成心理损害和躯体疾病。研究证实，如果妻子在过去的一年中遭遇的不愉快事件造成的精神紧张，可"转嫁"到她们的丈夫身上，使丈夫心理痛苦值升高，心理健康水平下降。

对夫妻双方的个性探讨揭示，妻子聪明富有才识、善于抽象思考、严肃冷静、审慎寡言、信赖随和、易与人相处，丈夫则倾向于心理健康和躯体健康；而妻子思想迟钝、学识浅薄、怀疑刚愎、固执己见，则丈夫倾向于病理心理症状多，且易罹患各种躯体疾病。妻子创造能力低、新环境中成长能力差、情绪易激动、易生烦恼、不能以"逆来顺受"的态度应付生活上遭遇的阻挠和

第四章　卸下精神压力的负担

挫折，则丈夫倾向于心理健康水平低，创造能力和在新环境中的成长能力下降。

根据国内外的大量研究认为，家庭因素是确保心理健康的最重要因素，其对总幸福的贡献远大于其他因素，如满意的工作、朋友的友情、事业的成功等。

夫妻和谐的心理条件

人生最大的痛苦不外乎家庭的不和睦，在夫妻正在闹矛盾，而尚未办离婚手续，处于分居的时期，双方的心理疾病、躯体疾病发生率最高。那么，夫妻之间如何达到心心相印、亲密无间的和谐生活呢？这就需要了解双方各自的心理需求，从而达到和谐、美满，相濡以沫。

美国著名生理学家默里对人类的心理需要进行了归纳，从而得出夫妻和谐必须满足双方的5种心理需要。

爱好和感情的需要。

各人有各人的爱好，夫妻双方应尽可能满足对方的心理需求，并为对方提供方便。感情的需要以爱为中心，持久的爱会使对方得到最大的满足。否则，失落感便会油然而生，不满、烦恼、怨恨便接踵而至。

尊重的需要。

人的自尊心从小就有，一旦受到损害，便会痛苦不已。如果受到尊重，人就会感到欣慰和满足。夫妻间的相互尊重、信赖，是深化爱情和事业成功的基本保证。任何训斥或轻视贬低爱人的做法，都会损害对方的自尊心。

交往或社交的需要。

社会是人的生活乐趣之源泉，那种不准爱人与他人交往的做法，不但不能保证爱情的专一，相反，会导致对方心理平衡的破坏，对家庭生活感到厌倦，对爱人产生反感、厌倦，其结果只能使婚姻破裂。

宣泄的需要。

爱人心里不痛快时，总想找人诉说一番，一吐为快。这种宣泄的对象当然是自己的爱人，夫妻均以对方为宣泄的最佳对象。因此，任何一方都不应责备对方心胸狭窄，或嫌对方唠叨，而应主动接受对方的宣泄，并进一步劝慰、疏导，排解其内心的痛苦，使对方从内心矛盾中解脱出来，建立新的心理平衡。这样内心的痛苦便会烟消云散，夫妻感情也会进一步得到加强

自主和表现的需要。

人人都希望按自己的思想和意志办事，这就是自主的需要。每个人都希望在别人面前表现自己，尽可能发挥自己的才能，运用自己的智慧，创造出可观的劳动成果，使自己的表现心理得到满足。

夫妻间则常想通过语言或行为来使对方欢悦、惊奇、着迷而赞赏自己。

和睦是家庭压力的消化器

结婚前，阿茹虽然对丈夫阿国的妈妈有所耳闻，却少有接触。

第四章　卸下精神压力的负担

但是结婚以后，他们成了

一家人，交往多了，问题也就不可避免地产生了。

有一次，阿茹在婆婆家用过晚饭后，在楼道里偶然听到婆婆与人嘀咕说：媳妇气量狭窄，对老人不尊重，与左邻右舍也不怎么和睦。阿茹听后很是气愤，回到屋里一声不吭，收拾东西要回娘家，任丈夫怎么相劝都无济于事。无奈之下，丈夫不得不与她一起去了。自此以后，阿茹宣布再不踏进婆家门。

妻子与母亲的不和，使阿国的位置非常难堪，但他并不气馁，为了家庭的和睦，他一再启示、引导妻子，努力想改变妻子的认识。他根据阿茹的想法与母亲进行了开诚布公的谈话，母亲作了解释，说根本不是这回事。

但阿茹却坚持认为婆婆在抵赖，本来很好的夫妻关系就此蒙上了一层阴影，夫妻之间再不像先前那样亲密无间，无话不说了，两人之间好像隔了一座朦胧的山。

一段时间过去了，阿茹终于意识到这种生活越来越沉重，简直让人透不过气过来。并且这段时间最苦的不是自己，也是婆婆，而是自己的丈夫。有好多时候丈夫都是一个人在闷声不响的暗伤心，连饭也吃不香了，身体也日见消瘦，这样下去恐怕要生出病来。

她想，其实自己与婆婆之间没有什么实质上的利害冲突，自己做小辈的，为什么不能大度一些，即使婆婆有不正确的言论，为了丈夫，自己也不应该如此。

经过一番左思右想，终于阿茹走出了自己的编织的事实与假象。她与婆婆做了多次坦诚的沟通，婆媳间的关系日益融洽，夫妻俩也恢复了往日的亲密和谐。

心理学入门故事

婆媳矛盾产生的原因是多方面的。首先，婆婆与媳妇之间存在着年龄差异，因此在价值观、思维方式和生活方式上就会有所不同。这是属于两代人的代沟问题。其次是作为长辈的婆婆的封建意识的问题。有些婆婆有意强化媳妇的自家意识，要求媳妇在各方面都应当"胳膊肘朝里弯"，从而使媳妇对婆婆产生了反感，这时压力的阴影就开始产生。

婆媳之间产生人际关系障碍最根本的原因，最根本的还在于对处于婆媳关系中的男人——儿子兼丈夫的感情争夺上。儿子结婚以后，做母亲的很容易产生一种失落感，深感自己对儿子的影响在减弱，媳妇的影响在增强；媳妇也经常感到婆婆以各种各样的方式介入自己的婚姻生活，影响了夫妻之间的感情。如果儿子再对母亲稍有冷淡怠慢，母亲便会将儿子的过失全部归咎到媳妇身上。

另一方面，婆婆自己过去也作过媳妇，她对长期建立起来的主妇位置即将被媳妇所代替而感到愤愤不平。这种危机意识也是造成婆媳交往出现压力障碍的潜在因素。

据此，有关人士说：结婚，不只是做丈夫或妻子，而且也是和一大串亲戚和大把的责任结婚。只有将心比心，换位思考，妥善处理，灵活协调好周边关系，方有家的安宁与和睦。

据专家分析认为，在影响人们健康的众多因素中，有一个极易被忽视而又相当重要的因素，就是"家庭情绪"。心理学家告诫人们要保持良好而稳定的情绪，以增进自己的身心健康。

其实，仅仅关注自己的情绪是很不够的。因为，每个人每天约有一半以上的时间都是在自己的家庭中度过。家庭成员的交往

第四章 卸下精神压力的负担

也是人际交往中的一个重要组成部分。家庭成员情绪的总和构成了家庭情绪。反过来，家庭情绪又对每个家庭成员的情绪施加影响，是关系着每个家庭成员身心健康的重要因素。

改善不良家庭情绪，营造融洽、积极的家庭氛围，应先从消除主要原因入手，主要家庭成员负有重要责任，要从我做起，做搞好家庭成员关系的表率。否则，责人严、责己宽，把责任都推给别人，家庭关系无法搞好，家庭情绪也不会改善。

家庭情绪源于每个家庭成员的情绪及家庭成员之间的关系。因此，家长应该想方设法改善家庭成员的情绪，让大家都快乐。快乐的情绪何处来？

主要来自每个人的需要得到满足。因为，所谓情绪就是人对客观事物与人的需要之间的关系的反映。当然，这里的需要是指合理的需要，而不是过分或不合理的需要。事实表明，不良情绪的产生多与人们的需要得不到满足有关。

家庭情绪与家庭精神生活关系密切。凡是精神生活贫乏、单调的家庭，家庭情绪一般都比较沉闷、呆板。相反，精神生活充实、丰富活跃的家庭，家庭情绪则大多是愉快、轻松和温馨的。

因此，家庭主要成员应该在改善、丰富自己和家庭精神生活方面下番工夫，这要求每个家庭成员的精神生活应该充实，培养一些业余爱好，经常开展家庭内的文娱、体育活动，让歌声、琴声、欢笑声充满家庭。特别是应该想方设法过好节假日。力图让每一个节日都能使每个家庭成员感到愉悦、快乐。因为，不良嗜好对夫妻关系和其他亲人之间的关系损害甚大，是家庭不良情绪产生的重要祸根之一。

心理学入门故事

有人说得好,在快乐的家庭中生活的每一个人,几乎都是快乐的。那些生活在烦闷、消沉的家庭成员,则很难摆脱不快的阴影。

是啊,在一个情绪悲伤、紧张或者恶劣的家庭中,怎么会笑口常开?当我们认识到家庭情绪的重要性之后,就应该时刻关注和不断改善自己的家庭情绪。首先,每个人应该对自己的家庭情绪进行一次自我评价与测试,看它属于以下三类中的哪一类,以便于工作及早的改善。

和谐、温馨、轻松、愉快;

基本和谐、稳定、仍有争吵;

长期或经常处于紧张、沉闷、烦恼或家庭主要成员之间争吵不休,甚至对抗或感情破裂。

如果属于第一类家庭情绪,应该珍惜和注意维护,切不可做有损于家庭团结的蠢事。第二类尤其是第三类,应努力、认真地找出不良家庭情绪的主要原因,并对因施治,不可忽视。

一般说来,不良家庭情绪的产生原因,主要有六个方面:

主要家庭成员(尤其是夫妻)之间关系不和睦、紧张;

主要家庭成员患有严重的心理障碍,或个性乖戾、暴躁;

家庭缺乏民主,家长专横、武断;

多数或主要家庭成员性格内向、刻板、单调;

家中有长期卧床、生活不能自理的病人,或有重病、难治之症的病人;

亲人去世。

家庭是亲情的源泉和情感的寓所。家庭由夫妇和子女组成,夫妻关系和亲子关系就是最基本的家庭关系。前者因婚姻事实而

第四章　卸下精神压力的负担

生,后者因生育事实而成,前者是一种后天获得性的关系,后者是一种先天赋予性的关系,二者共同的基础是情感。

一个人从出生到老死,不能离开家庭生活,儿时仰赖父母的关怀照料;成年后要组织自己的家庭,生养自己的儿女,相互寄托自己的感情;老年以后,也需要家庭的照料和亲人的温暖。这是其他人无法给予的。

特别是在现代社会经济条件下,快节奏的社会生活使得人们的精神压力很大,心情非常紧张,身体疲惫不堪,而家庭生活的舒适、安谧和温馨,就显得更加重要而有意义。因而,在作家的笔下,家庭被描写成宁静的港湾,温暖的窝巢,是一个令人神往的地方。缺乏情感生活和家庭生活的人生是不完满的和令人遗憾的。因此,努力打造一个没有冲突、没有沉重压力,安定而和谐的家庭对人生来说十分重要!

测试:婚姻关系与婚姻质量测试:

著名心理学家约翰·高特曼最近开列了供夫妻双方了解其婚姻是否美满的22道自我测试题。若你的情况与其中12条以上相符,那表明你的婚姻极其牢固;若与你相符的少于12条,那表明你的婚姻有待改善,你不妨从加强交流和沟通等基本方面入手,逐步提高你的婚姻质量。这22道测试题如下。

状态描述	是	否	两者之间
1. 能说出配偶至交好友的名字。			
2. 能明白配偶目前正面临何种压力。			
3. 能知晓近来一直惹怒配偶的一些人的名字。			

心理学入门故事

状态描述	是	否	两者这间
4. 能道出配偶的某些人生梦想。			
5. 能了解配偶基本的人生哲学。			
6. 能列出配偶最不欣赏的那些亲戚的名单。			
7. 能感到配偶对你了如指掌。			
8. 分居两地时,你会经常思念配偶。			
9. 你时常会动情地抚摸或亲吻配偶。			
10. 配偶由衷地尊重你。			
11. 婚姻中充满了热烈和激情。			
12. 浪漫仍绝对是婚姻生活的一项内容。			
13. 配偶欣赏你所做的事情。			
14. 配偶基本上喜欢你的个性。			
15. 大多数情况下性生活令双方满意。			
16. 每天下班时配偶乐于见到你。			
17. 配偶是你最要好的朋友之一。			
18. 热衷于彼此倾心交谈。			
19. 问题时双方均会做出许多取舍(俩人均有影响力)。			
20. 即使彼此意见相左,配偶也能尊敬地倾听你的观点。			
21. 配偶通常是一位解决问题的高手。			
22. 彼此的基本价值观和目标大致契合。			

第四章　卸下精神压力的负担

评分分析：

健康的婚姻有许多条件，例如彼此的需要是否相符合，是否互相支持和鼓励，是否有良好的沟通，是否有个人的自由等。

先计算你得了几个 A、B、C：每一个 A 得 3 分，B 得 2 分，C 得 1 分，然后加起来计算总分。

61～75 分：说明你的婚姻质量通过了安全界限，是很健康的；

43～60 分：你的婚姻质量尚佳，但请注意一些可能发生的问题；

25～42 分：你的婚姻需要立即投入心力补救，才能使婚姻健康地发展。

跳出环境压力的洪流

灾后压力创伤及心理干预

"我出来以后几乎没看到什么，看到的就是树没倒，其他的几乎全倒了。我们住的地方一共是 38 栋楼，全部倒塌。出又出不去，我就在废墟上往南边跑，我越跑心里好像越没底儿，因为我感觉除了我自己以外，世界上没人了。就是任何声音都没有，静得简直有点可怕。因为几乎 95% 以上的人都在废墟底下压着，一点声儿也没有。"他叫李玉林，是唐山大地震的亲历者，地震发生后他是第一个开着车到北京报信的人。

心理学入门故事

面对突如其来的灾难、打击，面对人生的突出事变，每个人都有可能恐惧、自责、紧张、害怕而惊慌而失措，这些都是正常的心理反应。如果要正确地排遣这些情绪，就需要进行心理干预治疗。

"心理干预"作为心理学术语，在以前的灾后重建中我们听到的并不多。因为人目睹灾难而极易产生"创伤后遗障碍"，"心理干预"就是防止当事人及相关人员产生这种心理障碍，帮助他们走出绝望、无助心态，最大限度降低社会负面影响。

美国"9·11"事件之后，也是马上就对经历灾难的大多数公众进行心理干预，尽管如此，"9·11"在部分公众心里的创伤还是没有愈合，可想灾难之于人的创伤性。从这个意义上说，灾难的救助应该包括心理救助这一项。2003年SARS时期，就有专家对北京小汤山的医护人员和病人进行了心理干预，也在一定程度上缓解了他们对SARS的恐惧心理。

萧伯纳有句名言：让你疲惫的不是连绵不断的群山，而是你鞋子里的一粒沙子。实际上心理干预就是在帮助我们找到这粒沙子。这粒沙子是我们经历了灾难后的心理障碍。如果灾后不及时进行心理救助，对个体而言，一般人在经历灾难刺激后，三个月内会有发抖、恶心等急性反应，三个月后会出现噩梦等心理反应。不及时治疗，就会伴随终生，甚至走向极端。这是心理学上的常识。

对整体来说，负面影响：一是社会上有忧郁、自杀倾向心理疾病患者会增多，这对全民心理健康很不利；二是个体会产生孤立无助感，一直无法释放的压力会扭曲心理，促使犯罪，有的人会铤而走险，危及社会安定。

第四章 卸下精神压力的负担

一个经历了山洪暴发17岁的女孩,由于村庄一夜之间变成了汪洋大海,她失去了双亲,只留下13岁弟弟。她面对惨剧,反应麻木,没有内心体验,没有表情,没有思考,一个劲地摇头,说着"为什么……为什么……"。

"心理干预"救助与灾后物资救灾意义虽相同,但性质上是有区别的。不同的是,前者是心理上的"救灾",后者是物质上的"救灾"。物质救灾可以解决眼前存在的问题,而心理"救灾"则是解决长远问题。因此,灾后心理干预非常重要,在国外已经比较发达了,绝大部分国家已经为心理救援立法,在我国心理干预还处于新鲜事物的阶段。

对于社会和国家而言,应该首先对灾后心理救援进行立法,人、财、物配置要根据法律来定。其次,建立一套长效机制,对公民加强宣传,告诉他们,在遇到灾难、遭受痛苦时,有法律保障他们的权利,以获得心理学的支持与帮助。

政府对此要重视起来,认识到这是救灾工作的重要组成部分,在救助保障体系当中,应该把心理救助整合其中。所谓"哀莫大于心死",不重视心理援助,最终的结果是心理疾病增多,影响人格的健全发展,并对形成积极向上的社会精神带来负面影响。

对于个人而言,要积极配合,自发地做好心理调适工作:

在伤害与伤痛过去后,一定要想办法让你的生活作息尽量恢复正常;

不要隐藏你的感觉,试着把你的情绪说出来,并且让亲人、朋友一起分担你们的悲痛;

一定要好好休息,并且和你的亲人和朋友聚在一起;

心理学入门故事

不要勉强自己去忘掉它,伤痛的感觉会跟着你一段时间,这是正常现象;

如果你有任何需要,请向亲人、朋友或相关单位说出你的需要。

交通堵塞会造成焦虑性"高压"

一个早起赶班车的人,走出家门后,发现起了很大的浓雾。由于雾天看不清道,平时那闪电似车流,如今却像蜗牛似的缓慢的爬行。于是他左等右等,不见车来,心里就开始着急。

过了半天,好不容易等来了车,拼死拼活挤了上去,不料车速慢得能急死人,这时他心里着急的就像冒火。他连连不断地看表,不断地向车外张望,心里一直在嘀咕:上班的时间就要到了,还有一个重要的工作布置会议等着他去召开,可是车子就是不肯上前多走一步,怎么办?

此时的他简直就是心急如焚,他觉得此时去上班的路程真是比攀登万里长城还要漫长、艰难,他感到自己疲惫不堪。

事实上,这位赶车者全部心理活动都是额外负担。因为他的着急担心根本就于事无补,既不能影响天气,又不能左右交通,更不能加快车开出的时间。只是徒劳地为自己增加了更大的压力。那么,如何减轻心理的额外负担呢?

我们来看心理学专家的建议:

试着去发现生活中美好的东西。我们之所以不能完全沉浸在

第四章　卸下精神压力的负担

某一特殊时刻所发生的事情中，关键在于我们过多地关注一些利益攸关的目的，而忽略了去发现和欣赏许多美好的东西。

等车时，不妨把心神倾注于眼前呈现的每一个细节之中，你可能会发现一对相扶相携的老人、一对相亲相爱的恋人，一个活泼可爱的孩子，这些美好的情景足以填充你等车的时间空白，与其无济于事地担心，莫如一心一意的欣赏。

说句实在话，现代上班族的生活节奏用"赶、赶、赶"三个字来描绘最贴切不过了，尤其是面对打卡机的冷酷无情，上班赶路的紧张过程更可以用争分夺秒来形容。

最近根据美国科学家的研究显示：这种紧张情绪还会被扩散到办公室，并给工作带来负面影响。因为堵车会让办公室充满火药味。特别是一些高节奏的大都市，一位外企工作的男杨先生就经常向朋友抱怨："本来风和日丽的艳阳天，平静快乐的好心情，全被同事进办公室时阴云密布的脸和火药味儿十足的对话给浇灭了。"

其实，同事可能就是这种将开车压力带到办公室的人，因为交通堵塞程度在大城市十分重，而那位同事的家与单位之间正好要经过全城最拥堵的瓶颈地带。

纽约州立大学心理学家德怀特在对130个人进行调查后得出的结论与上述情况不谋而合，他说："承受交通压力的上班族更容易在背后中伤别人、过多地提出反对意见、故意不回电话，还做出其他许多消极怠工的事情来干扰正常工作。"

这种焦虑心理引起的消极情绪，也使得上班族对工作越来越没有兴趣，甚至感到恐惧，对他们所在单位的人际关系和长远发展所造成的障碍更无须赘言。

释放堵车带来的焦虑情绪

佛罗里达国际大学心理学家大卫·罗伊对上班里程各为6英里和18英里的两组人群，在交通顺畅和拥堵的情况下分别进行了焦虑程度测试，结果发现道路越拥挤、交通堵塞时间越长，人们就越容易被沮丧、焦虑和失望情绪困扰。

可见产生开车压力的主要原因不是交通距离过远，而是与交通堵塞的严重程度有直接关系。

个人的主观情绪也是产生此类开车压力的关键。因为如果自身对路况就有比较多的质疑和担心，即使交通堵塞没有那么严重，他感受到的焦虑情绪也会比别人多，甚至还没有出门的时候就开始酝酿了。

另外开车压力还和性别有关。在行色匆匆的上班族中，男性比女性更容易情绪失常，在美国由于开"斗气车"引发的交通事故中，男性高达96%，同时这些顽固的"暴龙"还经常火冒三丈地宣称"不是我性急，而是其他人开得太慢"。

要避免将开车压力扩散到办公室，还得从减轻上班途中的压力入手。专家提出以下建议：

将自己的"爱车"布置得干净、舒适一些，即使多花点钱，能得到精神和身体上的享受也是值得的；

碰到交通拥挤的状况时，练习深呼吸；到达办公场所，从走出车门的时候，也开始深呼吸，努力让自己的嘴角呈微笑的弧度，

第四章　卸下精神压力的负担

相信会在不知不觉中缓和自己的心情；

给自己的行程打出充裕的时间很重要，毕竟天气、修路、小事故这些意外不以人的意志为转移；

不要让车厢内太沉默，欣赏自己喜欢的音乐，特别是那些柔和、抚慰的节奏能让情绪趋于平静；

多进行自我心理调节，学会坦然接受交通拥挤的现状。此时也正是在百忙之中沉思、反省自我的好时机，这种冥思带来的氛围也可以在一定程度上化浮躁为平和。

令人头痛的工作环境压力

著名演说家、心理专家理查·卡尔森有一个被命名为"快乐总部"的办公室。那是个明亮、动人、友善、宁静的空间。去拜访他的人都爱上了他的办公室，而且在离去时心情总是比来前好多了。

他在办公室中放了一缸热带鱼，妻子与孩子的照片和几幅别人特别为他画的画。每周他都会带着鲜花到办公室，放在花瓶中，这给他增添了许多快乐的新鲜感。而且他的书架上摆满了他钟爱的书籍，窗外则是一个喂鸟架，经常有小鸟飞来啄食。

他让自己的工作环境亮了起来，不但减轻了压力，而且不再会为小事烦恼。

我们可以设想一下，如果办公室桌子上堆满了信件、报告、备忘录之类的东西，就可以使人产生混乱、紧张和焦虑的感觉。

心理学入门故事

更糟的是这种景象会让人觉得自己有100万件事要做，可根本毫无头绪，根本没时间或者根本做不完。面对这样大量的繁杂工作，再大的工作热情也会被冲淡。

但有一点我们必须意识到的是：让我们晕头转向的往往不是工作中的大量劳动，而是因为我们没有良好的工作习惯，降低了办公室生活的品质。也就是说，是不良的工作习惯导致了对工作环境的厌恶，加重了我们的任务，从而破坏了我们的工作热情。

良好的办公工作环境，有利于自我减压，会带给人平和积极的工作状态，也会使繁重的工作变得有条不紊、充满情趣；杂乱无章，不良的办公室生活品质会降低工作效率，造成严重的工作压力，使工作的人心情低落。

影响办公室生活品质的原因主要有两个方面：一是工作习惯；二是办公环境。

我们或许未意识到恶劣的办公室生活品质有多么可怕。就拿乱堆东西这个工作习惯来说，一家报纸的发行人曾经历过这样的事——他的秘书帮他清理了一下杂乱得像小山一样的桌子，结果发现了一台两年来一直找不到的打印机。

美国西北铁路公司的董事长罗西说："一个书桌上堆满了文件的人，若能把他的桌子清理一下，留下手边待处理的一些，就会发现他的工作更容易些。这是提高效率和办公室品质的第一步。"

不错，就说我们自己，是愿意坐在一个干净整洁、一切都井井有条的办公室里，还是愿意坐在杂货店似的一团糟的办公室里？很明显，一个井井有条、令人愉快的工作环境，会减少压力

第四章 卸下精神压力的负担

并提高工作效率。如果一个工作人员每找一份新报告、一盒铅笔或一份重要文件时都要花十分钟,那么,他就会感到十分压抑,并且无法按时完成任务,人们就毫不奇怪了。

再说办公室的空气质量也是大问题。

办公室一族的累积性症状是工作环境受到污染的直接证明。这些污染也许是因为地毯或办公器材的油脂、石棉纤维,空调排出的微粒和病菌等引起的。如果污染严重到一定程度,就会引发更严重的疾病并造成压力。

人们每天要在办公室待8个小时,可以做很多事去改善其空气质量:

打开窗户。

禁止吸烟——尽管在其他地方也许不可行,但至少在自己的办公室可以这样。

利用空气过滤器滤去污染微粒。

在办公室内摆放植物。植物有助于增加空气的氧气含量,促进空气流动,并能增加空气湿度。

大量的噪音也会对工作环境造成严重的干扰。

噪音污染可能会导致严重的工作压力,并对人们的听力造成巨大的伤害。即使在封闭式的办公室中工作,大量的噪音仍然是一个问题。尤其是在许多人共用的大办公室里,大家都在自己的隔间里工作,虽然噪音不至于大得影响人的听力,却会干扰工作并对人们造成压力。

人们谈笑的声音、敲击电脑的声音、电话铃声、传真机的声音、复印机的声音或是讨论之声,所有这些,都会增加人的压力。

心理学入门故事

在一天结束时,人们会带着疲劳、烦躁和紧张回家。

如果噪音是你工作时遇到的一个问题,可以试着用以下方法来解决:

当自己需要集中注意力时,就去找一个单独的会议室。

让每个人都选择一个远离主要工作场所的单间工作。

带上耳塞。

光线的强弱也会给办公室带来不同情况的沉闷。

试想,一个工作人员如果无法看清自己打的字,那么肯定是因为眼睛疲劳了。避免因光线不佳而带来的压力,最好的方法就是将日光灯与白炽灯结合起来使用。要减少电脑屏幕及附近的杯子或发光物体的眩光和反射。

如果办公室有窗户,还可使用窗帘、百叶窗来控制光线。将电脑的显示屏逆着光线,这样便可面光而坐,从而避免强光进入视线,减少炫目感。

如果习惯在打字时抽烟,就要经常擦拭屏幕。因为烟和水蒸气会使电脑显示器表面变脏。

实际上,只要我们多注意些,勤于改善,工作环境与工作面貌就会焕然一新。

既然我们在工作场合上花了许多时间,何不再多花一点时间、精力与金钱、提高一下自己办公室的质量,就算是一点点也无妨。懂得善待自己的人,才不会被压力所困。

如果自己没有时间,没有能力这么做,也可以请别人帮你做——配偶、朋友、同事或孩子!会发现,这其实没有你想像的那么困难。比如,试着挂一些画,换张明亮的地毯,放些心灵成

第四章　卸下精神压力的负担

长的书籍、新鲜的花束、金鱼缸、充满自然趣味的东西。我们就会惊喜的发现，就算是在卡车或货车上工作，也可以使自己工作空间更明亮有趣。

当我们走进办公室时，我们很高兴自己能在这个空间中待上一段时间。何不将这个空间点亮起来，让它变得更有趣、更友善，这样一来，当自己走进这个空间时，浑身都会感到轻松而愉悦。

令人不适的办公设备压力

当人们已经在为一大堆报告烦恼时，如果办公桌、电脑的角度、椅子或光线还令人不舒服，压力就会剧增。工作姿势很重要，坐着，尤其是没精打采地坐着，会对人体背部以下的肌肉不断施压，不断地扫视电脑也会对人背部以下的躯体造成伤害。

也许人们无法说服老板买一个办公桌之类的大部件，却可以考虑为自己买一把椅子，当然，前提条件是老板不反对。花时间布置工作环境是很重要的，这样会令自己感到舒适。想想自己在办公椅上花了多少时间。你对它感到满意吗？你是否在回家后感觉后背酸痛、浑身疲惫？

用完一天的电脑后，你是否会觉得手臂肌腱酸痛？你是否感到脊椎骨僵硬或是不舒服？在离开办公室时，你是否会感到头痛？这些都是由于糟糕的办公用具造成的。后背的疼痛可能是一把设计糟糕的椅子或是你错误的坐姿造成的。

桌椅的舒适度。

要想在没有压力的办公室工作，有一把好椅子非常重要。如

心理学入门故事

果你打算自己买一把椅子,那么就要买一把可以调整高度、后背和倾斜度的椅子,最好是扶手可以调整和拆卸的那种。然后,找一张与之相配的桌子。

调整座位的高度,以便使你的脚能平放到地上。膝盖下方不应承受太大的压力。膝盖弯曲度不应太大。调整椅背的高度,这样就可以舒服地坐在椅子上。椅子后背应该足够宽,必要时可以调整其倾斜度。桌子高度应当很适合工作。如果在使用电脑时大部分时间都靠在椅背上,那么可以试着用高椅背的椅子。

使用电脑的姿势。

使用电脑的姿势造成工作压力的一个主要原因就是电脑的屏幕、键盘摆放不当。不要犯通常的错误,将显示器,键盘都放在桌子的一边。如果你每天打字的时间超过 10 分钟,就应当将显示器和键盘放在正中间。

为了确保使用电脑舒适,你应当:将键盘放在与支起的肘部等高的位置。过高的键盘用起来会很别扭,从而会导致身体姿势不平衡。比如,过高或过低的摆放都会造成肩部姿势不正确。键盘垫有助于缓和打字时手腕的酸痛。键盘的表面也应当越平整越好。

电脑屏幕应当位于距眼睛 18 ~ 30 英寸处(大约一个手臂的距离)。鼠标应当与键盘越近越好,而且应与键盘处于同一水平线上。显示器的上方应与眼睛在同一水平线上,因为直视偏下方会使人感到很舒服(这就是为什么偏光阅读透镜总是在水平线以下)。

第四章 卸下精神压力的负担

打字的正确方式。

打字时的姿势黑字和浅灰色的背景对长时间用眼很有利。调整亮度使屏幕清晰明亮，避免模糊。经常用的东西应当放在键盘旁边伸手就能够得着的地方。文件夹应当与屏幕的高度相等，这样就不需要调整眼睛的焦点。

每隔15分钟换一次姿势，如果一天需要在电脑前坐上2~3个小时，那么每隔半个小时就要做一次深呼吸。打字的时候不断眨眼睛（打字的人总会长时间不眨眼，这样会使眼睛变得很干）。确保每隔20分钟就让视线离开屏幕，并将注意力放在20步以外的物体上。

谨防周末综合症

张迪家在美丽的西子湖畔，大学毕业后一个人留在了南京，工作两年过去已是一家广告公司的企划部经理。工作上的出色表现及不菲的收入，使她很快在这座城市站稳了脚跟。刚开始工作时她非常想家，尤其在周末的时候，她常常打电话给远在千里之外的父母，告诉他们她想家，想念妈妈做的饭。

恋家的愁闷常常令她难过地流泪。但渐渐地，她发觉自己不能再这样一味地恋家了，要做一个事业上独立自信的女性，尤其是在这样一个竞争激烈的环境中。于是忙碌的生活节奏，令张迪成了一个工作狂。

每当一个美妙设想在电脑上得以实现时，她的情绪常常因激动而高涨。周一至周四是她精力充沛的高峰期，而一到周五，她的情绪就开始莫名其妙地低落，她总是不由自主地看表，希望时

心理学入门故事

间过得慢点儿。

她害怕下班，每到周末，她都是最后一个离开办公室，拖着沉重而疲惫的脚步回家。她觉得无所适从，心情烦躁而且郁闷。疯狂购物成了她心理发泄的唯一途径，可是当她拎着大包小包的日用品、化妆品及衣服回家时，刚产生的愉悦又变成了失落。

为了逃避这难熬的周末，她晚上整夜地上网，喝很浓的咖啡，抽烟、哭泣、焦虑及失眠。要不然就睡懒觉，一睡一整天，有时醒来也躺在床上不起来。久而久之，她的情绪开始出现一个规律，即到周末时达到最低点，然后从周一开始慢慢回升，到周三时达到最高点，平稳一天，到了周末再猛降下来。

周末的不适，使她情绪易怒，焦躁不安，一连多天失眠，对外界事物产生厌倦感和淡漠感。

张迪患的是"周末综合征"，这种精神症状是伴随着现代社会发展而出现的新病症。这与社会生活的快节奏有关，更与人们长期反复出现的心理紧张因素有关，属于一种心理障碍，是现代文明病的一种。

过周末对于一些平时在高度紧张状况下工作的人群而言，未必是一件舒心的事，尤其是外企、私企的白领，很难突然停下来适应清闲的生活，他们一旦停下来无事可做，反而容易出现抑郁、失落、焦躁不安等不良情绪反应。心理学上将其称为"周末综合征"或"节日心理失调征"。

从心理学角度上讲，在高度紧张的工作状态下，作为一种应急机制，人的大脑中枢会相应建立起一套高度紧张的思维和运作

第四章 卸下精神压力的负担

模式，以使人们能够适应快节奏的工作、生活。如果人们一下子从上述状态中停下来，原来那种适应紧张节奏的心理模式便会突然失去对象物，加上生理和心理的惯性作用，会使人们面对宽松的环境比如周末反而感到不适应。往往到了周末对任何事物都毫无兴趣，或是极力逃避现实、封闭自己。因此，有些人便会出现抑郁、焦急、忧伤、失落甚至心悸、失眠等身心健康问题。

据专家介绍，易受"周末综合征"侵袭的人群多为出国人员、移居他乡者、长期两地分居的夫妻、离异独居的女性、年轻且性格内向的白领女性人群。为此，心理专家开出了以下预防良方：

做一些力所能及的家务劳动；

外出旅游或参加一些社交活动；

早起，写封信或打个电话给远方的父母和朋友；

尽可能与亲朋好友谈心，了解他们的甜酸苦辣、悲欢离合；

培养一些有益身心的个人爱好；

音乐治疗。音乐可以使人心情放松，在愉悦的氛围中忘却不快乐的事；

在周末觉得生气、苦闷和悲哀时，可暂时回避一下，努力把不快的思路转移到其他方面去；

亲近宠物。有意饲养猫、狗、鸟、鱼等小动物及有意栽植花、草、果、蔬等，有时能起到排遣烦恼的作用。柠檬、菊花、桂花、橄榄花的香味，有提神醒脑和解除疲劳的作用，不妨在周末试用一下。

除此而外，还可以进行"食疗"来预防治疗"周末综合征"，在此介绍一道红枣食谱。

心理学入门故事

原料：红枣 250 克，白糖 100 克，淀粉 15 克，炼乳 50 克，蜂蜜 50 克。

作法：将红枣放入锅中煮烂、去皮、去核、留肉、留汁待用。

把白糖、蜂蜜、淀粉慢慢放入红枣汁中煮开，边煮边搅动，以免粘锅结块。

将炼乳与枣肉倒进锅中搅匀即可食用。

特点：此品色泽深红，有补脾健胃之功效，对患有"周末综合征"的患者疗效尤为显著。

测试你的环境适应能力：

人生中随时都会遇到适应环境的问题，如果你适应得快，那么你就能很好地生活、工作、学习，如果你适应得慢，那你就应该努力哦。下面这套题，就是测试你的环境适应能力的，对于每个问题，请用"是"、"不一定"和"否"三种情况来作答，开始做吧。

（1）我都不敢想象自己可以在国外生活，因为我每到一个陌生的环境里就会感到很紧张。

（2）每到一个新班级我都会交一大批朋友，所以我从不感到孤单。

（3）我很害怕在大街上或者商场等非课堂的地方遇见自己的任课老师，那样会使我既难受又紧张。

（4）我喜欢出远门去旅游，因为旅游能给人以刺激感和新鲜感。

（5）我不喜欢几何学，无论怎么努力总是学不好。

（6）零花钱的多少对我来说无所谓，多了多花，少了少花。

第四章 卸下精神压力的负担

（7）我不喜欢参加讨论会，人太多了，真不自在，我喜欢独处。

（8）和某位同学发生矛盾时，我能很快化解。

（9）班上转来新同学时，我总是在几个月之后才能跟他聊天。

（10）我考试时总能比平常发挥得更好。

（11）有人到我家做客时，我总是不太习惯，想要避开。

（12）擅长倾听的人很容易交到朋友，这是我的经验之谈。

（13）一紧张我就要做错题，所以，我总是寻找一个自己熟悉的、安静的环境做作业。

（14）遇到大事时，我总能很镇静地做完自己要做的事。

（15）老师要提问时，只要还没确定要谁起来回答问题，我的心总是跳得厉害，尽管我知道答案。

（16）在外面过夜时，我的作息时间不会受很大的影响，在固定的时间总能按时入睡。

（17）我不喜欢绘画，我的绘画也不好，再努力都无济于事。

（18）嘈杂的环境，对我影响不大，即使走路我都能边走边看书。

（19）即使是上台领奖状，我也感到有些不自在，毕竟要面对台下那么多人。

（20）班上每位同学过生日，我都尽量去参加，有时还会送小礼物给他（她），我认为这有助于关系的发展。

评分规则：

（1）单数号的题：回答"是"记－2分，"不一定"记0分，"否"记2分：

（2）双数号的题：回答"是"记2分，"不一定"记0分，"否"记－2分：

（3）将各题得分相加得总分。

测试报告及指导：

30～40分：你的环境适应能力很强，能很快地适应新的学习、生活环境，与人交往轻松、大方，给人的印象极好，无论进入什么样的环境，你都能应付自如，建议你多帮助其他同学，使自己的能力更强。

29～34分：你的环境适应能力良好，但仍需勇于接受新的挑战。

17～28分：环境适应能力一般。当进入一个新的环境，要经过一段时间的努力，才能基本上适应，你需要更多的机会锻炼自己。

6～16分：环境适应能力较差。依赖于较好的学习、生活环境，一旦遇到困难则怨天尤人，甚至消沉。如果是这样，建议你多给自己一些压力，锻炼自己。

5分以下：你的环境适应能力很差。在各种环境中，即使经过一段相当长时间的努力，也不一定能适应，你常常因感到与周围事物格格不入而十分苦闷，在与他人的交往中，你总显得拘谨、羞怯、手足无措。建议你求助于你的心理老师。

释放考试压力的"硝烟"

高考中的"晕潮"现象

在"黑色"的高考考场上，高飞突然心中一阵恐惧、惊慌、

第四章　卸下精神压力的负担

头脑中一片空白。他竭力的压抑着紧张情绪，但是越压抑，越恐惧、慌乱，感到一阵眩晕的浪潮覆盖了整个大脑，卷子上的考题变得一片模糊。结果，他落榜了。面对这巨大的打击，高飞不能从失望、痛苦、无助的情绪中解脱出来。

后来，高飞又一次走进一所著名的重点中学复读。作为一名复读生，他忍受着冷言冷语、不公平的待遇。从此他变得少言寡语、郁闷不乐，更加惶恐不安。然而，最大的不幸还在于自此给他带来的后遗症——每逢考试前许多天，他便出现食欲下降、失眠、健忘、坐立不安、手脚冰凉等症状，无法正常学习、考试。

一年过去，面对第二次高考，他由渴望变成恐惧。平时的恐惧感达到极点，他甚至想放弃第二次高考。但第一门考试时，考场出现异常，在一时混乱的气氛中，高飞心中那巨大的恐惧感突然消失了，第一门考试发挥了较好的水平。最终，他勉强考取了一所自费高校。

考试的焦虑、不安是一种复杂的情绪现象，学生在考试期间心理上的紧张、不安、担心、忧虑恐惧等在情绪上的反应都可称之为考试焦虑。它可分为两大类：一类是指在考试来临前的一段时间内持续存在的焦虑；另一类是指在考试过程中产生的焦虑，如"怯潮"、"晕潮"等。

考试焦虑产生时，会伴随一系列的生理反应和心理反应。最初的状态为生理反应，例如肌肉紧张、心跳加快、血压增高、额头出汗、手足发凉等；也伴随着一系列的心理反应，如苦恼、烦躁、无助、担忧等情绪体验；有时也会产生胆怯、缺乏信心和自

心理学入门故事

我否定等心理。

当考试焦虑加剧时,其状态反应也更为强烈,如眼花耳鸣、头痛脑昏、注意力无法集中、思维处于僵滞停顿状态,严重的还可能伴发呼吸困难、尿急、尿频、呕吐、腹泻甚至昏厥等,"晕潮"就是其中最为典型的一种表现。

心理学研究表明:人们在日常生活中,经常会遇到各种各样的困难与障碍,为了解决问题,实现自己的目标,就必须克服困难。而困难的出现和克服,会引起人内心的不安和紧张,严重时就会给人带来恐惧,形成焦虑。

因此焦虑是难免的,但焦虑的产生与程度在个体间有很大的差异,如好胜心强的学生对一般性的小型考试,也可能会忧心忡忡,产生焦虑;而缺乏上进心和自尊心的人,也许对重大考试也持无所谓的态度,其心理、生理反应不显著。因此,要辩证地看待考试焦虑的影响。

可以想象,如果一个学生对无论多么重要的考试都抱着无所谓的态度,没有丝毫的紧张、焦虑和压力,不进行认真的复习和准备,他的考试成绩就不会很理想。所以,适度的焦虑与紧张有助于精力更加集中,知觉更加敏锐,思维更加灵活,学习效率更高。而焦虑过度也不利于发挥正常水平,会对考试产生不利影响。就是说,考试焦虑的产生不仅是必然的,而且是必需的,重要的是学生要学会自我调适。

克服考试焦虑症

克服考试焦虑可以采用多种方法来进行自我训练、自我心理

第四章　卸下精神压力的负担

调适，以下是一些简便有效的办法：

做好充分准备，培养良好状态。

形成良好的考试状态充分而良好的准备状态，是预防产生过度焦虑的最有效方法。考前的准备工作很多，如物质准备、知识准备、体能准备、心理准备等，缺一不可。

一般说学生对考前的物质准备（如考试时所需文具等）、知识准备（如全面认真地复习等）已达到最高限度，因而它们对考试结果的影响相互间差异较少，而影响考试结果差异最显著的是体能准备和心理状态。比如体能准备，有不少学生在考前拼命复习功课，作息时间颠倒，生理功能紊乱，睡眠不足，缺乏体育锻炼和文娱活动，致使大脑过度疲劳，体能下降，精力不济，这无疑不利于考前良好的体能准备，加之心理上的紧张焦虑，临场时"晕潮"的可能性就会增大。

需要特别指出的是，有些学生在考前为保持旺盛的精力，饮服大量的高脂肪、高蛋白的营养品，不注意饮食卫生和良好习惯，造成消化不良和肠胃功能紊乱，体能不仅没有增强反而下降。考前适量补充营养是需要的，但一定要注意适度，防止暴饮暴食。无论是体育竞赛还是各种考试的经验都已证明，缺乏良好的体能准备是难以发挥正常水平的。

俗语说"大考大玩，小考小玩"中的"玩"，事实上就是娱乐，紧张学习之余的娱乐，可以使人消除生理疲劳，恢复体能，还可能使人情绪轻松，压力减轻，从而防止高强度焦虑的产生。反之，考前忧心忡忡，焦虑不安，缺乏良好的心理准备，这样在困难还未出现时，就已被困难吓倒。正像有人说的：很多人不是被困难击倒，而是被他们自己击倒。所以学生在考前都应积极调整自己的心理，既要对考试时各种困难挫折有客观而科学的估价，又要有克服困难挫折的充分心理准备。

端正考试动机，减轻心理负担。

每位学生对考试的意义都要有客观正确的认识，从而树立正确的应试动机。考试作为一项复杂的脑力劳动，需要保持清醒的头脑和中等程度的焦虑，以保证在考试中正常发挥水平。

反之，把考试的意义片面夸大，甚至把考试与个人终生的成就、事业和幸福等紧紧联系在一起，考试还未来临就惶惶不可终日，带着强烈的求胜动机和沉重的心理负担去复习、考试，结果情绪焦虑程度越积越强烈，临场发挥时事违人愿。因此，越是临近重大的考试，越要适度降低求胜动机，减轻心理负担，真正做到轻装上阵。

当然这绝不意味着要求学生对考试抱消极应付的态度，而毫不准备、毫无压力地参加考试，其根本目的仍然是要求学生保持旺盛的精力和积极的心理状态来迎接考试。

保持冷静，平静处理"怯场"。

怯场是学生在考试过程中，在考试情境与考试本身的强烈刺激下，引起情绪高度紧张和焦虑，难以控制自己的心理活动，使心理活动暂时中断或失调的现象。这种情况轻者称为怯场，重者叫做晕场，怯场是考试焦虑最典型的一种。

事实上，当怯场现象发生时，只要有所准备，掌握必要的技巧，也可以顺利度过这一危机期。

当学生意识到自己出现怯场现象时，不要惊恐慌乱，有几种

第四章　卸下精神压力的负担

缓解方法可供借鉴：其一是安静下来，暂停阅卷、答卷，静静伏在桌子上稍作休息，转移注意力，停止有关考试活动的强制性回忆。一般情况时间很短就可以消除怯场，正常考试。其二是可用"调整呼吸法"，即遇到情绪极度紧张时，停止有关活动，全身放松，多次做深而均匀的呼吸，呼吸时大脑最好排除其他杂念，双眼注视一个固定的目标或微闭，反复有节奏地呼吸，这样也会很快消除怯场。

另外的方法还有，暂时停止答卷，转移注意力，默数数字，或闭上双眼，全身放松，想象一个大气球有一小孔漏气，气球由大慢慢地变小，等等。这些方法都可反复使用，不仅有助于克服怯场，对一般的考试焦虑也都有缓解作用。

高考综合症的应对

冰冰上高三后，觉得压力特别大，甚至有好多时候，她都觉得心里发堵。在学校此，在家里也如此。妈妈逼着她去看医生，医生说就是心理压力过大造成的，让冰冰必须放松缓解。可是，想想即将来临的生死大战，必须拼命学习，怎么可能真正放松呢？

再说，妈妈为帮助她迎考，辞去工作在家已半年，每天为她的饮食起居问寒问暖，琢磨应考时的注意事项，凡能想到的都不厌其烦地一一替她做到了。

然而，面对妈妈无微不至的细心照顾，冰冰却感到承受不了，竟提出要一个人搬出去住，话一出口，妈妈的眼泪就淌了出来，不停地问："我哪点没做好？你还要什么？"看到妈妈如此伤心，

心理学入门故事

冰冰忍不住扑进妈妈怀里大哭起来。

冰冰的精神状态,就是患了高考综合症。专家认为,面临高考压力的学生或多或少都患上了这种"高考综合症"。这个症状有四种表现:

以自我为中心。

班级中部分学习成绩处于中等水平的学生,由于他们所处的"角色"是高不成、低不就的位置,受教师关注偏少,容易形成一种学习目标不明确,易于满足于现状的心理,但他们个人的基本素质又决定他们不会与学习"特困户"、思想品德"落伍者"在一起,他们是以自我为中心的"中间一族"。

消极对抗老师。

学习成绩和行为习惯不理想的学生,不但难以得到老师友好的重点关注,而且可能长期处在老师"监控"之下,他们往往会不理解教师的用意,排除一切外来教育,对老师有敌视倾向。

认为"分数最重要"。

作为毕业班学生,把成绩放在首位,是理所当然的。但部分学生到了毕业班,也许是由于来自多方面的压力,视成绩为唯一的追求而排除其他一切,对集体关心不够,集体活动也不积极参与,同学关系也处理的不够恰当等。

专家认为,这种"成绩唯一"的功利心理,对学生心理的健康成长是不利的,而且具有这种心理的学生,心理承受能力极差,往往会导致成绩的上下波动而有极大的心理变化,经受不住挫折。

第四章　卸下精神压力的负担

自暴自弃。

学习困难者到了毕业班，随着学习负担的增加，他们对学习更无信心，如得不到关心、帮助，在彻底抛弃了最后一点自信心后，他们往往就会自暴自弃，放任自流。

"高考综合症"会严重影响学习与学生的身心发展，因此一旦发现高考生有这方面的倾向，家长与老师要高度重视，及时的帮他们调节与应对：

老师要给学生调节心理

作为老师要借助环境对学生进行心理调节。如在讲台上摆上一束鲜花，在教室角落摆上报刊、杂志，都会让学生觉得舒适、温馨。另外，教室中的黑板报也是一道风景线，有经验的老师就不会让这一块"风景"成为摆设；另外，指导学生建立良好的人际关系是极其重要的。

通过学习指导进行心理调节。学生学习的压力来自多方面，包括主客观方面，但其中重要的一个方面是缺乏明确的学习目标。对于这样的学生要调整他们的现有心理，就先要帮助他们明确学习目标。

另外，学习方法的好坏，也是影响学习成绩的重要因素，由于学习方法不得当而造成的成绩不理想，对学生积极性的挫伤大大超过其他因素。及时的、科学的学习方法指导会使学生学习成绩突飞猛进，其效果大大超过老师许多苦口婆心的思想教育。

家长要和孩子多交流。

调查显示，有15%以上的学生常常不得不接受父母的口头禅，诸如"你不是读书的料""全家的希望都寄托在你身上了"、

心理学入门故事

"你伤透了父母的心""从没见过你这么笨的孩子"等。这些不尊重孩子言行,不但不能起到鞭策作用,反而会引起他们羞愧、自卑、委屈、反感、不思进取,最终被消极态度击败。

教育咨询专家胡国志介绍了一些心理支持的沟通技巧,供家长参考:

别老问孩子考几分。在复习迎考阶段的紧要关头,父母们总会忍不住一次次地问孩子考得怎样。然而却很少关注孩子对这样频繁发问的感受如何。

变"唠叨"为"积极回应"。从孩子的细微变化中去感受他的情绪,坦诚地告诉他,理解他目前所承受的压力,知道他有多不安或焦虑。若要孩子毫无顾虑地向你倾诉衷肠,你就要对孩子流露的真实感受给予无条件的接纳,而不要急于判断他这种消极的情绪值不值得,更不要急于说教。其实,通过充分的宣泄,这本身就起到了减轻压力的"心理治疗"作用。

减轻孩子的心理压力。多引导宣泄语,放下手里的家务活,全神贯注地听孩子道出心事,关注他的情绪,让他感到被重视、被关注。要知道此时此刻,明白孩子的感受能让他倾诉心事,减轻压力。沟通的最终目的是帮助孩子面对自我。当家长成为孩子可信赖的朋友时,就可用挑战语帮助他看清自己的不足与问题。

尊重孩子,充满爱意与期望的沟通,往往能给孩子信心与力量,帮助他战胜自己的恐惧与不自信,以积极的状态面对压力。

学生要给自己一份好心情。

有人说高考是人生的关口,为了过好这一关,拥有一份好心情十分重要。

第四章　卸下精神压力的负担

松弛训练。端坐，微闭双目。脑中想一个"松"字，依次松弛头顶、额头、下巴、颈部、双肩、双臂、手、胸、腰、腹、腿、脚等部位的肌肉。这有利于脉率、血压的稳定，能提高肢端温度并获得轻松感。

深呼吸。在烦躁不安时，可暂时放下书本作业，放松端坐、微闭双目做 2～3 分钟的深呼吸。像闻花香那样缓缓吸气、慢慢吐气。对考试恐惧者，也可在卷子发下的前一刻做此练习。

睡个好觉。这不仅能保持第二天头脑清醒，还有保存记忆的作用。

考试后的压力释放

有个长了驴耳朵的皇帝，只让理发师知道他的秘密，并命令理发师发誓不要把秘密泄露出去，否则性命难保。日了久了，理发师觉得把这个秘密压在心中好难受，几乎要发狂。然而，他又不敢对外人说出这个秘密。如果说了，既违背自己的诺言，又将招来杀身之祸。

后来，他终于想出一个发泄的两全之计：在地上挖了一个大洞，每天对着大洞狂吼几句："皇帝长了一对驴耳朵！"于是，他发泄了，心理平衡了。

这是个来自韩国的民间故事，叫做"皇帝长了驴耳朵"。一提起"发泄"，人们便认为它是贬义词。其实在医学上，"发泄"却是中性词，甚至是褒义词，更是"释放"的意思。由于我们每

心理学入门故事

天都会遇到一些不愉快的事情,这就给人造成很大的心理压力。心理压力是一个致病因素,压力过剩,就会失去心理平衡。所以,我们要善于及时释放心理压力,医学上把它叫做"发泄"。

这种压抑要及时的释放出来,心理才能得到平息。

一般来讲,每位学生、教师及家长都非常注意考试前要有一个良好的状态,注意考前的心理调节。实际上学生考前的心态固然重要,但是学生考后的心态如何也不容忽视,考后的心理状态不仅会影响他们生活和学习的积极性,而且会影响他们今后的考试状态。因此,注意考后的心理调适显得尤为重要。那么我们怎样进行考后心理调适呢?

多角度看名次,学会辩证地分析问题。

每个人都想保持原来在班上的名次是不可能的,不是进步就是退步了。尤其是一些总是排在后面的同学,很少体验到成功的感觉。这时就需要理智看待名次。排在最前面的人、排在后面的人都要从多角度看名次,因此还要对自己纵向比较一下,自己是否进步了,掌握的知识是否更多了。不要将自己的目光只放在眼前的名次上,否则就很难继续进步,有些人可能还要盲目乐观,结果只可能是一点点退步。

理智分析情境,正确对待外界的压力。

在考试后,尤其是一些大的考试后,许多同学会面对外界多方面的压力,这些压力主要来自于父母、老师、同学、亲戚朋友等等,尤其是许多父母望子成龙、望女成凤心切,再加上社会上成年人之间拿孩子的成绩进行比较等原因,因此父母对子女的期望值普遍较高。

第四章　卸下精神压力的负担

当你没有达到他们的期望值时,你可以先分析一下:自己是否刻苦努力了,是否尽自己的全力了,如果已竭尽全力但仍无法达到父母的要求,就不必再过多地责备自己,你不妨这样思考:只要我尽力了,我的心里就是坦然的。

理智分析试卷,正确对待考试成绩。

无论考的成绩如何,都要对各门试卷进行认真的分析与思考。对答的好的题目,应写出自己是如何理解运用所学知识的(如计算法则、步骤、审题的思路等);答错了,要找出原因,错在哪里,为什么错?以利于今后改正。任何一次考试成绩都不是人生最后一次考试成绩,我们的每一次成绩都是为了下一次取得更好的成绩作准备。

制订一个可行的计划。

当调整好心态后,要根据自己的具体情况制订一个可行的计划,安排好今后的学习和生活。在制订计划时不能急于求成,一步登天,要有短期的目标,能使自己有成功的体验,从而增强学习、考试的信心。每个人都有一个"最近发展区",如果我们将自己确定的目标靠近"最近发展区",那么经过我们努力,这个目标就会实现。如果我们将目标确定太高或太低,就会失去目标与计划的实际意义。

分析、总结平时的学习态度,学习方法。

在考试后想痛痛快快地玩一场,这种心情是可以理解的,考试后轻松一下,放松放松,发泄一下压抑的情绪也是应该的,但考试后在一段时间里将学习抛到九霄云外,对考试也不做任何分析也未免有些"潇洒"过头了。考试后可结合试卷,对自己平时

心理学入门故事

的复习目的、学习态度和学习方法进行分析。

正视现实。

如果这次考试失败，无论你再伤心、再痛苦、再后悔，它都已经成为现实，因此，你就应该勇敢地正视现实、面对现实，并想法去接受它、适应它。然后像方法 2 和方法 3 中所讲的分析原因，对症下药。发生的就得面对，重要的是在以后的考试中能够汲取经验和教训。

轻松应付考试

静静和蕊蕊是一对好朋友。静静在学校算是一个风云人物，不但是班长，而且学习成绩很好，能歌善舞的她还经常参加学校的各种文娱活动，深得老师的好评和同学们的羡慕。比起静静，蕊蕊就平凡多了，她不但没有什么特长，就连应付学习都都感到很吃力，特别是面临考试时，总感觉有山倒一般沉重的东西向自己压来。尤其是这学期，随着功课加重、难度加深，蕊蕊更是觉得疲于应付，压力非常沉重。

看着自己的好朋友同时做好几件事情而游刃有余，蕊蕊忍不住问静静："为什么你能同时做这么多作事情，而且都处理得很好，而我就连应付学习都觉得很累。压力很大呢？"

静静笑笑说："这呀，是我的秘密法宝。"

蕊蕊更加好奇，催促静静快说。

静静说："逗你的，哪有什么法宝呢？关键是要学会给自己减压！首先要有一个很好的时间规划。就像我吧，每天既有学习

第四章 卸下精神压力的负担

任务,又有班上的事情,还要参加演出、排练。我会按照事情的轻重缓急给自己制定一个详细的时间表,这样就什么事情都不会拉下了。同时一定要给自己留下一定的时间来放松心情,减少压力。比如我会听听柔和的音乐,舒舒服服地洗个热水澡,看一场电影,甚至就是安安静静地躺着什么也不想……等心情放松了,我就又有充足的精力去应付各种各样的难题。"

静静说的没错。如果你在抱怨现代生活的压力太大,你快被"逼疯"了,请你立刻停止这样的抱怨,因为你心理的"压力阀"就操在你手上,是你而不是别人在控制给你"加压"还是"减压"。

研究结果表明,调节心态的能力在考试中的作用非常重要。情绪的调节在心态调节中,占据核心地位。好心态是考试成功的一半,调节好情绪则是心态调节的关键,考生在考前与考中怎么调节好心态呢?

这里提供几种简便易行的方法,供考生参考使用。最关键的是掌握每种方法的要领,熟练地运用。

积极的自我想象

积极的自我想象能唤起人良好的情绪,消极的自我想象能唤起人的不良情绪。考生可以根据自己过去成功的经验与情景选择积极自我想象的内容,例如过去某次考试成功的某些情节,来焕发自己积极的情绪。考生在考前的复习过程中与考试过程中发生不良情绪时,都可以用积极的自我想象,来焕发积极的情绪。

平常心对待考试

对大量考试成绩优秀者的调查研究表明,他们在情绪上的共

心理学入门故事

同特点是以平常心对待考试,因此情绪比较稳定。他们把平时的统考、模拟考试当成正式考试,因此正式考试时就能以平常心对待。

正确运用深呼吸

正确运用深呼吸是调节情绪简便易行的方法。据了解,不少考生自以为深呼吸是很容易的事情,但只要一做就感觉别扭。深呼吸要注意两个要领:一是缓慢、有节奏地吸气,缓慢有节奏地呼气;二是吸气后停1至2秒钟再呼。呼时最好嘴微张,这样立刻感觉肌肉放松,特别是感觉胸部放松,从而有助于心理放松。

反复按摩内关穴

考生用右手大拇指轻轻地有节奏地顺时针按摩左前臂上的内关穴(内关穴位于手腕向上三横指正中线上),按摩36次即可。

按摩内关穴能调节情绪,其道理在于,第一,中医学的大量临床学表明,针灸作用于内关穴对调节植物神经系统、稳定情绪是有作用的。第二,按摩36次内关穴起着转移注意力的作用,把考生的注意力从紧张的事务中转移过来。第三,根据中国传统文化的习惯,顺时针按摩体现顺利的意思。而按摩36次又有六六大顺的含义,这都具有很大的暗示作用。

全身放松训练法

这是一种利用语音暗示进行自我放松的方法。考生坐在椅子上或站立于地面,全身放松,两脚分开与肩同宽,眼睛微闭,心中默念:头部松、面部松、颈部松、前胸松、后背松、腹部松、腰部松、前大腿松、后大腿松、前小腿松、后小腿松、脚背松、脚掌松,按照如此顺序,反复默念,可使身体得到放松,精神上也得到放松。

第四章　卸下精神压力的负担

轻轻松松听音乐

不少考生考前情绪紧张。心情烦躁时，会听听自己喜欢的轻音乐，放松自己的情绪。考生听什么样的音乐来调整自己的情绪，因人而异。

跳出压力的茧壳

岩艳从小就是品学兼优的好学生，立志要考名牌大学。但天不遂人愿，她由于一次考试的失误，阴错阳差来到了一所职业校。从进学校的第一天起，岩艳就对自己的现状非常不满意：校园狭窄、位置偏僻，学习氛围不浓，同学素质低，老师工作懒散……岩艳想，在这种破地方，不学习我也照样考前几名，也照样比其他人优秀。万分委屈的岩艳就开始放纵自己，整天上课无精打采，下课就怨天尤人。

一个学期结束后，岩艳被自己的"成绩"惊呆了：学习成绩落入了全班倒数十名，社会活动为空白，各种技能一样都没有学好！而看看周围那些与自己一同考进来的同学，他们都取得了很大的进步，尤其是那个自己一向看不起的小萍，居然被评为"优秀学生"，还当上了班里的生活委员。

岩艳感到了前所未有的沉重压力。她终于明白，不是学校不好、同学不好、老师不好，而是自己的心态有问题。不管在什么地方，不努力就要落后，就要被淘汰相反，只要肯努力，职中生也能上大学，也能有很好的前途与希望。

心理学入门故事

是的，当我们感到这儿也不对，哪儿也不对，压力重重的时候，要明白不是"镜子"不够亮，是我们自己的心里有了阴影。

现实中，许多同学为升学的压力而发愁，也为学习生活的压力而烦躁。但是，大家如果能换一个角度来看待压力带来的紧张，那么就会深深地体会到紧张也是美丽的、值得享受的，它有时候比轻松更迷人。

上课紧张学习中的新奇之美，复习紧张中的充实之美，考试紧张的备战之美，考试紧张后的收获之美……这些都是精神松垮垮的时候，享受不到的。

要想享受紧张，就要接受压力，正确看待压力。适度的压力对我们是有益的。压力使我们不能松懈怠惰，压力使我们浑身充满张力，压力逼我们鼓起力量奋斗。

假如没有压力，枝头的苹果怎么能由青变红？

假如没有压力，甘蔗怎么会流出清甜的汁液？

假如没有压力，雄鹰怎么展翅？飞机怎样飞行？

假如没有压力，帆船怎么会鼓得劲满，破浪前进？

假如没有压力，石头怎么会变成坚硬的钻石，光芒四射？

因此，亲爱的同学，虽然无法逃出书山题海，但我们能让辛苦变得不再沉重，能让自己肿胀的黑圈的眼里增添一些笑意。因为在这个什么都可能发生的生命之旅中，每一次微笑，都是新感觉；每一点压力，都是奋进中的脚垫石！

我们相信，每一位同学都是勤奋好学、充满信心的。那么，究竟如何才能长时间学习而不感到压力重重呢？

如果我们学习到很晚了，已经感到精疲力竭了，而又必须坚

第四章 卸下精神压力的负担

持下去,怎么办?下面的小对策,可以助你减缓一些压力的源:

坐在书桌前太久,头开始觉得重重的。对策是:学习1小时左右,离开书桌呼吸些新鲜空气。

脖子和肩膀痛。对策是:将头垂下,下巴碰到胸部。轻柔地左右转头,让颈部肌肉放松。手伸到颈部后,慢慢、轻轻地按摩。几分钟后,就会觉得放松了。然后再用左手按摩右肩。用右手按摩左肩。

感到心痛、喘气或抽筋。这可能是喝含碳酸、咖啡因、酒精类饮料的结果,尽量多喝些白开水。

你已经在桌前坐了许久,无法集中注意力,可能有点儿犹豫不决。对策是:做几次深呼吸。吸气时让腹部扩张。这样你很快就会觉得较平静,也比较集中了。

觉得烦躁、坐立不安。对策是:如果坐在桌前觉得很想站起来走走的话,可能就该站起来了。最好不要压抑那种诱惑;人体有种很神奇的感觉,会告诉你何时该伸展一下了。

开始打喷嚏,可能快感冒了。对策是:吃一些维生素C片。当你长时间学习时,身体的维生素C含量降低,因此每天可摄取1000毫克到2000毫克。不过有些人也可能会肠胃不适。

下颚紧绷,肌肉紧张。对策是:手握拳放在下巴处,顶住下颚,用力张开嘴。这样维持数秒,下颚的紧张就会消退。

背部肌肉紧张或酸痛。对策是:向前紧握住又手,蹲下时把双臂放在膝盖上,维持几分钟。如果你坐得过久,可以重复几次动作,这样肌肉就可以放松。

口干舌燥。对策是:桌子上放一杯水。同时也可放一瓶咳嗽糖浆或是一小片水果或蔬菜。

考试焦虑自我检查题：

（1）家人、朋友等都期待我在考试中取得成功。

（2）重大考试前后，我不想吃东西。

（3）对喜欢向学生搞突然袭击的教师，我总感到害怕。

（4）如果我考糟了，即使自己不会，老是记挂着它，也会担心别人对自己的评价。

（5）面临一场必须参加的重大考试，我会紧张得睡不好觉。

（6）考试时，如果监考人来回走动注视着我，我便无法答卷。

（7）当了解到考试结果的好坏将在一定程度上影响我的前途时，我会心烦意乱。

（8）考试前，我的身体不能放松。

（9）考场中的噪音（如日光灯的响声、其他应试者发出的声音，等等）使我烦恼。

（10）考试前，我有一种空虚、不安的感觉。

（11）考试时我对能否达到自己的目标产生了怀疑。

（12）如果考试得了低分数，我不愿把自己的确切分数告诉任何人。

（13）在即将得知考试结果前，我会感到十分焦虑不安。

（14）假如在这次考试中我考得不好，我想这意味着自己并不像原来所想象的那样聪明。

（15）如果我考试分数低，我的父母将会感到非常失望。

（16）考试过后，我常常感到自己本应考得更好些。

（17）在某些考题上我费劲越多，脑子也就越乱。

第四章　卸下精神压力的负担

（18）如果我考糟了，且不说别人会对我有看法，就是我对自己也会失去信心。

（19）考试之前，我感到缺乏信心，精神紧张。

（20）在考试前，我所存在的问题之一是不能确知自己是否做好了准备。

（21）公布我的考分之前，我很想知道别人考得怎么样。

（22）考试期间，有时我非常紧张，以致忘记了自己本来知道的东西。

考试焦虑自我检查题目的内容归类与所属题目序号见下表：

类　别	测查内容	题目序号
考试焦虑的来源	（1）担心他人对自己的评价； （2）担心对个人的自我形象带来损害； （3）担心未来的前途； （4）担心对应试准备不足	1，4，12，15，14，18，19，7，11，3，20
考试焦虑的表现	（1）身体反应； （2）思维阻滞	2，5，8，6，9，16，17，22
其他	一般性的考试焦虑	10，13

第五章
不良行为的自我救赎

人是动物，所谓动物，就是要活动起来。但是这里所说的"活动"不是简单的物理活动，而是在一定社会规范、风俗以及人体自身特点规范下的活动。如果超出了这个规范，任何行为都会让别人觉得"怪怪的"。这种让人感到奇怪的行为，就称为"怪癖"，心理学叫做"行为障碍"。行为障碍的程度有轻有重，严重的行为障碍将会给人的生活带来严重的影响。

人是直着走的，而螃蟹是横着走的。并不是说人不可以横着走，但是在为直着走的人修建的笔直的马路上，非要学螃蟹那样横着走，不摔跤才怪呢！所以，做人要洁身自好，不要误入歧途而葬送一生。

认识厌食自戕的恶果

2005年8月22日，一名少女在世纪坛医院里死去。医生说，她的死因是饥饿过度导致身体各脏器衰竭。这名少女是从湖南岳阳离家出走后流落到北京的。她的父母说，她曾因不满意自己的身材而节食，并患上厌食症，之后离家走。负责为她治疗的大夫说，刚看到这个女孩时，他们都倒吸一口气。女孩的大腿只有成人的小臂粗，手臂只有两根手指并在一起那么粗。

第五章　不良行为的自我救赎

当时在医院一位记者说，当晚8时多，他看见护工正给女孩喂馄饨。女孩吃得很费力。记者问她："你最想吃什么？""青苹果！"女孩回答。

记者跑出医院，给她买了一些苹果。随后，护工把苹果弄成糊状，喂给女孩。女孩笑了。护工说，这是她来医院后第一次笑，也是唯一一次。吃完后，忽然，女孩开始呕吐，将苹果以及先前吃下的馄饨都吐了出来。医生再次对其进行抢救。

3个小时之后，医生宣布抢救无效。主治大夫说，女孩是因饥饿过度，造成身体各个脏器衰竭而亡。

这位女明显的就是患了厌食症。厌食症是一种常发生在女性身上的疾病，病患常拒绝维持最低正常体重，或是极度害怕变胖。即使目前病因未明，但有研究指出，与内在体质、节食、外在压力及心理社会因素均可能有关。厌食症近几年来有渐增之趋势，其中九成发生在女性，特别是在已开发国家的高社经阶层人士当中。

目前，厌食症的确诊标准是：

即使体重过轻，仍强烈害怕变胖；

对自己身材有不恰当的评价；

拒绝维持最低体重或体重低于理想体重85%以下；

已造成无月经或连续3次月经没来。

调查发现，厌食症常发生在10~30岁的女性，平均发病年龄是17岁。有些时候是刚好发生在压力事件之后，例如转学、离家去外地求学，或是在身体、情感受创之后等等，但大部分仍

心理学入门故事

为隐藏而渐进性发病。其中一半的病人,偶尔会有暴饮暴食的现象;40%的病人,会自己催吐;而有些人会使用泻剂、减肥药或过度运动来想办法降低体重。也有在长期节食减肥,饮食形态先产生异常后,再逐渐发展成厌食症的。

有关研究指出:厌食者常常与焦虑、忧郁、强迫性想法、或完美主义个性一起出现。这类患者思考较固执、缺乏弹性;会极力想控制周遭环境,但又无能为力;或有长期情感压抑,社交被动的情况持续出现。

厌食症最让人担心的是,已经危害健康,并造成身体机能改变或不良合并症出现,例如电解质不平衡、贫血、月经失调、苍白虚弱、便秘、低血压、心律过慢,甚至骨质疏松等等。

不要被苗条梦欺骗

调查发现,近来厌食患者的增加多与"苗条"有关,她们为了追求时尚的"骨感美人",就不顾一切地强迫自己去减肥。这些人受到"胖就是不健康、不美,瘦就有精神、有魅力"等观念的影响,过度追求身体苗条,拼命利用节食来达到减轻体重的目的,最终导致厌食症的发生。

研究发现,患有厌食症的人多性格内向、敏感、多疑、偏激、情绪不稳定、无端挑剔。而雌激素、甲状腺激素分泌下降、皮质类固醇激素升高等内激素分泌失调的人也易患厌食症。另外,父母对孩子教育不当、孩子对父母过分依赖、从小受到虐待或是生活在单亲家庭中,都是导致厌食症的原因。

第五章　不良行为的自我救赎

一位心理学家说，厌食症患者约95％为女性，这主要是与女性的生活有密切关系。许多女性承受着巨大的压力，她们要关心家人的身体健康，赡养父母，照顾子女的衣、食、住、行以及自身婚姻的维护，还要很好地完成自己的工作。面对这些压力的同时，还在担心自己发胖后会缺乏魅力，不再受欢迎，所以她们更加注意自己的饮食和保持体重，克扣自己的食物，少吃甚至不吃，有人还会在吃进去后再想方设法吐出来。另外，现在越来越多的人崇尚"骨感美"，宣称"骨感美"是衡量美丽的一个重要标准，无形中又为女性形成了另一个压力，让她们慢慢走上厌食的道路。

当前应在社会中进行正面教育，不管男女都应均衡食，要好坏、粗细搭配，营养过剩给很多人带来肥胖症。管不住自己的嘴，过后又盲目减肥，这都是不利健康的。

患有厌食症的人经常会主动拒食或过分节食。长此以往，就会造成消瘦、营养不良、皮肤干燥、水肿、体内激素水平异常、毛发稀疏、体毛过多、心脏功能下降、心血流量降低、脑血管供血不足。女性患者多出现月经减少或停止，男女都有性欲缺乏、昏厥，严重的还会死亡。心理学家说，厌食症患者还伴有性格改变，出现抑郁、焦虑、喜怒无常、强迫、说谎、隐瞒等现象，即使是这样，她们也会固执地认为这就是瘦，就是美，并变本加厉更加疯狂地减肥。

研究发现，约50％的厌食症者伴有贪食症，暴食后又自己诱吐、服减肥药、泻药等，或者做大运动量的活动，唯恐自己体重增加。他们不停地在矛盾中挣扎，但却往往是深陷其中，不能

心理学入门故事

自拔。

很多患有厌食症的患者,往往是当有饥饿感时,却强迫自己不吃东西,而当自己终于想要吃东西的时候却是面对满桌的美味佳肴也吃不下去。还有很多患者不合作,拒绝治疗,更增加了治疗难度。因此,在医生治疗时,经常采用纠正营养不良治疗、心理治疗、家庭治疗、药物治疗等方法。有的人往往在治疗后复发,因此需要跟踪随访、巩固治疗。生命是第一位的,我们不要过度关注自己的外表,要知道外表美丽并不能代表一切。拥有健康的身体才是美丽的资本。

青少年厌食的预防

对于神经厌食症的预防,目前国内多采用精神心理、饮食、中药、镇静剂、理疗、磁疗等治疗方法。尽管治疗是缓慢而较困难的,但既往认为本病的预防是良好的,长期追踪发现大多数患者厌食症状可以逐渐消失,体重恢复,致使精神病变者是少见的。当然这样,此病仍值得警惕与重视。

心理专家说,青少年大厌食的原因主要是慢性的精神刺激及过度紧张的学习,因此,解除慢性刺激和负担过重的学习是预防或减少发病的主要措施。

针对青春期的厌食症,首先是情绪预防。青春期女性发病较多,表明这一时期性格的不稳定,易受外界刺激,或家中不睦,父母之间的矛盾,家中亲友重病或死亡者,或在学校学习成绩意外的受挫折者等等,均易发生本病,因此保持精神的乐观、心胸

第五章　不良行为的自我救赎

开阔是至关重要的。

其次就是劳逸结合。合理安排学习和生活,使脑力劳动与适当的体质锻炼、体力劳动相结合、适当安排娱乐活动与休息,可以防止因过分劳累引起下丘脑功能的紊乱。

再就是进行正确人体美的教育。少数病例对进食与肥胖体重具有顽固的偏见与病态心理,以致出现强烈的恐惧变胖而节制饮食,保持所谓体形的"美",因此对正确的健康的"美"的教育,也是不可少的。

自我救助,厌食治疗小秘方

心理咨询师还发现,一些症状严重厌食患者多由家人半强迫地带来,他们往往心不甘、情不愿外,抗拒医师的治疗。所以,在这里我们建议有厌食倾向的人要自己对自己负责,自己给自己开一个治疗的秘方,自觉的进行厌食自我救赎。一般来说,常见的厌食患者可从以下三个方面做起。

心理方面。

这方面的主要是疏导自身的心理压力,对环境、对自己有客观认识,找到适应社会的角度及处理和应付各种生活事件的能力。另外,对健康体魄的概念,标准体重的意义,对自己的身体状况有客观的估价。

了解食物、营养学方面的知识。对于家庭关系紧张的患者,必要时可请家人做家庭心理治疗。

还要对自己的行为进行纠正,要体重逐渐恢复时,可限制自己的活动范围及活动量，随着体重的增加，逐步奖励性地给予活动自由，采用这种方式一般是在体重极低时。

进食方面。

营养的严重缺乏可有生命危险。调查显示，厌食病人在严重营养不良状态下，死亡率可高达10%。在思想上要充分认识到其危害，到相关部门进行紧急治疗。这时的治疗为纠正水电解质的平衡，补充血钾、钠、氯，并进行监测。血浆蛋白低下时，静脉补充水解蛋白、鲜血浆等。贫血应补充铁，服叶酸，补足维生素等。

由于长期不进食，胃肠功能极度衰弱，因此进食应从软食、少量多餐开始逐渐增加，不能急于求成：适当给予助消化药：胃酶合剂、多酶片、乳酶生等，或针灸治疗，也可用小量胰岛素促进食欲及消化功能恢复。病人的体重增加率1~1.5千克/周为宜。

精神方面。

在这方面经常使用的为抗抑郁药。病因学中认为该病可能与抑郁症有关，因此采用氯丙咪酸、阿密替林、多虑平等。安定类药物也是常用来调整病人焦虑情绪的药物。这两类药物对改善病人的抑郁焦点情绪有肯定的作用。

最早用于治疗厌食的药物是冬眠灵（氯丙嗪）、奋乃静等药，使用小剂量，以治疗病人极度怕胖、不能客观评价自己的体形（体相障碍）等，在治疗中也收到一定效果。

第五章　不良行为的自我救赎

测试：你有厌食症吗？

状态描述	是	否
1. 你对身材和体重过分重视，已成为对自己评价的标准。对肥胖极端恐惧，有很强的欲望想要减轻体重。减肥成为一种习惯，就算体重已是过轻，但仍然把减肥挂在口边。		
2. 吃得很少或只喝饮料，接着强迫自己拒绝进食、过度剧烈运动、服用泻药及利尿剂、自我催吐等。		
3. 短期间内体重急遽减轻，使体重降至标准体重的75%至85%以下。		
4. 通常仍维持正常的作息活动，并且否认饥饿及疲倦虚弱。		
5. 有时也出现贪食症的恶性循环，即间或在短期内吃下大量食物，然后用种种激烈的方法，把食物排出体外。		
6. 长期下来造成肠胃功能衰竭，一吃就吐，无法进食。		
7. 低血压、心跳减慢、掉发、骨质疏松、指甲脆弱、脸色苍白或蜡黄、畏寒、体质极差。		
8. 出现月经失调或暂停。		

如果你出现了上述情况，那么你可能患上了厌食症或具有厌食症倾向了。

刹住购物的"疯狂"

李燕是某电视台的主持，平时工作很忙，虽然收入不错，但是很少有可以自由支配的时间。一旦哪天不用工作，就要抓紧时间去逛商场，近千元的毛衣、皮鞋、几千元的外套以及高档的化

心理学入门故事

妆品，还有一些日常用品，总之，一切她看中的东西，总是在家里堆放的应有尽有。

当别人问起她为什么这么喜欢购物，她说一旦自己感到心理不平衡时，就需要用这种方式，来维持情绪。更多的时候是与丈夫发生矛盾后，用花钱来消气。她说自己心里不愉快，和朋友说，又觉得大家都有压力，不愿把自己的不快带给朋友；和父母说，又不愿让他们担心；和丈夫讲，急性子的她和慢性子的他是越讲越生气，一时半会儿根本讲不通，还会徒增更多的气。

她说，生气时如果用家里的东西来发泄，有些是爱情纪念品舍不得，而且最后的"战场"还得自己来打扫。说来说去也只有让自己的不满发泄到外界才能两全其美。于是，她当"怒气"难消时就会出去逛，平时想吃的甜点放松地吃；平时想买的衣服放开地买，平时舍不得去玩的地方尽情地玩……总而言之，只要能让自己的情绪发泄出去，做什么都行！

等到钱花得差不多了，自己的情绪也慢慢平息了。但事后，再看那些买来的东西，多半都是奢侈物，根本不是日常用的。这时又会十分心疼，当时自己怎么就下得了狠心呢？此时的心里又后悔之已。

"疯狂"的购物族，是一种很奇怪的人群。有无所事事的家庭妇女，有压力巨大的成功人士，有爱慕虚荣的时尚男女，也有情场失意的痴男怨女……有没有钱，倒并不是主要的问题，反正最后都是大包小包提回家。

具有购物狂心理的人有时候会一反常态地出手阔绰，不仅无

第五章　不良行为的自我救赎

节制地消费，甚至有人会做出到大街上撒钱的疯狂举动。

有人在情绪不好时购物，这是对压力的宣泄；有人在情绪好时购物，不在意钱花多少，就觉得特别有幸福感；还有人在空虚无聊时购物，通过物质刺激来证实自己的存在，给生活赋予价值和乐趣。

但是，不要忘了情绪就像一条河，无论奔流的方向如何，总要找到出口。这绝对是一个物欲横流的世界，金光闪闪的一切照耀着人们细若发丝的神经，放大的一切让所有的情绪反复冲动奔腾，寻找一颗平静的心就好像求取真经的路途一样，跋涉其中困难重重，郁闷、伤痕、压力、苦楚、焦躁、狂乱……无论其中的每一种情绪都能轻易折磨人们脆弱的心灵，无论男女，在陷入疯狂的内心抗衡时，一定要寻找出口。

琳琅满目摆在货架上的东西，只要一个简单的动作就能变成自己的囊中物，一切简单至极，于是更多的人在寻找出口的时候找寻了最轻易的路，购买、拥有、再购买、再拥有……重视的不再是结果，往复的动作似乎才能让人寻找到内心的安乐和平静，也许在这文明的四方城中，人与人的关系在复杂中却透出的是淡漠的距离，也似乎只有用疯狂买来的东西才能填塞心中越来越需要温暖的空隙。

大部分有购物癖的人，都因沉溺此恶习而受苦，他们的家人也会同样受煎熬。购物只能缓冲现实中的压力，如果问题的根源解决不了，可能会产生更大的压力，还可能带来经济负担。近期，韩国和我国台湾地区就有一些年轻人因透支信用卡成为负债累累的"卡奴"。

心理学入门故事

"疯狂"的背后

小青是一家时尚杂志的普通职员,一个月的薪水还不够买上一套奢华的时装,但却是一个典型的购物狂。她每个星期都有六天要大包小包买上若干件衣服回家,商店里的导购小姐们一直以为患者是位富婆。

近来,当她又一次出现在自己居住的街区购物中心时,坦承自己的信用卡已严重透支,现在就连一些日常用品她也买不起了。与她交往了好年并打算结婚的男友因为不能忍受她的购物欲而主动提出分手。此时的她才从"疯狂"中清醒,伤心地说:"这种不良的习惯将我苦了。"

其实购物狂也是心理疾病之一,归根结底是心理缺少安全感,需要以不停买东西来安慰自己。购物行为本身可能产生短暂的快感和陶醉,而一旦形成习惯,也会像吸食鸦片一样上瘾而无法自拔,而它带给人的伤害却不会比鸦片小。

有疯狂购物症的人在生活中往往心理素质比较脆弱,容易紧张和焦虑,每次看到自己买了很多根本用不着的东西后,心情会更加郁闷。

疯狂购物还容易让人在面对生活中的压力时产生逃避心理,贪购者到商场购物时,常常感觉商场给他们提供了展示自我的舞台,他们会受到服务员的重视、羡慕,对他们的能力给予肯定,使他们暂时对生活做出了逃避。但是离开了商场这个特定的环境,一点也不能激发他们的工作热情,反而会平添更多的烦恼。

第五章　不良行为的自我救赎

患疯狂购物的人并不个个都是富婆大款,绝大多数人往往经济条件并不良好,反而因疯狂购物使他们浪费了大量的金钱,最终导致负债累累,破坏了自己原本幸福美满的生活。

"贪购"心理自我调适

疯狂购物是一种非理性的表达,偶尔一次还可以,但是一旦形成了恶性循环,后果将不堪设想。若想从这种不良的习惯中跳出来,就要对自己的"贪购"心理进行一次调适。我们来看下面的内容:

不要在情绪不稳定的时候购物,要清楚在这个时候购物只是为了发泄怒气,情绪波动抑制了自己的判断力。不要把购物当成一种消遣,当闲暇时可以试着去公园散步,或者培养一些业余爱好,不要把空闲时间用于逛商业街。

每当有了购物的意图,要学会运用"替换政策"。"替换政策"就是买一样东西就必须丢掉另一样东西。如果买新鞋子,旧鞋子之中的一件就必须丢掉。买一套新餐具,就应将旧的抛弃。这样无论买了什么东西,都必须把旧的淘汰。转移注意力。

当心中空虚、压抑、无聊时,最好的解决方法是去做些较激烈的体育运动,而不去逛街购物。

了却"贪购"的不良循环

有疯狂购物症的人在生活中往往心理素质比较脆弱,容易紧张和焦虑,每次看到自己买了很多根本用不着的东西后,心情会

心理学入门故事

更加郁闷。如此一来就会形成一种恶性循环，造成心理疾病。

所以，一定要走出购物狂的误区。心理专家建议：人们可以用改变购物模式的方法矫正购物的狂热行为。我们来看具体做法：

采用"改日再来"的延缓方针政策。在自己垂青于某商品时，先不急于掏钱，而是暗示自己："改天再来吧"。这样，等下次来时由于心情变化莫测，购物的欲望会有所改变或下降。

强化挑剔心理。当自己非常想购买一件物品时，要尽可能地发现它的不足与缺点，这种极端的挑剔，可使你在期待更完美的物品问世的情绪中，缓解购物欲望。

购物前先列清单。在购物之前，要列出账单，再限制只能买清单上列出的物品。如果实在控制不住购物欲望，就把购买目标放在较低的小东西上。

购物时，要交费而不刷卡，用现金支付。这样就会有钱被掏出去的感觉，使自己产生舍不得花钱的念头。

当独自一人上街，有孤独感受时，往往经不住货主的劝说而掏出钱包。缓解的有效方法是：对可买或不可买的商品狠狠地杀价，这势必导致碰壁或讨价还价之局面，这种"砍价"可使一个人不再孤独。

对于嗜好购物者而言，尽情的购买确实能带来快乐。但无论是释放压力、消磨时间还是排遣寂寞，消费都不是根本办法。取代它的只有建立可信赖的人际关系，进行适量的运动，养成良好的生活情趣才是解决之道。

第五章　不良行为的自我救赎

测试：你有疯狂购物的倾向吗？

状态描述	是	否
1. 你会在生气的时候购物吗？		
2. 你会在悲伤的时候进行购物吗？		
3. 你会在怀旧的情绪中买东西吗？		
4. 你会为了赶时髦而买东西吗？		
5. 当你闲暇的时候，你会把购物当作一种消遣吗？		
6. 一进入商场，你就有一种无法抑制的购物冲动吗？		
7. 当你看上一件商品，但是你却并不需要它，你仍然会不顾一切地买下它吗？		
8. 当你买了许多你并不需要的东西之后，你却不感到后悔？		
9. 你会带上许多现金或信用卡闲逛商场吗？		
10. 你有购物前列出购物清单的习惯吗？		

评分分析：

1~9题回答"是"得1分，10题回答"否"得1分。

得分在5分以上，你已经有了购物癖的倾向。5分以下，你还不用担心，暂时没有购物狂的心理。

告别暴食狂饮的烦恼

结婚后，与丈夫生活了三年，正准备做妈妈的绿珠，却突然

心理学入门故事

离异了,原因是丈夫在外面又有了一个女人。不能接受这个打击的她,开始暴饮暴食的过起不正常的生活。

一想起离婚的事,她总是不能停止吃东西,一小会不吃东西,心里的痛苦就好像不能忍受。本来她的身材还算可以,可是这样的暴饮暴食的生活,再加上每次吃到人都麻木了,只能倒头大睡,一段时间过去,身材就变得臃肿不堪了。

只是在开始的时候她没在意,心里只关心怎么度过这段最难熬的失恋岁月,只要自己的心不再为那么伤痛,什么代价都可以付出。

但是有一天,当她洗完澡站在镜子前,忽然在镜子里看到一个臃肿衰老的女人,满身都是赘肉,皮肤松弛、邋遢,完全一个陌生人时,她惊骇的张大了嘴。她忽然想起自己已经好久没有激情的冲动了,她以前是个欲望很多的人,这段时间以来却连想都没想过,也许这是因为总在"吃"的缘故吧。

此时在镜子面前她意识到,这样的身体连自己都不愿意看,又怎么能让男人动心呢?

这时,她想到了控制自己的食欲,可暴饮暴食已经成了习惯,每次想控制一下的时候,想想起自己现在的形象,觉得没什么希望了,就放弃了的努力。于是她每天带着沉甸甸的肠胃,和自己肥胖的肚腩,更是一点信心都没有了,生活得像一窝乱糟糟的麻团。

因为心里痛苦,或者压力过大,依赖暴饮暴食解决内心问题,这是一种嗜吃症,是女性中常见的心理疾病。嗜吃带来的问题是

第五章　不良行为的自我救赎

肥胖问题，使得女性在两性婚恋领域失去竞争优势，给女性带来更大的心理压力，就更加依赖食物生活，变相地产生了更加压抑的问题。这种饮食紊乱，都属于由心理因素引发的进食障碍，是现代社会中常常发生在女性身上的常见病症。

可能是由于女性的生活习惯和身体机能的特点造成的。这些问题在很广泛的女性群体中，有各种程度的发病状况。要解决这个问题，一方面要求助心理医生，另一方面还是要自我救济。因为这些问题的根本原因是社会生活的压力所致，如果作为个体不能对抗压力，正确对待自己的生活，这些问题也就不能得到根本解决。

她的绰号叫"肥肥"

许艳是一位大四的女生，最近一段时间她养成了暴饮暴食而不能自制的怪毛病。现在，她每天都要去商店买一大堆零食，无论在寝室、教室还是路途上，都吃个不停、嚼个没完。

一走进食堂就更无法遏制食欲，只要食堂卖的食品她都要吃一遍，吃了面条想饺子，吃了包子想吃烙饼，看到小点心又要吃，非要吃到胃被撑得难受，实在吃不下才算罢休。如果想吃的东西没吃，就会没心思上课或上自习，甚至晚上连觉都睡不好。

由于不断地暴食，使身体明显发福，变得越来肥胖，同学们都开始嘲笑她，还给她取了个"肥肥"的绰号。而对这些许艳苦恼不已，一再发誓再不吃零食了。但一走进商店、食堂又无法控制自己，尤其是心情不好时就吃得更凶。

心理学入门故事

但每当吃多了消化系统负担很重,所以老是昏昏欲睡,上课打不起精神,晚上不想上自习,早早就睡觉了,学习成绩直线下降。为此,她内心十分痛苦,几乎对自己失去信心,苦闷之中她对生活多了一些失望。

现在由于经济条件的提升与美食资源的丰富,以致使很多青年人特别是青少年都养成了"贪吃"的爱好。依赖食物,爱吃零食是许多青春少女的共同特点。闲暇时,一包包、一袋袋各种各样的零食的确会让人惬意无比。女孩子偶尔寻机满足一下口欲,也无伤大雅。

然而这种"爱好"若是过了头,整天不停地抓着东西往嘴里塞,甚至暴食,那就有些不正常了,尤其当这种贪吃现象与心情变化挂上钩时,就应该考虑是不是存在某种心理障碍,患上了暴食症。

暴饮暴食者在心理上有许多相同的特质,例如具有完美主义的倾向,而以"过度理想"的体重为追求目标。事实上,这样不论是对心理还是生理都会造成巨大的伤害。

持续的暴饮暴食不但不能帮助患者摆脱心理上的困扰,而且让患者永远无法走出患得患失的心理循环。伴随着暴饮暴食而来的诸多心理问题,如焦虑、紧张、恐惧等心理更会折磨的患者身心疲惫,影响他们的正常生活。

正确认识暴食行为

首先,要建立健康为美的信念。要知道,外表和身材的完美

第五章　不良行为的自我救赎

并不能代表一个人的一切。抛弃那种病态的审美观，只有心理和身体健康的人才会是最美丽的。要不断充实自己的学识，不要盲目攀比。

把时间和精力浪费在那种浮浅的比较中并不明智，人活着应该寻求高尚的竞争目的，如对知识和智慧的追求等。只要不断的学习，适当的运动，人生就会充实起来。要树立正确的人生观和价值观。一个有远大理想和正确人生观的人是不会陷入盲目的竞争中或不良的行为。

正确认识，饮食是人们赖以生存的基本需求。每个人都必须每天摄入一定的食物用来维持自己的需要。所以，要把吃饭当成是一种很正常的事情。千万不可以为了身材，就不吃；更不要一时为了增加体重，而狂吃。青年人不要对身体要求过高，要顺其自然发育。

事实上，暴饮暴食的人往往身材偏瘦，只是他们自己给自己订的标准太高。在别人看来，他们已经很瘦了，根本用不着减肥，从健康的角度讲，反而需要适当增肥。

暴食的自我解救

想彻底克服暴食的恶行，首先应当确认自己的生活习惯中是否存在这种不良倾向，甚至是已经构成心理病症、造成生理影响的表现。如果确认，那么就要认识到这不仅是一种不良的生活习惯，而且是会愈演愈烈的恶性循环，将对的身体和生活造成更严重的影响。

心理学入门故事

认识自身对食物的需求。

从心理治疗的角度讲,在你有了一个正确的认识后,应当不断地给自己心理暗示,比如:面对食物时,你应该想这些食物对你来讲并不是美味,自己的身体是不是需要这么多的营养,如果不是,这样对待这些食物是一种浪费。

运动克食。

食欲可以通过运动实现有效地克服。尤其是不正常的食欲,有时是因为生活慵懒、身体机能不健康造成的,所以健康的生活习惯,尤其是舒缓、适度的运动可以让你远离食欲的骚扰。同时运动还可以让人心情舒畅、性情变得开朗活泼,改变那种内向孤僻的性格,对饮食紊乱症有很大的作用。

选择朋友

学会选择朋友是非常重要的。如果身边只是那些重视外表的朋友,那么这样的友谊是不会长久的。多结交几个有思想的朋友,他们会给人带来意想不到的快乐,并在人们把握不住自己的时候发出忠告。

寻求援助。

出现饮食紊乱症的女人,大多属于性格孤僻、内向的性格,容易产生抑郁、紧张情绪。所以在面对你的问题时,你最好向信任的人求援。寻找一个你最信任的朋友或亲人,将你的情况和盘托出,和他谈论你的感受,请他帮助你、监督你改善这种状况。

饮食紊乱症的女人特别喜欢躲避开别人的视线,要克服不良的习惯,你最好找一个人和你同住,让你的生活时时都在别人的注目之下,这对你是一个非常好的监督机制。

第五章　不良行为的自我救赎

恋爱也可以节食。

女人都说，恋爱时最容易减肥，因为那时候人会处于一种不自觉的亢奋状态，每日睡眠时间减少，也不会有很强烈的食欲。有的人还形象地描述那种感觉是"在皮肤下的每个毛细血管都活跃着"。

恋爱时，由于精神系统的活跃，造成新陈代谢加快，整个身体机能也处于一种相对亢奋的状态。在这种状态下，可以很有效地克制食欲。

不做网络的"蜘蛛侠"

阿杰小时候，性格就非常内向。在读初三时，他迷上了网络。此时功课已经很紧了，他却无心顾及。虽然成绩一落千丈，但那段时间是他最快乐的日子。

阿杰的妈妈工作忙碌，自己也不知道怎么样才能解决儿子的问题，她请一位有经验的"专家"帮自己。

有一天，阿杰的电脑坏了，他自己也修不好。借着这个时机，妈妈就请那位"专家"到家里帮忙维修电脑。当这位专家看到目光冷淡，神情呆滞，而且处处表现出不友好的阿杰时，他决定要拯救这个孩子。

最后电脑没有修好，当然是"专家"故意的，他想让阿杰离开电脑一段时间。可是万万没想到，没有电脑的日子，阿杰拿着自己的一把木头剑到处乱戳，床单、衣服都被他戳了很多个窟窿。

心理学入门故事

痛苦的他甚至举着木剑向妈妈咆哮:"我受不了了,电脑再修不好,我就打你了!"

阿杰的妈妈和"专家"组成了联盟,她们找各种借口不修好电脑。"刚开始说电脑是他姥爷出的钱,修也得让姥爷修,拖了一段时间。后来又找了个专家跟孩子说,电脑要修好需要几千块钱,家里已经没有这么多钱给他修了。阿杰的妈妈说。就这样,三个月里,阿杰暂时告别了电脑。

但这三个月中,无论阿杰还是家人都感到万分煎熬。"孩子说没有电脑就要打我,还说电脑一天修不好他就一天不去上学。我做妈妈的当然非常痛苦。但有什么办法?我总得先接纳他,即使他不去上学了,我也要平静接受。"阿杰的妈妈最后流着泪哭诉。

阿杰的妈妈只是千百万妈妈中的一员,目前有这样遭遇的母亲已经屡见不鲜,所有人都希望找出诱发"网瘾"的主要原因。

据悉,互联网发展到今天,社会上已经有相当大的一部分人染上了网瘾,而更令人担忧的是这些人中占多数的是未成年人,他们不仅爱上网,而且迷上网络,难以自拔。诚然在教育环境上,在电子信息时代的大环境下,电脑和网络成为青少年不可或缺的学习工具,但缺乏有效引导的中学生更多的是把电脑和网络当成一种娱乐工具。由此引发的悲剧更让人触目惊心。

救救孩子

根据心理学家格林菲尔德的分析,网民患上"上网瘾"的原

第五章　不良行为的自我救赎

因包括"感觉亲密"、"没有时间限制"和"没有禁制"。格林菲尔德说："互联网的影响力与其他导致大家上瘾的力量截然不同，是我们从没处理过的。"

虽然正式的网络成瘾症（IAD）诊断标准还没有出现，但是心理治疗师们一般认为，这是个很广的概念，涉及到一系列不同的行为和冲动控制问题。尤其是青少年，他们的认知能力还不够完善，而且自控能力也较差，因此对网络的一切都会有一种新鲜感的冲动。在这种情绪的诱惑下他们会深陷其中，不能自拔。

青少看陷入网络中，首先原因是成人意识。少年进入青春期之后，成人意识变强，认为什么事都可以自己处理，但现实生活中，他们经常无法解决遇到的困难，一点小小的挫折可能就会令他们情绪波动比较大。无法解决实际问题、受挫后情绪不稳定，使得这些孩子不自觉地去寻找网络这个可以使他们完全逃避现实，情绪可以得到充分宣泄的世界。

如果孩子与父母之间无法很好的进行沟通，也是产生心理问题的重要原因。父母是孩子最好的老师，孩子在确立人生观、世界观的关键时期尤其需要来自父母的正确指导。很多父母更习惯于那种"家长命令式"的教育方法，忽视了青少年的叛逆心理，造成了青少年偏要和父母对着干的局面：你们不让上网，我偏要这么做。

青少年自控能力差，冲动性强，一旦陷入网络游戏，明知会影响学业，但是却不能自拔。而大多数沉溺于网络世界不能自拔的孩子，学习成绩都比较差，他们在现实生活中体验不到学习所带来的成就感，往往会选择网络来满足自己。

心理学入门故事

专家指出，如果父母抱着非常沉重的心情来看待网瘾患者也是不正确的，要相信孩子们会转变过来的。现在很多家长对孩子有种怕的感觉，怕孩子不上学，怕孩子不成材。这样由怕生怨、由怨生恨，产生一种情绪的对立，不但不能解决问题，而且还会加重悲剧的色彩。据此，专家总结了以下几种原因：

首先，父母的教育方法导致孩子成为网瘾患者。许多家长只懂得限制子女上网，而不懂得如何转移子女对上网的注意力，培养子女新的爱好。家长们不要给孩子轻易贴标签，什么自闭，有心理问题，切记不要这样。其实应该相信他们是懂道理的，对孩子们讲怎样正确对待电脑网络，"电脑是工具而不是玩具"、"会玩电脑不是英雄，会用电脑才是英雄"等。

其次，一些学习比较差的学生因得不到老师与家长及同学们的承认而沉迷于网络。他们在日常的学习生活当中体会不到学习成功的乐趣，而上网打游戏，可以获得虚拟奖励，自我得到肯定，宣泄学习不成功带来的压抑。

再次，一些孩子由于人际关系不好，希望上网逃避现实。许多学生虽然成绩不错，可是性格内向、猜忌心强，而且小心眼，碰到问题时没能得到及时解决就沉迷于网络，学习和生活受到严重影响。

当然，教育是个复杂的过程。解救孩子，在戒除网瘾的过程中，他们会不配合，更会出现反复加剧的情况。孩子在戒除网瘾之前最好不要碰电脑，这里有个间隔期。网络成瘾后一定要有一个真正的隔离期，这个时间对每个孩子不一样，有的一个星期有的一个月。

第五章　不良行为的自我救赎

因此，家长要遵循教育规律，不要急于求成。还要不断尝试采用各种办法，耐心地打开他们心中的一个个死结，最终使他们彻底戒除网瘾，恢复正常的生活轨迹。

网恋是一朵含毒的情花

生长在南国温柔水乡的椰子小姐，在网上认识了北国男士梅先生。两人十分投缘，聊天时无话不谈，随着时间的推移，感情逐渐升温，相互交生了爱慕之情。于是二人不是上网聊天就是打电话谈心，几乎每天都要联络。

在梅先生印象中，椰子小姐是一位温柔体贴、善解人意的标准女友。自从椰子小姐接受他的爱情后，梅先生就朝思暮想很想见到椰子小姐，无奈路途千里遥远，加上二人工作都很忙，会面计划总是一搁再搁。但相思之情，却深深地灼烫着二人的心。

在一天深夜，梅先生打电话给椰子小姐，二人说了好多话之后，椰子小姐情不自禁，为梅先生深情地唱了许多情歌，梅先生更加感动，决定无论如何都要尽快见到对寄予他浓浓深情的椰子小姐。于是几天后，梅先生向公司请了一个星期的假，乘飞机赶到南方。

谁知与椰子小姐见面后，椰子小姐的温柔体贴竟消失得无影无踪，对梅先生只是敷衍一些客套话，而更多的则是淡漠，后来的几天对干脆对他不闻不问。梅先生大惑不解，失望之余到公司找她，诉说他们的"坚贞地爱情"是如何的一往情深。

没想到，椰子小姐却抛下一句冷冰冰的话：真好笑，你还真

心理学入门故事

信了那种虚拟的没"爱情",我不过是随便玩玩而已,请你不要误会。说完就扬长而去。

"千里寻情"的梅先生一下子瘫倒在地,伤心透顶的他地回了北国,从此再也不上网聊天了。

网恋如同一场流行病,在都市里迅速蔓延。面对冰冷的电脑,网恋的人陷入"热恋"和"神魂颠倒"的状态。为了素未谋面的网友,可以不吃饭,不睡觉,操着愈来愈熟练的键盘,敲出温馨甜蜜的话语。那种毫无顾忌的畅所欲言,那种直接打探对方内心深处的感觉,就像是另一种大麻、海洛因,不知不觉就上了瘾。

网上的恋情,有着和现实中一样的酸甜苦辣,结局却更加扑朔迷离,更加的变幻莫测。网恋的影响不言而喻,长时间泡网无疑会缩减自己与亲人、朋友、同事交流的时间,自然也会对自己的家庭、生活和工作带来不便,甚至造成前所未有的家庭危机。

由在线聊天和在线交流引起的"婚外情"正使越来越多的家庭走向解体,网恋已对我们传统的爱情、家庭观念和模式产生了前所未有的杀伤力。所以,网络不是爱情的伊甸园,很多时候是一朵美丽却含剧毒的情花!

早从缥缈的梦中醒来

网络把爱情包裹上了许多难以拆开的厚重的外壳。每拆一层,里面还会有一层。当你开始被它吸引,你虽然不想去了解最后会拆出什么,而只是感觉那种期望让你兴奋异常,让你全身充满激

第五章　不良行为的自我救赎

情。于是,就急不可耐地想拆开它。

当你每拆一层,就会又进入下一层,你的感情投入也随之进入了下一层。你也就一层一层地走向那最后的结果。但结果意味着什么?或许你运气好,能遇到你最后想要的东西,而更多的情况下,你费尽心机的结果可能让你后悔去拆开它。

所以,不要轻易入进网恋的美梦,因为网络到处弥漫着谎言,流行着欺骗,爱情的驿站更是迷雾重重。这话虽然有些极端,却也说出很多事实。网络的隐蔽性和距离感使人们可以毫无顾忌地说谎和行骗。

网上的情感交流,不少人倾诉心事,也说尽了谎言。而且网络的聊天室也可能成为婚外恋的温床。一些媒体曾报道过这样一则新闻:

妻子发现其丈夫的上网时间大大增加,开始还以为是工作所致,直到有一天截获了一位女子给其丈夫发来的电子邮件,才知道他们已经以情相许了,于是气愤之下与丈夫一刀两断。而那位网上情人却又不能给这位做丈夫的一种想要的生活,于是这位丈夫鸡飞蛋打两头空,后悔莫及。

可以设想,当越来越多的人在虚拟的网络空间里,以虚拟的身份建立起虚拟的人际关系,我们现有的道德,不可避免将面临新的考验。有人说,网恋是"一场噩梦",梦醒时分,一切皆空。的确,网上没有法律和道德,到处充斥着愚弄、欺骗、虚伪,甚至邪恶和肮脏。因此,若想在这个缥缈的世界找到真情可以说是天方夜谭。

网络爱情对于每个人来说都是一个永远无法解开的谜底。恋人们沉浸其中，却又无法抓住它的真实；想远离它，却又无法抵御内心的渴望；中途退出，却又无法忍受相思之苦。处于轻松而甜蜜的网络爱情当中的每个人，都认为自己能力控制全局，了解自己要什么，都能接受可能出现的结局。

但是，当现实的一切无法回避地出现时，当无法恒久地保持一段单纯的关系时，大多数人都会显得措手不及，甚至跌落冰冷的情感低谷或被折磨得焦头烂额。所以，深陷入网恋的人，要及早从"美梦"中醒来！不要中毒太深！

破除"魔网"小法门

近年来，网络风靡全球，像一场无法抵挡的风暴覆盖了千家万户。网瘾已成为长期危害人类的一大恶魔，现如今有多少人正深陷网络的虚拟世界苦苦挣扎，无法自拔。

如今，如何正确面对网络的态度，如何戒除网瘾已成为全人类关注的中心话题，于是有关专家针对这个社会性问题研究出四种与应对的法门：

上网前先定目标。

每次上网之前要定一个目标。用两分钟时间想一想自己上网干什么，把具体要完成的任务列在纸上，强迫自己不可超越目标的界线。不要认为这个两分钟是多余的，它为你节省的时间不知会个几个两分钟。

第五章　不良行为的自我救赎

不要借上网来逃避生活。

"借网消愁愁更愁",陷入网络,逃避生活的人,要知道网络不是永远的家。当你几小时后下网的时候,问题仍然在那儿,"逃得过初一、逃不过十五",而上网逃避则是最愚蠢办法。

上网之前先设定时间。

上网之前,先看一看列出的任务,估计一下大概需要多长时间完成。假设估计要用 1 个小时,那么就把小闹钟定到 30 分钟,到时候看看自己进展到哪里了。还可以在电脑中安装一个定时提醒的小软件,在上网的同时打开,这样就能有效控制上网时间了。

不要把网络当成消极情绪的工具。

如果一闹情绪就上网,那么,你的上网行为在不知不觉中已经得到了强化,上网——注意力从现实中转移——忘记生活烦恼,这样不需要几次,你就会如同巴甫洛夫的狗记住铃声会带来食物一样,记住上网能忘忧,还会带来快乐,以后,你一听到调制解调器的声音就会兴奋不已。这样,你就会永远沉迷在网络的世界,失去正常人的生活。

如此,当你以后在电子高科技的海洋中遨游时,不要忘记以上几个"小法门",它可以使你的灵魂不会在茫茫无边的虚拟空间中迷失方向,帮你找到"回家"的路。

心理学入门故事

测试:你沉迷网络吗?

问　题	偶尔	常常	几乎不会	几乎常常	总是如此
1. 你会发现上网时间超过原来的计划吗?					
2. 你会放下应该完成的事或工作而把时间用来上网吗?					
3. 你会因为上网而上学或上班迟到早退乃至缺勤吗?					
4. 你会因为上网而使工作表现失常或者成绩退步吗?					
5. 当有人问你上网做些什么时,会有所防卫或隐瞒吗?					
6. 你会上网寻求情感支持或社交慰藉吗?					
7. 若有人在你上网时打扰你,你会愤怒吗?					
8. 你会因为上网而牺牲晚上的睡眠吗?					
9. 你会在离线时仍然对网上的内容念念不忘吗?					
10. 你会因为没有上网而心情郁闷、易怒或心神不宁吗?					

第五章　不良行为的自我救赎

评分分析：

请将每题的分数相加（几乎不会 1 分，偶尔 2 分，常常 3 分，几乎常常 4 分，总是如此 5 分），所得的总分就是你的"网瘾"指数。正常级：10～24 分，正常的网络行为，虽然有时在网上的时间多了一些，但还没有丧失自我控制能力。

预警级：25～38 分，网络使用还没有到病态的时候，但是应该警觉网络带来的冲击，也许要调整自己的上网习惯。

危险级：39～50 分，你上网已经成瘾，建议你赶快找专家协助！

莫做酒中的"醉行客"

　　机械维修厂的周师傅，五十多岁了人，酒瘾还特别大。他每天必饮，而且逢喝必醉。周师傅 29 岁丧妻，膝下无子女，不知什么原因，他一直没有再娶。有人好奇便问他，他什么都不说，人们再问他，他扭头就走。于是大家都说他是个怪人。

　　周师傅被称为怪人还有一个原因，就是他自己可以在值班期间狂喝海饮，但绝不让手下的几个小徒弟沾酒。只要看到他们谁偷偷喝酒，他不仅严厉呵斥，而且还责令其回家写检查。手下的人为此深表不解。

　　一天晚上，正值徒弟小冯值班，当他路过周师傅的办公室的时候，看到喝着酒嘴里还在不停地念叨着什么的周师傅。好奇心驱使小冯走进了他的办公室。小冯真诚地劝说周师傅不要喝这么

心理学入门故事

多酒,酒很伤身,并且让他多注意身体。听到这里,平时挺严肃的周师傅,突然放下手中的酒杯抱头大哭起来。一会儿,周师傅抬起头说:"你知道我为什么爱喝酒吗?有谁知道我心里的苦啊……"

原来,周师傅的妻子当年很漂亮,追求她的人很多,周师傅是通过朋友介绍认识她的。在那么多的追求者当中,周师傅靠的就是人老实、不喝酒赢得了妻子的欢心。

一天,周师傅酒后工作出了事故,被调到离县城很远的一个山区乡镇。那段时间,周师傅很消沉。听说丈夫消瘦了很多,平时极力反对丈夫喝酒的妻子特意备了两瓶酒去看望。哪知她乘坐的班车出了车祸,车上人全部遇难。周师傅闻讯,发疯发奔到出事地点,在妻子血肉模糊的身旁,他闻到一股扑鼻的酒精味……

从此,酒成了周师傅生命里的唯一依靠,也只有在喝醉的时候,才能看到妻子微笑着向他走来。

但是,由于他长时间的大量饮酒,身体越来越衰竭,刚过中年,却像白发苍苍的老人,而且患上了肠、胃炎及呼吸道感染,精神上也有些恍惚不清的症状。

周师傅的遭遇只是酒精给人们带来的伤害的九牛之一毛。生活中有多少人因为"酒"而出事,有的酒醉后行凶闹事、伤人害己;有的酒后驾车导致车祸;有的被酒精麻醉、头脑不清,做下了不该做的事;总之,酒后可以说祸害无穷。

但也不可否认,酒后可以让人暂忘烦恼、全身放松、减轻疲劳、振奋精神。因此,酒成为世界各国人们喜爱的饮料之一。大

第五章 不良行为的自我救赎

量科学研究结果表明,偶尔或少量地饮酒对身体能起到活血通络的作用,对人的健康有益无害。但是如果长期过量地饮酒,嗜酒成瘾成为酒滥用者或酒依赖者,则对个人和社会就有害无益了。

酒瘾带来了什么

长期大量饮酒还会导致慢性酒精中毒,对人体造成多方面的损害:

会引起消化道病变。

经常饮用烈性酒,食道和胃粘膜就会长期受到刺激,从而引起充血、导致食道炎、胃炎和胃溃疡。据统计,肝癌就是嗜酒者最常见的死亡率甚高的病症。

会引起视力减退。

如前所述,酒中甲醇继续分解出来的甲醛对人的视网膜有特殊毒性,长期痛饮,视网膜持久受到伤害,就会使视力迅速减退,甚至失明。

会引起呼吸道病变。

长期嗜酒酗酒会使呼吸道防御病毒的功能降低。

会引起营养缺乏。

酒精过多会抑制食欲,好酒的人常常多饮少食。酒类所含有的热量是没有营养成分的,酒后发热,还会消耗体内原有的大量热能;多饮少食的结果又使人体得不到及时有效的营养补充,天长日久就会造成营养不良。

会引起精神障碍。

情绪方面：易产生焦虑、抑郁情绪，特别是形成酒精依赖后，在身体状况不佳、家庭不和、经济水平下降时尤为突出，严重者还可能产生自杀念头。据报道，住院的酒精依赖患者中，产生自杀念头的占6%～20%。

幻觉症：多发生在长期饮酒或突然停止饮酒后数日或1～2周内。在神志清醒的状态下产生言语幻听，内容多是威胁性言语，通常以数人交谈或评论他人的方式出现。

嫉妒妄想症：

长期嗜酒的男性，可引起性功能障碍，以性欲低下甚至阳痿较多见。在性功能障碍的基础上，常产生嫉妒妄想，怀疑妻子不忠，而无故谩骂、殴打、侮辱、虐待等。

震颤谵妄：多是在慢性中毒的基础上骤然减少酒量或突然戒酒后出现的精神状态的改变。可出现全身颤抖、大量出汗、不安和易怒等症状。常见的是混淆和记忆丧失，但最令人恐怖的症状是出现各种逼真的、骇人的幻觉。这是慢性酒精中毒中最严重而且最危险的一种症状。

人格改变。嗜酒成癖后，随着酒精的积多，部分患者的人格也将发生显著变化。如有的变得玩世不恭或多愁善感，有的变得待人冷漠，或不可理喻等。

"瘾君子"为何嗜酒如命

在传统的观念里，男人们嗜酒如命好像是天经天仪的事，如：

第五章 不良行为的自我救赎

俗话说男人不喝酒、白来世上走，因此一些男人喝起酒来理直气壮。可现在的女人们也不甘落后，当然喝烈性酒较少，她们爱喝啤酒。我们知道，中国的姑娘18岁如同一朵花，就是到了30岁也风韵犹在，楚楚动人。可喝酒的女人到了30岁就变得臃肿不堪，风韵毫无，如同50岁时一般。对于视青春美貌如同生命一样重要的女人来讲，失去这20年的青春岁月，不也如同失去20年的宝贵生命了吗？

嗜酒不仅使男人们减少寿命，使女人失去青春，也使国家在经济上蒙受损失。据说每周一是工作效率最低的一天，国家因酗酒而遭受的损失不计其数。那么，是什么原因使加工了的"白开水"有如此威力呢？"饮者"的习惯成因较复杂，归纳起来有以下几种：

生意的需要。

不知源于何时，有了一个不成文的规定，洽谈生意都要在餐桌上（研究）"烟酒"。由于长期陪客谈生意，则慢慢养成嗜酒的习惯。

遗传。

嗜好饮酒者常常具有家族性，家族中曾有酒精中毒者，其他成员也易发生酒精中毒，并且发生得早而严重。国内10家单位曾对部分酒依赖者的亲属调查，发现酒精中毒的比例甚高，一级亲属为44.7%，二级亲属为12.6%。

心理的需要。

许多人因生活枯燥、精神空虚，或感到前途悲观、渺茫，于是常常"借酒消愁"，以减轻精神上的苦恼，即所谓"一醉解千愁"。

心理学入门故事

社会文化。

受民族传统和风俗习惯的影响。许多国家和民族把饮酒当作社交和礼仪需要。如逢年过节,亲朋好友相聚,都要举杯畅饮,以增添喜庆气氛。

我国就有以酒代"久"之内涵,表示"友谊天长地久"和"永久"之意。西方国家的人也有在工作之余或回家之后斟上一杯的习惯;高寒地区的人,有空腹饮酒的习惯,并以豪饮为荣,不醉不休。

酒君子的自我救治

调查发现,大多数的饮酒成瘾的人,都有其他的心理问题。他们很多人把喝酒作为一种逃避现实的方法,所以要解决酒依赖的问题,必须重视心理健康。比如,有人喝酒是因为生活中的挫折。

酗酒对个体和社会的危害极大,因此对酒精滥用者和酒精依赖者必须进行治疗和戒酒指导。常用的方法有:

家庭治疗。

酗酒往往给家庭带来不幸,但对其进行制约的最好环境也是家庭。因此,家庭成员应帮助患者,让其了解酒精中毒的危害,及早树立起戒酒的决心和信心,并与患者签好协约,定时限量给予酒喝,循序渐进地戒除酒瘾。

同时创造良好的家庭气氛,用亲情温情去解除患者的心理症结,使之感受到家庭的温暖。

第五章 不良行为的自我救赎

认知疗法。

通过影视、电台、图片、实物、讨论等多种传媒方式,让嗜酒者端正对酒的态度,认识到适量饮酒有益,超量饮酒有害,逐步控制饮酒量。

改善方法: 酗酒者常有许多坏习惯,如有人喜欢空腹饮酒,有人喜欢一饮而尽,有人喜欢敬酒、罚酒、赛酒、赌酒、灌酒,这些不良习惯都应革除。饮酒前要多吃菜,慢慢饮,为社交喝酒时,要随人意。

集体疗法。

患者可成立各种戒酒者协会,进行自我教育及互相约束与帮助,达到戒酒目的。国外有各种各样的嗜酒者互诫协会,日本有民间的断酒会。这些组织每周聚会1~2次,讨论戒酒方法,介绍戒酒经验,互相勉励。

厌恶疗法。

对嗜酒成瘾的患者的饮酒行为附加一个恶性刺激,使之对酒产生厌恶反应,以消除饮酒欲望。

药物疗法。

对酒依赖患者可采用药物治疗,在医生的指导下对症治疗。

测试:你饮酒成瘾吗?

以下题目请就你目前的状况回答是或否:

状态描述	是	否
1. 你觉得你自己是不是一个适量饮酒者?		
2. 你的亲人或朋友认为你是一个适量的饮酒者吗?		

状态描述	是	否
3. 你是否曾参与戒酒的治疗团体或一般戒酒团体?		
4. 你是否曾因为喝酒的关系而失去朋友或男朋友（女朋友）?		
5. 你是否曾因为喝酒而惹过麻烦?		
6. 你是否因为喝酒而忽略了你应尽的义务、你的家庭或你的工作，且超过两天以上?		
7. 你是否曾在喝过很多酒后出现严重颤抖、精神错乱，或者看到一些并不存在的东西?		
8. 你是否曾因喝酒的关系而寻求他人的帮助?		
9. 你是否因喝酒而住院?		
10. 你是否曾因酒后驾车或酒醉驾车而遭到警察的拦截或逮捕?		

评分分析：

以上题目答"是"低于三项者，目前尚未有酒瘾相关问题出现，但仍请注意你的饮酒量。

以上题目答"是"多于三题但少于五题者，可能有酒瘾的问题，建议你留意饮酒习惯。

以上题目答"是"多于五题者，为酒精成瘾者，应尽速寻求医疗帮助。

拆开洁癖的苦恼篱笆

有一个外号"卫生狂人"的女经理，她今年38岁，是一家

第五章　不良行为的自我救赎

公司的销售经理。最近她苦恼地说:"我好像得了一种'怪病',总觉得自己染上了病菌,可能会得癌症。所以,每天我都多次,长时间地洗手,洗澡,为此非常痛苦,别人也称我为'卫生狂人'。在卫生清洁方面我对自己的要求很严,都说我不像一位企业高级管理人员,倒像是饭店里的择菜员。"

"我承认,我就像是绝对不允许将一点点细菌带进操作间里一样,我实在容忍不了办公室和家里有不洁之处。每天到公司后,我做的第一件事就是把办公室里里外外、上上下下、角角落落……打扫三遍以上,然后才能彻底安心地坐下来工作。"

"在晚上就寝之前,我的这双脚洗完之后是绝对不能让它再沾地的。这个时候,我就坐在床上洗,洗完赶紧钻入被窝睡觉。如果半夜里我要上厕所,脚穿拖鞋落地后,那么这一双脚就必须再洗一遍。"

"不管在什么时候我都担心病菌侵袭,而且这种担心与日俱增。在路上远远见到穿孝服戴黑纱的人,就想:他们家中死了人,他们身上必定有病菌,而且已经把病菌传给我了。我就会赶紧回家,回家后不但反复清洁身体,还要把外衣外裤丢掉。"

"后来,发展到害怕出门,害怕听别人谈到癌症或死亡的串,害怕到医院去看病,因为医院有各种病菌。丈夫和孩子都不理解我,我们时常为此发生争吵,弄得家庭关系非常紧张。几年来,两次住进精神病院治疗,服过中西药物,但都没有效果不大,哎,我真是苦恼啊!。"

有相当严重的、以洁癖为症状的人,在心理学上属于强迫性

心理学入门故事

神经症的范畴。

有严重洁癖的人每在挫折和沮丧心理发作时，不会对任何人吐露自己的心情和不满，但会通过不停的整理和清洁动作，作为表达自己心中烦恼思绪的方式，而且会近乎病态的做到劳累几乎要倒下的状态也不愿停止，其实这是自己再向内心潜意识不满报复的举动。

"超卫生"形成的成因

明代大画家倪云林就是一个爱洁成癖之人，连自己的文房四宝——笔、墨、纸、砚都有两个佣人专门负责保管，随时擦洗。院里的梧桐树，也要命人每日早晚挑水擦洗干净。

一天，他的一个好朋友来访，夜宿倪云林家中。因怕朋友不干净，一夜之间，竟亲自视察三四次。听到朋友咳嗽一声就担心得一宿未眠。及至天亮，便命佣人寻找朋友吐的痰在哪里。佣人找遍每个角落也没见痰的痕迹，又怕挨骂，只好找了一片稍微有点脏的树叶送到他面前，说就在这里。他斜睨了一眼，便厌恶地闭上眼睛，捂住鼻子，叫佣人送到三里外丢掉。

洁癖是一种心理障碍，归根结底是完美主义心理在作怪，同时也是强迫症的一种典型表现。具体来说，产生洁癖有以下原因：

经心理学家多年研究证实，洁癖在很大程度上来自遗传，病人中有7成具有强迫性人格，这是洁癖的生理基础，另外社会心理因素也是一种不可忽视的致病因素。

第五章　不良行为的自我救赎

　　有一部分人在强迫性人格的基础上，逐渐出现洁癖的症状，特别是当进入青少年时期，生理发育上的明显变化，与社会交往日益密切过程中的不适应，均可导致症状的出现和加重。还有一部分人是在外界的不良刺激下诱发洁癖，包括长期的精神紧张，如工作和生活环境的变换加重了责任，工作过分紧张，要求过分严格，或者处境不顺利，常担心发生意外等。此外还有严重的精神创伤，如近亲死亡、突然惊吓、严重的意外情况等。

　　基于洁癖症的遗传原因，父母亲有洁癖显然对孩子影响相当大，一位自称有洁癖的一位男性曾向媒体透露说，承继母亲洁癖的影响，由于过于重视起居环境的整洁，使他经常挑剔别人的清洁习惯，甚至对自己的太太和子女也是如此，弄得一家人不得安宁。

　　经心理学研究表明，家庭教育对诱发或加重洁癖有着重要作用。有些病人的父母具有强迫性人格，对病人有潜移默化的影响，病人所受的家庭教育较严格、古板、甚至有些冷酷，于是病人谨小慎微、优柔寡断、过分琐碎细致，与人交往中过分古板、固执，缺乏人情味及灵活性。他们在生活上也过分强求有规律的作息制度和卫生习惯，一切务求井井有条，稍一改变就心神不安。洁癖程度严重的话，会给工作生活和人际交往带来很大的影响。有洁癖的人很多维持独身，就算进入婚姻也不如意。

　　对洁癖患者来说，更难过的关是心理冲突。一般来说病人都知道自己的问题出在哪里，但难于摆脱，从内心涌现出强烈的焦虑和恐惧，非要采取某些行为来安慰自己，这种人一生中大部分时间都花在清洗上，内心只感到紧张和痛苦，没有时间去享受生活,这样活着是没有什么意义可言的,是很苦恼的。

拂拭心中的尘埃

> 神秀曰:身似菩提树,心如明镜台;勤勤常拂拭,莫使惹尘埃。
> 慧能曰:菩提本无树,明镜亦非台;本来无一物,何处惹尘埃。

上面是禅学史上一个著名的典故,神秀和慧能二人对禅学的领悟之争,相信它能给我们一定的启示。

在以洁癖为表现特征的强迫症的现象里,我们可以将我们的头脑看作是所谓的明镜台,一切强迫念头就是那些尘埃。从这个著名的禅宗典故可以知道,即使是在东方,从古至今就有一股强大的习惯势力来教育我们要通过常常去"拂拭"的办法来驱除和扫尽这些尘埃。但是,我们还要体验到正是这种"勤勤常拂拭",才使自己心中充满了更多的尘埃。

现在绝大多数的心理治疗者都在研究如何去"拂拭"尘埃的方法,研究如何更有效率的去"拂拭",这种南辕北辙的做法从古今就大行其道。当我们只是允许自己头脑中的各种念头来去发展,当我们只是允许心中任何情绪起起落落,而我们只是接纳、发觉和关照着它,这种知觉和关照的意识,就是那个"无一物",这个道理可以作为借鉴,能体会、理解多少是多少。

生活中,那些有强迫症状人,根本问题是自己的头脑好像不受自己理智控制而出现一些明显不合情理的、没必要的甚至是奇怪的、荒诞的、匪夷所思的念头。退一步讲,这些念头看起来有

第五章　不良行为的自我救赎

一些道理,但是他们不是理性地去想,而是无奈地想,被强迫地想。一旦被这些念头所控制,就很难自拔了。

所以,一些事情我们要学会领悟它的根本。只有善于领悟的自我智慧,善于尝试的不断实践,善于等待的理解耐心,自身的蜕变才会在你不知不觉中发生。在开始的时候,我们可能会觉得有些艰难和迷惘,但当我们将来某一天回过头来看的时候,会发现这一切原来竟是如此简单至极。这时,所谓的强迫症对你也就形成不了威胁。

跳出洁癖的怪圈

洁癖患者对自己的强迫症状尤其是强迫动作,一方面感到麻烦,希望医生能解除其理性上认为不合理的观念和行为;另一方面,内心又认为这些观念和行为有其合理性和必要性。

他们好像分裂成了两个自我:一个"自我"能根据实际情况,按照成年人的逻辑来分析、判断其病态表现,认为反复洗手、洗衣,费时费力,希望摆脱;另一个"自我"则认为,有传染上癌症的可能,有必要多洗几次,这种态度与其实际年龄及所受的教育很不相称。前者代表理性的成年人,后者不讲逻辑,一味盲目恐惧,具有幼稚的儿童心理特点。这两个自我各抒己见,谁也统率不了谁,构成了"明知故犯、折磨自己"的病象。

但患者对这个病理本质特点并无自知之明。采用认知领悟心理疗法,可启发患者对病理本质建立正确认识,而患者顿悟到病理本质后一般都可治愈。厌恶疗法用以抑制患者的强迫行为。满

心理学入门故事

灌疗法是鼓励患者直接接触引致恐怖焦虑的情境,坚持到紧张感觉消失的一种快速行为治疗法。下面我们来看一下常见的具体做法:

满灌疗法。

让患者坐于房间内,请其好友或亲属当助手。先让其全身放松,轻闭双眼,然后让助手在他手上涂各种液体,如清水、黑水、米汤、油、染料等。在涂的过程中,要求和指导患者尽量放松,而助手要尽力用言语暗示手已很脏了。患者要尽量忍耐,直到不能忍耐时睁开眼睛看到底有多脏为止。

助手在涂液体时应随机使用透明液体和不透明液体,随机使用清水和其他液体。这样,当患者一睁开眼时,会发现手并不脏,起码没有想象的那么脏,这对患者的思想是一个冲击,说明"脏"往往更多来自于自己的意念,与实际情况并不相符。

当患者发现手确实很脏时,洗手的冲动会大大增强,这时候,治疗助手一定要禁止他洗手,这是治疗的关键。患者会感到很痛苦,此时助手在一旁努力让患者坚持住,并给予积极的鼓励。在这个紧要关头,助手的示范作用很大。

助手可在自己手上也涂上液体,甚至更多更脏,并大声说出内心感受。由于二人有了相同的经历,在情感上就能得到沟通,对脏东西的认识也能逐渐靠拢。这时,患者要仔细体会焦虑的逐步消退感。

满灌疗法在刚开始时把人推向焦虑的顶峰,但随着练习次数的增加,焦虑会逐渐下降,强迫行为也会慢慢消退。这种方法对一般患者都很适用。

第五章 不良行为的自我救赎

认知领悟疗法。

认知领悟疗法是指:患者对这个病理的本质特点并无自知之明,若采用谈话方式的认知领悟疗法,启发患者认识外表症状后面的心理矛盾,揭露儿童心理部分的幼稚性,鼓励他用成人的态度来统率其整个行动,放弃儿童的行为模式。

对患者的调治首先可以采用谈话方式的认知领悟法,启发他认识外表症状后面的心理矛盾,揭露其心理的幼稚性、悖谬性,鼓励他以正常的态度来统率自己的行为动作,放弃怪癖的行为模式,领悟到病理本质。可以通过 4~5 次谈话让他树立起治愈疾患的信心。

综上所述,洁癖的治疗多以心理治疗为主,对当事人要正面表扬,养成讲卫生的良好习惯是对的,但要适度。心理治疗多采用认知领悟疗法、满灌疗法。

测试:你有洁癖吗?

对下列问题根据你的情况选择"是"或"否"。

状 态 描 述	是	否
1. 你每天从外面回来都要洗手几十遍,甚至每洗一遍都要打上三次肥皂。		
2. 你每接触一样东西,就要洗一次手,不然就会痛苦万分。		
3. 你一回到家就开始打扫卫生,不让家人随便坐,也不欢迎朋友来访。		
4. 别人用过的东西自己不敢碰,甚者别人坐过的椅子也不敢坐,害怕传染上病菌。		

状态描述	是	否
5. 迫不得已到外面吃饭，却要带上自己的饭具。		
6. 无论走到哪里，你都会随身携带消毒液。		
7. 你一天洗澡超过三次。		
8. 每天要把自己家里的地拖上三遍以上。		

如果你满足上述至少三种以上的情况，那么你就可能患上了洁癖。

好汉不做"赌将军"

6年前，大庆县先锋乡兴隆村村民杨某的妻子在一次意外事故中，撒手人寰。一年后同县的村民桑某的丈夫在外地做生意，被抢劫的歹徒杀害。2002年，杨某与桑某各自带着自己的两个孩子走到了一起。次年，这个新的家庭增添了一个小生命。

杨某做菌类生意，桑某在家务农并照管孩子。虽然经济负担沉重，一家人过得紧巴巴的，但日子倒也平静。

这种平静的日子一直持续到妻子发现丈夫沾染上赌博恶习之时。有一段时间，桑某感觉不对劲：杨某做菌类生意，按说一天至少有几十上百元的收入，可是，总不见杨某拿钱回家。问及丈夫，他又支支吾吾说不出个一二三。追问之下，杨某承认自己将钱拿去赌博了，并信誓旦旦地向妻子保证，从此再不赌了。

但是，杨某并没有兑现自己的诺言。于是，一出新的悲剧开始在这个曾经伤痕累累的家庭上演了。

2004年年末，桑某等着在外做生意的杨某带钱回来过年。但

第五章　不良行为的自我救赎

桑某等回来的却是奄奄一息的丈夫。

原来，杨某赌博输了巨款，无脸回家，到前妻的坟上走了一圈，就在山坡上喝下了瓶不知道从哪儿弄来的剧毒农药。等人发现抢救时，杨某已离开了人世。

杨某留下的遗书称："农贸市场王某某、蓝田镇的李某某……他们昨天把我叫去赌钱，他们几个商量好，使我输掉了50000多元现金。"在遗书中，杨某对孩子们心存愧疚。

可是，悲剧到这里并没有结束。看着丈夫僵硬的尸体，桑某哭成了泪人。她屡次要寻短见，他人及时发现了。晚上，放不下心的亲人守候着桑某，到凌晨亲人离开后，桑某用铅笔写了份遗书，将身上仅有的30多元钱塞进女儿的书包，趁亲人不注意，跑出了家门。

当家人找不到桑某的踪影四下打听时，有人称，看见有个中年妇女从镇头的大桥跳了下去。而这个人就是桑某。

赌博，有多少人深受其害？生活，有多少往事可以重来？人生，有多少时间可以挥霍？在赌博的魔掌里，人世间上演了多少悲剧，有多少血泪交加的故事！多少人在苦苦掌持着这种暗无天日的境遇，人生不是草稿，没有多少余地等我们去誊写，那些被赌瘾拖着走的人将注定永沉于黑暗中。

熙攘的社会中，有多少人在小小的"赌城"日夜角逐。他们在这种"群雄逐鹿"的生活中将自己变为刀俎上的鱼肉却浑然不知，道德因此黯然失色，人性中的良知因此泯灭，他们的行为腐蚀整个社会因此陷入无序和混乱中。

心理学入门故事

在赌徒狭隘的天地里,到处充塞着喧哗与骚动、贪婪与欲望,人性中最黑暗的东西在这里一隅轮番,生活也沦为苟延残喘的挣扎与叹息。

赌博是自戕的向导

有一句话这样概括赌徒的一生:要么在赌场,要么在去赌场的路上。可见,赌徒们在这种浑浑噩噩的生活中,道德已沦丧,人性已泯灭,赌徒的人生也被那薄薄的扑克牌和跳动的骰子所葬送。社会已有无数人在呼喊,"赌"海无边,回头是岸。于是有些人洗心革面,跳上岸来;但有些人仍沉迷"赌海",执迷不悟!

说起来赌博这一活动,可谓历史久远,有人甚至大胆地断言,几乎有人类的时候就有赌博的存在。赌博现象在中国起伏不跌,时消时涨,赌博这个痼疾难以彻底清除,与一些人妄想不劳而获的心理有关。

参入其间的人,可曾想到,在参与赌博的同时,他们的良知、道德都在慢慢地被金钱所吞噬,人生也被那薄薄的扑克牌和晃动的骰子所左右。赌博的种类有很多,但幸福却是最终唯一的赌注。因此,赌博就是对自己美好人生的自残。

在赌博场上有一种现象十分常见,就是当一个人赢钱了时,不是见好就收,而是期望赢得更多更大,于是就继续不断地赌下去。当一个人输了时,不见棺材不落泪,不是适可而止而是总想"捞"回来。

不到黄河不死心,举债都要继续赌,这叫做"赌徒心理将就",这也是人性中的贪婪与欲望的使然。在这种心理的驱使下,便越

第五章　不良行为的自我救赎

捞越陷越深,越赌越大,永远止境,直到……所以说,参与赌博不啻于慢性自杀,金钱的快速运转麻痹了神经,道德开始黯然失色,人性之光也悄然泯灭。它使这个纷扰的社会陷入混乱与无序中。

"赌徒"历来都是为人所不齿的称号,在大众的眼里,他们是一群缺乏自制力的投机主义者,他们难以抵挡"博"一把或许就能轻松赚大钱的诱惑,"红"了眼拼下去,直到付出沉重的代价:家徒四壁、妻离子散、失去自由乃至丢掉自家性命。

赌徒幡然醒悟时往往已身陷遍地血泪的绝境,没有回旋余地,不是吗?那就看看那些每天都在上演的人间悲剧吧。

不赌为赢

靠10元港币起家,如今已是亿万富豪的澳门"赌王"何鸿燊,在总结自己毕生奋斗的人生经验时,出人意料地说:"不赌为赢。"

这话不奇怪吗?身为赌王,不赌,何以成为赢家?纵观其历史,才渐渐悟出其中的深刻道理。想当初,赌王从香港抵达澳门时,身上仅有10元港币。但他并不是用这10元钱去赌彩撞大运,而是找了一家贸易公司落下脚跟。由于他吃苦耐劳,又善于动脑筋,很快就拉住了一批客户。股东看到他是个可用之才,便邀他入股成为合伙人。

聪明的他慧眼识商机,将澳门的一些剩余物资如小汽船、发电机等运往内地,换取粮食运回港澳。当时正值兵荒马乱,港澳粮食奇缺,这一来一往,便获厚利。这种独具慧眼的易货贸易,为他以后发展打下了良好的基础。

心理学入门故事

何鸿燊成为赌王的真正机会，是20世纪60年代初，当时承包澳门赌业的一家公司合约期满，有关方面登报公开招商。这次他又以超人的慧眼，看到了这个千载难逢的发展契机，于是他竭尽全力参与竞标，最后功夫不负有心人，终于以高于对手仅8万元的微弱优势和最小代价获澳门赌业专营权。

何鸿燊拿到了赌业专营权，但他并未就此高枕无忧地坐收渔利，而是把赌业作为一项产业来经营。他为了广招客源，投资建立来往港澳的现代化船队，同时又投资兴建直升机场和澳门机场，吸引世界各地的游客。他提出把旅游与赌业结合，以赌业为龙头，带动全澳门的交通、酒店、饮食和旅游全面发展。

他一改过去赌场中江湖人士把持的局面，在赌场各级管理人员中，重用懂现代企业管理的知识分子，使赌业由传统的带江湖色彩的行业逐渐向现代化的企业经营管理方式迈进。不赌为赢，正是他不靠侥幸中彩而靠实干和抓住机遇起家的根本。

他不是靠吃赌混日子，而把赌业作为一项产业来发展，正是他不靠江湖义气维系赌业而引入现代管理。从而让赌业发展跟上时代的步伐。这一切，都是他"不赌为赢"的前提。

诚然，赌王是以赌业成名的，他的成功，离不开赌业。但他成功的历程，是博弈（棋战），而不是博彩（赌博）。博弈，凭的是心智与实力；博彩，则靠的是瞎撞与碰运，撞不上则心灰意冷，碰上了则乐迷心窍。

只有博弈，才是全局在胸的行棋，环环相扣与步步进逼，是最终达到决胜的顶点；而博彩，则是系命运于股掌之中的押宝，

第五章　不良行为的自我救赎

成败于混沌懵懂之间。博弈人生，是智者的人生；而博彩人生，则是赌徒的人生，是悲剧的人生。

金盆洗手，戒赌戒心

赌博不但劳神伤财，造成许多不该发生悲剧，而且对人的身心会造成严重的损害。

经调查发现，参赌者精神过分紧张，长期处于此种状态，会造成免疫机能下降；赌博破坏了洁净空气，会经常患呼吸系统疾病；被众多人接触过的赌具和餐饮用具，更是胃肠疾病、特别是病毒性肝炎和痢疾传染的捷径。

参赌时的突然激动亢奋，更可能促发心脑血管疾病的危急症状，甚至命丧赌场。参赌时都有"输了要翻本，赢了再赢"的心理，但客观上是输多赢少。在输得较为心痛的时候，失常心理诱发人性障碍，或冲动而聚众闹事，或劫盗筹资，因赌博而导致的刑事案件，以及赌徒无奈轻生的案例，随处可见。因此，戒赌是每个赌博嗜好者，刻不容缓的事情，千万不要当成儿戏。

近年的科学研究，已找出赌博成瘾的身心原因。

赌博是一种简单方便或带有娱乐性的方式，使参与者的财富作重新分配。持有寻求刺激心理者、好奇消遣心理者、投机取巧心理者，最可能与赌博一拍即合，逐渐上瘾，成瘾难戒。

参赌者否认事物两性均衡的客观存在，主观上过于相信自己的判断，潜意识中总相信自己会多赢输少，或者输了肯定会赢。这种心理错觉，是把"客观概率"消融在"主观概率"中，即判断事物时倾向于有利于己的低概率而否认不利于己的真实概率。

心理学入门故事

如果他们在寺庙中去打卦，连续十次都是阳卦，他肯定相信第十一次是阴卦，而事实上这次或以后的许多次，仍然可能是阳卦。因为，客观概率中的阴阳卦各占一半，并不受先前结果的制约和影响。正是这种"概率错位"心理，才会促使赌徒红眼，赌进其身家性命也在所不惜。

所谓"金盆洗手"，是劝谏赌徒戒赌的方式与决心。一旦"金盆洗手"，就要决心立志，不可重蹈覆辙，其关键就是敢不敢"洗手"。我们不得不承认，戒除赌博是一件艰难的事情，如果一个人已嗜赌成性又要想戒除赌博，那他无异于向自己发动了一场旷日持久的战争。

赌博是一种习惯性的行为，要想克服赌博癖好，那就必须拥有坚定的意志。首先要认识到赌博的危害性，认识到十赌九输的特点，不要抱有侥幸心理，并避免出席任何赌博场合，可以培养其他可取代赌博的嗜好，比如钓鱼、看书、打球等。

还可以让自己，定时运动（如慢跑），学习松弛的技巧（如冥想或瑜伽），或进行休闲活动（如听音乐、与朋友逛街），借此驱走闷气，控制精神压力，舒缓紧张的情绪。

记录也是一种抑制赌博的好办法。嗜赌者可能会发现，每当自己感到苦闷或失落、手上持有现金，或需要用钱时，便会赌博。而记录可使嗜赌者对自己的赌博行为及时了解，找出赌博的倾向和模式。这些记录便可助患者找出抑制赌博的有效方法。患者可以通过各种方法，恰当地满足不同的需要。必要时可以给自己定一个限额，无论正在赢钱或输钱，只要赌款达到所定的限额，便立即停止赌博。

第五章 不良行为的自我救赎

测试：你嗜赌成瘾？

状 态 描 述	是	否
1. 你是否经常赌博？		
2. 你在学校或者公司有没有赌博行为？		
3. 你是否有过不上学或者不上班而去赌博？		
4. 你是否觉得赌博比学习或者上班更重要？		
5、你是否经常将你的空闲时间花在赌博活动上，比如玩牌、赌马等。		
6. 你是否经常觉得在你的消遣活动中赌博是最兴奋刺激的？		
7. 你是否在赌博的时候就会不知日夜及忘记身边其他的事情？		
8. 你是否常常就自己的赌博行为而发"白日梦"？		
9. 你是否觉得你的朋友因为你赌博而特别注意你，而当你赢钱时他们都羡慕你？		
10. 你是否当赢钱时会相信自己会继续赢下去而会"乘胜追击"？		
11. 你是否当输钱时觉得自己尽快继续下注以"收复失地"？		
12. 你是否经常将自己的零用钱（例如原本想用来吃午餐，购买衣服或其他自己喜爱的东西的金钱）用来赌博？		
13. 你曾否要借钱来赌博？		
14 你曾否卖掉一些自己喜爱或有纪念价值的东西来筹赌本或还债？		

心理学入门故事

状 态 描 述	是	否
15. 你曾否做出一些行为以避免你的家人或朋友知道你赌得多大或多少？		
16. 你曾否因自己的赌博行为而讲谎话（例如：你输了钱之后对人说自己并没有赌或说自己赢了钱）？		
17. 你曾否因自己的赌博行为而与父母或朋友发生争执？		
18. 你曾否因输了钱而感到沮丧、内疚，或因而失眠？		
19. 你曾否想过以自杀来解决自己赌博的问题？		
20. 你的父母或其中一个有没有经常赌博？		

评分分析：

如果你对其中的两项以下回答"是"，那么你放心，你还没有赌博问题；如果你对其中3～4题回答"是"，那么你应该反省自己的赌博问题是否开始失控；如果你对其中至少有5题回答"是"，那么你的赌博行为已经开始失控，你已经赌博成瘾了。

第六章
突破意志障碍的围墙

　　一个人的潜能是不是得到了充分的发挥，创造力是否获得极致的发展，所期望的目标又是不是一个一个地达成，这就要看一个人的意志坚韧与否。无论是升学、就业、创造、发明、夺取冠军等一些大的目标，还是小的愿望如提高学习成绩、掌握一门技能、完成一项任务等，无处不体现出人的意志力。但是，人们一旦患上意志障碍，就很可能一事无成。

　　意志障碍是指意志过程的失常，通常包括意志减弱和缺失等现象。有意志障碍的人缺乏主见，往往表现的犹豫不决、随波逐流等行为，其思想、情感和行为受外界影响很明显，对不良行为缺乏抵制的能力。

　　对人生的一生来说，维系成功与失败的各项因素中，就其重要性与个人的可控制性而言，意志力的强弱处于最突出的地位。因此，培养坚强的意志品质，打造坚忍不拔的意志力是每个人生命的重点之最！

心理学入门故事

意志力强弱决定成败

熬过忍耐就是天才

有一群乌龟举行了一场赛跑活动，谁到达顶峰就是冠军。于是，所有的参赛者都开始积极地奋力爬行，而旁边的围观者却大声地议论道："这些乌龟真是不知天高地厚，这么高的山，他们肯定达不到目的地。"

这时，有几只乌龟听到这话以后，想一想很有道理，便开始泄气了，退出了活动。但是，还有几只乌龟在坚持往上爬。

这时，围观者又继续说道："别白费力气了，朋友，你们只能以失败告终。"

于是，又有几只乌龟听从了别人的劝说，慢慢地停下来，在路边歇息。

到了最后，却只剩下一只乌龟在默默地往上爬，可是任凭旁观者怎样议论它还是一如既往地继续向前行动。

最终，比赛结束了，可想而知，其他的乌龟均未能到达顶峰，只有这只乌龟爬到了顶峰，最后戴上了冠军的桂冠。

事后人们很奇怪，为什么这只乌龟能不听从他人的言论，坚持到底呢？经过调查才知道，原来这只乌龟是一个聋子。外界的指手画脚对它来说不管用。在它的心里自始至终只有一个念头：爬到顶峰就是冠军！

第六章　突破意志障碍的围墙

这就是它的成功之道，从不放弃的坚强意志力造就了乌龟冠军的诞生。放弃是一种念头，而坚持是一种信念，一种精神；放弃意味着彻底的失败，而坚持意味着进步，意味着成功。因为耐心和恒心总会得到报酬的。

人海中，几乎每个人在人生的旅途上，都要受到命运之神的捉弄。也许你要比别人多付出几倍的努力才能换回成功的报酬，也许你要比别人多走许多弯路才能到达胜利的彼岸。但再多的磨难也压不垮有韧劲的东西，也摧不毁身上那股不服输的力量。所以，只要拥有了忍耐的品质，有了心的坚定，有了一步踩下去就准备踏实地向前走的决心，就能成为命运的主宰者，就能成为天才。就能让所有的痛苦都熔化在忍耐的热情当中，就能让所有的眼泪都在忍耐中化作一股轻烟！

生活的沧桑使生命的深渊埋下难言的隐痛，忍耐可以使人相信，隐痛必将消失，暴风雨过后的天空会更加明丽。颠沛的人生使人感到迷离恍惚，忍耐可以让我们把难熬的寂寞、忧愤、艰辛强压在心底，能让我们保持心灵的天平达到平衡。

学会忍耐，学会在忍耐中锲而不舍地追求，在忍耐中更深刻地感悟人生。在忍耐中发愤，在忍耐中拼搏。永远记住：阻挡在你和重大成就之间的敌人就是缺乏耐心。只要你能勇敢地反省和检讨自己不够耐心的原因，然后一一去克服那些弱点，你的意志力就会越来越坚强，你就能抓住人生中最有价值的东西。

如果你发现自己缺乏意志力，那么你就要在求成功的欲望之下燃烧起熊熊大火，就可以弥补意志不坚强的缺点。你还要记住，

心理学入门故事

不管你的年龄有多大,也不管你的年龄有多小,只要你有一定的意识,有了一定的思考能力,你就应该培养自己坚韧持久的耐心。它是每一个人都需要的,它能帮助我们实现更多的目标。

"天才,无非是长久的忍耐!努力吧!"法国著名小说家莫泊桑正是实践了福楼拜的这句赠言,最终成为世界文坛的一颗引人注目的明星。如果你也想有一番作为,那么就请记住这句话,做好忍耐的准备。相信自己,在耐力的鼓励下,也能有一番不同凡响的成就。

其实,拥有坚强的意志力并不难。只要你学会了忍耐,学会了有规则地呼吸,让你的心有了长跑的能力,你就会在人生的马拉松比赛中坚持下来,就可能在比赛中取得理想的成绩,实现自己的梦想!

相信自己才能主宰自己

有一位传教士,从一片山村回家,经过一个集市,看见一只漂亮的小鸟,他买下了它。心想:这只鸟胖嘟嘟的,毛色也这么好,身上的肉一定又多又嫩,煮来吃肯定好好吃极了。

小鸟看出了教士的心思,急忙说:"不要!"

教士吓了一跳,"怎么,你还会说话?"

小鸟说:"是啊,我不单会说话,我还不是一只普通的鸟呢。我在鸟的世界里几乎也和你一样,是个传教士呢。如果你答应放我并让我自由,我给你三条让你受益匪浅的忠告。"

教士以为这只会说话的小鸟一定很有学问,就同意了。

第六章　突破意志障碍的围墙

于是小鸟给了他三条忠告：

第一条：无论你做什么，始终了解自己的局限。

第二条：永远不要相信谬论，无论是谁说的，不管他多么著名，多么权威。

第三条：如果你做了好事，就不必后悔，只有做了坏事才需要后悔。

多么精妙的忠告，就这样那只小鸟获得了自由。

传教士一边高兴地往家里走，一边想：小鸟的三条忠告真是布道的好说辞，我将把这三条忠告写在我房间的墙壁上、桌子上，这样我就能记住它们。肯定非常有教益。

就这在这时，他突然看见那只小鸟站在一棵树上，放声大笑。教士问它为什么那么笑，小鸟说："你这个傻瓜，在我肚子里有一颗非常宝贵的钻石，如果你当时杀了我，你会成为世界上最富有的人。"

教士有些后悔了，脸上表现出悔色。于是扔掉手里的书开始爬树，他一生中从未爬过树，更何况他已经老了。他向上爬一点，小鸟就飞向更高的树枝，最后小鸟飞到了树的顶端，在差不多要被教士抓住的那一刻，教士却摔下来了，而且还伤得不轻。

小鸟目睹了这一切后说："瞧你！你现在相信了我的谬论，一只小鸟肚子里怎么会有宝贵的钻石呢？随后你尝试了不可能——你从没有爬过树，更何况你怎么可能空手抓住一只会飞的鸟呢？最后，你使一只小鸟自由了，你做了一件好事，但你却后悔了。"

心理学入门故事

教士听了哑口无言,从此再不做教士。

教士的错误在于:自己不做客观的分析和判断,盲目地相信别人的话,自己不动脑子,以致三条忠告都违反了,徒劳无获。作为教士,做出这样的事情,很具有讽刺意味。现实中遇到事情一定要冷静分析,让自己去做客观的判断,可别犯教士的错误。

一个人应养成信赖自己的习惯,即使在最危急的时候,也要相信自己的勇敢、毅力与判断。只要自己心中有一个标准,做到客观的、理智的、全面的衡量、分析和判断,就能做出比较正确的选择和决定。

但是,由于一个人的知识、经验、思维都是有局限性的,所以听取别人的意见也很重要,但决不能盲目自信或者不辨是非地盲目听从他人意见,那是不理智的,容易导致错误。千万不要像这则寓言中的教士一样。要相信自己,做自己的主宰。

我们不是宇宙的主宰,却可以做自己的主宰。

如果你已经认识了自己,深刻地了解了你自己。就应该喜欢自己,接纳自己的一切,进而将自己最好的一面呈现出来。要深信你就是你,世上不会有第二个你。只要你够坦然地说:"我相信自己。"就够好了。然后掌握好自己,发挥好自己,做自己的主宰。

弗洛伊德·威廉斯12年来一直担任位于北卡罗来纳州的SAS研究所的中心主任。他曾说过:"在我们这里只有一个规则,那就是例外。"他本人是一位资深的T专业人才,12年前从另

第六章　突破意志障碍的围墙

一家公司跳到该公司。

"我为什么离职？在很多其他的公司里，我只不过是一个号码。"这是他2001年1月接受美国《财富》杂志采访时所说的话。该杂志每年都要公布一份"美国最适宜工作的100家公司"的问卷调查报告。在报告中你会发现，像西北航空、思科这样的一些企业经常排在20名以后。其实，比排名更重要的是原因，为什么人们不喜欢在这些公司工作呢？

一个SAS公司员工的回答是最好的诠释："在这里我是一个完整的个体，领导重视我的个人感受和需求。"

相信自己，做自己的主宰！这是一个新趋势。在西方社会，做自己的主宰已经是至高无上的价值观。许多人会主动改善自己所处的环境，却没有想到要完善自我，于是他们的环境仍然没有改变。

那些勇于接受命运考验的人，总是做自己思想和行动的主宰，从而实现自己心中的目标，这个道理放之四海而皆准。正像歌德所说："谁要游戏人生，他就一事无成，谁不能主宰自己，永远是一个奴隶。"

从猴子掰棒子衡量意志力

一只猴子到山下的玉米地里偷玉米棒子，刚掰了一个拿在手里，忽然看到树上的桃子很诱人，于是爬上树去摘桃子；桃子刚到手，又看见西瓜地里的西瓜又大又圆，于是又跳下来抱西瓜；这时候一只野兔从旁边跑过，猴子觉得兔子活泼可爱，于是丢下

心理学入门故事

西瓜去追野兔；追了半天，野兔逃得无影无踪，猴子这才发现天色已晚，而自己还是两手空空，于是懊悔不已。

这则童话蕴含的道理虽然简单，但不幸的是，现实生活里仍然有人在做着猴子所做的傻事而不知回头。

那么，究竟意志力的强弱如何来衡量呢？

如果从意志的内涵来说，它是一种自觉地确定活动目的并有意识地支配和调节行动，克服阻碍，实现预定目的的心理过程。

意志力的强弱表现在是否能够自觉地发动行为、坚持预定目的并且完成预定计划。概括起来，意志的力的强弱体现在以下四个方面：

坚定性。

坚定性，指能够坚持贯彻行动计划，排除一切障碍，抵制一切诱惑，不达目的誓不罢休。是意志力中最重要的一种品质。譬如：科学家居里夫妇，在极为简陋的条件下，仅凭借手工操作，历时数年，从八吨沥青中提炼出了世界上第一克镭。我们的先辈也早就有"精精诚所至，金石为开"，"愚公移山"、"只要功夫深，铁杵磨成针"的经验总结。

这些都说明，坚定不移、坚持不懈地努力实干，能够创造出世间的奇迹。更不用说个人的愿望、目标与理想，如果有顽强的意志作保证，将它们变为现实就一定大有希望。

可坚定性的缺乏，则表现为知难而退，或不能持之以恒、半途而废，或经不起诱惑转移了目标。

第六章　突破意志障碍的围墙

自觉性。

自觉性是说一个人能够充分认识行动的目的与意义，积极、主动地执行行动计划。譬如：职员能独立地、自发地完成工作任务；运动员能自愿地长期坚持艰苦的训练；教师勤奋学习各方面的知识，对教学精益求精等等。

而缺乏自觉性的人，有两种表现；一种是没有自己独立的信念，于为容易受别人的影响或干扰，或者主要依靠别人的启发、引导与督促才能完成有关任务。

另一种表现是过分主观、专断、刚愎自用，不考虑目标的可行性，也不接受别人的合理建议，我行我素、凭感觉或按习惯去行动。

可以看出，缺乏自觉性实际上是缺乏理智的表现。

自制力。

所谓自制力就是一个人的自我克制、自我约束能力。

表现为能够及时地、适度地支配、控制自己的行为与情绪，做该做的事，不做不该做的事。

有自制力，才能使个人的行为符合目标的需要，在压力面前不畏首畏尾，在打击面前不张皇失措，在诱惑面前不动摇，以及当消极情绪出现时能够有效地调整、控制情绪。

因此，自制力与坚定性密切相关，缺乏自制力就谈不上坚定性。

一个缺乏自制力的人，其表现往往为放任和懦弱。

放任的表现为：随心所欲，难以抗拒拖沓、懒惰、敷衍、动

心理学入门故事

摇等倾向,以及任凭愤怒、失望等消极情绪强烈地发泄。

懦弱的表现为:一遇到情况发生了变化,行动就乱了方寸,难以一如既往地坚持下去,要不就是进展不够顺利时,试图退而求其次或者绕道而行。

果断性。

果断性,是指有能力及时地做出理智的选择和正确的决定,并执行这些决定。

果断的人,在紧急关头或复杂情境下,能够冷静地思考、分析,准确判断事物的是非、真假,迅速采取有效的行动。

而缺乏果断性的人,在需要做出抉择的时候,犹豫不决,瞻前顾后,迟迟不能开始行动;在遇到干扰或诱惑时,优柔寡断,难以迅速排除或坚决抵制。结果,都会延误时间,浪费精力,影响行动计划的圆满完成。

其实,果断性的基础也是理智,是对行动目的与意义的高度自觉,以及敏锐地观察问题、分析问题的能力。譬如:将军指挥战役时的果断,依靠的是身经百战积累的经验以及知己知彼带来的信心;医生抢救病人时的果断,来源于精确的诊断与扎实的技术功底;企业家安排生产与销售时的果断,凭借的是灵敏的市场信息与合理的预测机制。

因此,在瞬间所做的正确抉择,其背后一定缺少不了长期的深思熟虑与经验积累给人带来的智慧与自信。

第六章　突破意志障碍的围墙

懒惰是吞噬灵魂的蛀虫

懒惰荒芜了田野

　　一个村子里有两个种甘蔗的农民。一天，他们针对种甘蔗的方法进行了激烈地讨论，最后他们决定打赌比赛，赢的人可获得一笔赏金，输的人要赔偿这一笔偿金。

　　第一个人手脚十分懒，他想出一个既省劲又长得快的好方法。他认为甘蔗是甜的，必须要甜的东西来滋养它，他认为用甘蔗汁来灌溉一次甘蔗就能完事大吉，并且坚信会有好的收获。

　　一连几个月，他都在默默地等待收获的结果。另一个人并没有走捷径，而是踏踏实实地进行耕地、除草、下肥、浇水、灭害虫等辛苦的管理。

　　过了几个月，第一个人的甘蔗由于缺水、缺肥以及虫子、杂草的侵害都枯萎了，而另一个人的甘蔗却长得青绿茂盛粗壮，最后他从第一个人的手里拿到了一笔赏金。

　　即使再肥沃的田地，也须得种瓜得瓜，种豆得豆，绝对没有种杂草而得到稻谷的道理。人世间的一切，只有付出一分努力，才有一分的收获，绝对没有不劳而获的事情。

　　如果说趋利避害、好逸恶劳是人的本能，那么每个人身上都存在懒惰的可能性。懒惰就是不喜欢、不愿意付出体力或脑力去完成一项应该完成的工作。而大多喜欢懒惰的人，不是对工作拖延、敷衍或放弃，就是需要在别人的督促、逼迫之下勉强工作。因此，他们与成功无缘是天经地义的。

"业精于勤而荒于嬉"。与懒惰相反的是勤奋，表现为主动、努力地运用体力或脑力进行劳动、工作，而且往往自愿提前或超额完成工作量。

常言道："天才来自勤奋。"成功总是垂青那些勤奋工作的人。为什么有些人那么勤奋呢？难道他们喜欢吃苦受累、不喜欢舒服与安逸吗？当然不是。

勤奋的人也具有与常人一样的需要，但是他们为了实现某个目标，克制了自己休息与享受的欲望，并且从工作的成就中获得了极大的满足。这种满足的感受足以抵消了他们工作时所吃的苦、所受的累，因而他们有一种乐在其中的心理。譬如我们熟知的"龟兔赛跑"故事，它说的是兔子仰仗自己跑得快，骄傲自大、轻视对手，结果由于贪睡反而被锲而不舍的乌龟甩在了后边，输掉了比赛。

不要被懒惰悄悄地侵害

你知道吗？懒惰，正悄悄地侵害着人类。它引起各种各样的生活和社会问题：比如父母不管教孩子，工作没有责任心等等。过于懒惰不但使人一事无成，人生毫无意义，还会给人的身体带来不同程度的危害。请看下面的内容：

懒散使人身体虚弱。

在静止时，其心脏每收缩一次，只能搏出血液50毫升，在

第六章 突破意志障碍的围墙

进行剧烈运动时也只能增至 100～w120 毫升。而一般运动员或体力劳动者在静止和剧烈运动时，其搏出量分别为 80～100 毫升和 200～210 毫升，比缺少运动的人增加了一倍。

可见，缺乏运动的人心脏功能是虚弱的。如果让一个健康人在床上躺一个月不活动，身体会虚弱得如同大病初愈，连走路都会摇晃。

懒散使体态蠢笨。

现代化设备使家务劳动大幅度下降，走路的机会也愈来愈少，往往一天中有几个小时坐着，致使四肢瘦弱而臀腹肥胖臃肿，破坏了健美的体形。

在人体中，脑的重量仅为体重的 1／47 而耗氧量却占人体的 1／4，是需氧量最大的器官。运动能够促进全身血液循环，将氧和其他养分源源不断地输送到大脑，改善脑部供氧状态。

与不常运动的人相比，经常运动的人动作协调敏捷、眼明手快。同时，运动时由于精神亢奋、心情舒畅，因而促进大脑释放出像啡呔和内啡呔等特殊化学物质，这对增进智力和记忆力有良好的作用。

懒散使人衰老。

因为，一个人由于过于懒散，心脏搏血量小，不能最大限度地满足身体各部分对氧和营养物质的需要，体内代谢产物不能有效地排出，从而加速了衰老的进程。

进入中年之后，要比经常运动的人在体格和机能状态上早老 10 年左右。长寿之人大多是辛勤劳动终生，运动使他们延年益

心理学入门故事

寿青春永驻，看起来比同龄人年轻许多。

懒惰会伤害心灵

　　大海里有一条小金鱼，长得十分精致，特别是那双美丽的大眼睛，那么明亮。可它有一个坏毛病，那就是懒惰。大家都很喜欢它，也想帮它改掉这个坏毛病。

　　一条小鳟鱼游过来，对小金鱼说："可爱的小金鱼，和我到大海的远方去漫游吧！那里能看到很多很多新事物，还能学到很多本领。"

　　"那多累啊，我才不去呢！"小金鱼一边说一边打着哈欠说。

　　鳟鱼失望地走了。

　　一只小龙虾游过来对小金鱼说："美丽的小金鱼，跟我学跳高怎么样？这对身体可有好处。"

　　"学跳高？"小金鱼慢慢吞吞地说，"听说，跳高很累的，还是在松软的水草上躺着舒服，我不去。"

　　虾也失望地游走了。

　　一只小螃蟹游到小金鱼身边说："漂亮的小金鱼，跟我到河口去走走，来个长途旅行，开阔一下视野，也锻炼锻炼身体！"

　　"到河口去？"漂亮的小金鱼摇摇头，"那么远，太累了！我可受不了，不去。"

　　螃蟹失望地游走了。

　　就这样，小金鱼还是每天躺在水草上，懒洋洋地休息。

　　时光过得好快，一转眼，螃蟹从河口回来了，它长大了，变

第六章　突破意志障碍的围墙

得很健壮。虾也回来了，变得雪亮，动作敏捷。

当小鳟鱼从大海的远方旅游回来时，它已经变成了大学者。它想起童年的好朋友——漂亮的小金鱼。于是去看它。

它看见的小金鱼，身体单薄得像一片秋后的树叶，在水草上目光呆滞的躺着。

"怎么会这样？"鳟鱼有些惊异，同情地问。

小金鱼长叹一声，说："由于我每天不动，失去了活力，变成现在这样的丑八怪了。"说着悲伤而懊悔地哭了。

鳟鱼学者说："我听远方的朋友说，懒惰会改变容貌，毁掉肌体，戕害心灵！原来这是真的！"

比尔·盖茨说："懒惰、好逸恶劳乃是万恶之源，懒惰会吞噬一个人的心灵，就像灰尘可以使铁生锈一样，懒惰可以轻而易举地毁掉一个人，乃至一个民族。"

他曾给一位年轻人写信说："你这懒惰行为，所谓没有时间等等，都只是一种借口而已，你总是用种种漂亮的借口来为自己辩解，我看你最根本的一条就是不肯努力，不肯下功夫，你的理论就是每一个人都会把他能干的事情干好的。如果有哪一个人没有干好自己的事情，这表明他不胜任做这件事情。你没有写文章表明你不能够写，而不是你不愿意写。你没有这方面的爱好证明你没有这方面的才干。这就是你的理论体系——多么完整的理论体系啊！如果你这个理论体系能为大众普遍接受的话，它将会产生多大的负面作用啊。"

心理学入门故事

是的,懒惰者总是有这样那样的借口,在贪图安逸、碌碌无为中等待生命的完结。他们只相信运气、机缘、天命之类的东西。看到人家发展了,就说:"人家运气好!"看到他人知识渊博、聪明机智,就说:"人家有天分",发现别人德高望重、影响广泛,说:"人家有机缘。"

他们从来看不见人家在实现理想过程中付出的辛劳与汗水,经受的考验与挫折。由于他们不肯付出,因此不可能在社会生活中成为一个成功者,只能是失败者。因为成功只会眷顾那些勤劳的人。

一个人,一旦产生懒惰的情绪,就只会整天怨天尤人、精神沮丧、无所事事。所以,懒惰者不可能成就大事。因为懒惰的人总是贪图安逸,遇到一点风险就吓破了胆,他们缺乏吃苦实干的精神,总在等着天上掉下馅饼来。

美因兹的一位大主教认为:"一个人的身心就像磨盘一样,如果把麦子放进去,它会把麦子磨成面粉,如果你不把麦子放进去,磨盘虽然也在照常运转,却不可能磨出面粉来。"

懒惰会吞噬人的心灵,会毁灭人的肌体。就像马歇尔·霍尔博士所说:"没有什么比无所事事、空虚无聊更为有害的了。"

"懒汉"的智慧

据说,一百多年前,有个叫汉弗莱·波特的少年,人家雇他坐在一台讨厌的蒸汽发动机旁边,每当操纵杆敲下来,就把废蒸汽放出来。

第六章　突破意志障碍的围墙

他是个懒汉，觉得这活儿太累人，于是在机器上装了几条铁丝和螺栓，这样，阀门就可以靠这些东西自动开关了。

这么一来，他不但可以脱身走掉，玩个痛快，而且发动机的功率立刻提高了一倍。他懒洋洋地发现了经复式发动机活塞的原理。

现代农业机械都带有座位。起初想到安座位的可不是勤快的农夫，他们不在乎整天在田地上走路。这个主意最先是由想坐着干活的人想到的。正是懒惰激励了发明。

人类动机的研究者弗兰克·吉尔布莱思，常常把各行各业优秀工人的劳动动作拍成影片，判断一种工作最少可以用几个动作完成。他发现，最优秀的工人毫无例外地全是懒汉，人们可以向这些人学习的东西最多。他懒得连一个多余动作都不肯做。勤快一些的工人的效率要低得多，因为他不在乎把力气花在多余的动作上。

一个称职的领导人也同样懒惰；凡是能盼咐别人为他干的事，他绝不亲躬。精神的懒惰也同样促进了人类的进步。许多重要的规则和定理都是懒汉想出来的。这些人想在脑力劳动上寻找捷径。确立万有引力定律的人们准是些懒汉。他们探究各种互不相关的现象的根源，他们讨厌这种吃苦受累的事情。

想想看，如果没有自由落体定律，那么，要确定苹果从枝头落到地上的时间，这该会多么麻烦！想想看，如果某些懒汉不曾建立"$2+2=4$"的规则，我们在生活里将会遇上多复杂的局面，

心理学入门故事

将会碰到多么令人筋疲力尽的麻烦啊!

看来,从某种程度而言,正是懒汉承担了促进文明发展的重任。如果一个人一边想偷懒,一边在想如何偷懒依然能够办好某件事的话,这种懒惰是和智慧相关的。有时不妨认真看待这些懒汉,他们身上寄托着人类不断进步的希望。因此,你要偷懒,必须懒得有智慧,有了这种"资本",才可以做"懒汉"。

懒惰就是浪费生命

人的惰性仿佛就是天生的,特别是当一个人有吃有穿有钱花的时候,更是如此。在不用发愁去工作,去挣钱,为下一顿饭焦急的情况下,人,又怎么会有勤奋的力量呢?

如果仅仅是为吃而活,为穿而活,为钱而活的话,人很快就会有了惰性。其实,惰性实在是很不容易克服的一件东西,在现实中,也没有多少人不懒惰。那些勤奋的人,都是有意志的力量在推动着他们。

"意志是克服惰性的一种力量",而推动着这一意志的形成,恰恰是一个值得追求的目标。有了这样的一个目标等待我们去实现,我们也就会、也就有理由把我们发动起来。

俗话说:"人不为利,谁肯早起?"当然这个世界也不是人人都喜欢"利",也不一定会把"利"当作一个值得所求的目标,然而喜欢"利"的人,自然会为了追求"利"而早起,所以,要克服惰性,要问自己到底想要什么。

如果一个人想成立一个大公司,或想成为作家或画家,那么

第六章　突破意志障碍的围墙

达到这个目标的办法，只有想办法加强这方面的能力。于是，他就开始找一些应该读的书放在桌上，一样样地去读。等确立了目标后，就会发现生活中有许多自己原本不在意的事情竟然变得有意义起来，而另外又有些事突然变得不重要起来。

那时，我们就会感到有一种无形的力量在支撑着自己，督促自己发动，让自己不再毫无目的地懒惰下去，不会干着急、不知道该做些什么才好。

其实，谁也不知道哪一天是自己生命的终点，但多数人都预期自己能活到一百多岁，所以在年轻时不慌不忙。但是西谚有云："要活得好像明天就要死去一样。"这样才能把今天的事情做得快更认真。

懒惰就是浪费生命。只有认真生活的人，才不会偷懒，只有掌握短暂的现在才是正确的。因此我们应尽量抓紧每一分每一秒的时间充实自己，推动自己。生命只有一次，千万不可浪费。生命不浪费，成功的机会就多了，人生的价值也就更精彩！

清除心中的"懒虫"

著名哲学家罗素说："真正的幸福绝不会光顾那些精神麻木、四体不勤的人们，幸福只在勤劳和汗水中。"

懒惰会使人们精神沮丧、万念俱灰。所以你要远离可怕的懒惰，努力培养自己勤劳的习惯。因为只有劳动才能创造生活，给你带来幸福和欢乐。

要克服懒惰，起码要具备两个条件：一是自觉性，即自己树

心理学入门故事

立明确的奋斗目标；二是自制力，即能够凭自己的意志支配行为，在一定的时间内、一定的条件下完成既定的任务，而且要尽可能完成得尽善尽美，不拖延、不马虎、不敷衍。

缺乏自觉性，就缺少了发自内心的行为动力，当然容易引起懒惰。但是，有了一定程度的自觉性，就可以避免懒惰出现吗？

有一类人，是所谓"思想上的巨人，行动上的矮子"。他们谈起理想、抱负、目标，可以滔滔不绝，显得志向远大、思想不凡，可是拿出的行动却区区可数。就好比他们的"理想之舟"，停泊在一个"下次开船港"中，迟迟不扬帆出航，明日复明日，最终万事成蹉跎。

若想真正清除心中的懒虫，请注意以下几点：

树立责任心。

热情积极的生活态度。

高尚的生活目标和理想。

规律生活。生命活动是有规律进行的，一个人起居有常，餐饮适时，劳逸适度是身体健康的保证。

懒散之人往往散漫成性，生活杂乱无章，睡无时、食无量，身体各系统的功能活动很难与如此多变的环境相适应，久而久之，身体健康会受到摧残。

健身运动。健身房逊色于日常劳作，日常劳作是最好的运动方式，去健身房运动有时间、地点的限制，还要花费钱财，动作往往是单一机械地重复，不利于开动脑筋，既单调乏味又难以长久坚持。

日常劳作多种多样，多需心眼手足一起活动，健身又健脑，

第六章　突破意志障碍的围墙

且通过劳动还创造了美好的生活，自有一分收获的欣慰。这些良性刺激都有助于人的健美。所以，把自觉性落实到行动上就显得更为重要。也就是说，要养成良好的自制力，使自己的行为能听从自己的指挥。

为了增强自制力，尽可能地减少、避免懒惰的出现，个人应当有意识地对自己的活动进行管理，合理地安排活动的时间、节奏、难度、顺序和环境，并且进行自我检查和自我强化。

一旦行为出现了好的转变，并逐渐固定下来成为一种习惯之后，懒惰就能够被有效地遏制住。为了自己的健康快乐与长寿，也为了家庭的美好与幸福，每个人都应该彻底清除自己心中的懒虫。

告别犹豫不决的情怀

犹豫不决只能错失良机

一位颇有名气的哲学家，身上透着浓浓的哲学气质，人也长得十分倜傥，在他身后，有许多追求的爱慕者。

一天，有一个可爱漂亮的女孩敲开了他的门，对他说道："让我做你的妻子吧，我是天下最爱你的女人，错过了我，你将再也找不到第二个。"

哲学家一看这女孩可爱的模样，也很喜欢她，但最后他还是有些犹豫地说道："让我考虑一下。"

心理学入门故事

女孩走后，哲学家开始用他一贯研究哲学的精神，将娶妻的好处和坏处一一列举出来，结果是好处与坏处各占一半，他陷入了矛盾之中，到底娶不娶那可爱的女孩？他迟迟做不出决定。

后来，经过再三的思量，他终于下定决心去找女孩子。可是，迎接他的却是女子的父亲，哲学家说道："你的女儿呢？我已考虑清楚，决定娶她为妻。"

不料女孩的父亲却冷冷地对他说："你已经没有权利娶我女儿了，时间已经过去三年，她现在已经为人妻，为人母了。"

哲学家非常懊悔，犹豫不决使他错过了一段美好的姻缘。在现实生活中往往有一些意志脆弱的人，做任何事都犹豫不决、优柔寡断，他们失去了基本的判断力，担心结果的严重性，却往往会错过许多美好的机会。

无法做出决定，过分犹豫其实是一种性格中的问题，这样性格的人有很多的想法和担心，这些想法和担心并没有错，错是错在无法做出决定。譬如哲学家面对可爱的女孩，没有充分的心理准备，使他犹豫不决、思量再三，终导致美好姻缘的破灭。因此，无论做什么选择，都是要去面对困难，继续做自己不喜欢的事情，还是做自己喜欢做的事情，都是要付出代价的，包括犹豫本身，错过了机会，还是要付出代价。

其实谁都无法逃避做决定，人总是要做出决定的，尽管内心希望逃避。

有人说，一切都从想要改变开始。任何令人满意的结果都需要有个"开始"，这里的"开始"指的就是有想要改变的意愿。

第六章　突破意志障碍的围墙

譬如：疾驶的火车载你到遥远的地方，去见日夜思念的人，这么美好的结果总是从火车缓缓移动开始的……再如：面临痛苦的煎熬，如果没有改变的意愿，糟糕的状况只会继续下去。

这种感觉就好像把自己的一切交给未知的命运去决定，或者让自己成为一叶浮萍，水流到哪里，自己也跟着飘到哪里。你的想法、感受、理想、喜好……一切属于你的独特性都变得不重要，生活变得死气沉沉！

在面临选择时，犹豫不决的心理是可以理解的。但过分的优柔寡断则会使人产生困惑与迷茫，以至白白失去良机。机会如白驹过隙，如果不能克服犹豫不决的弱点，可能永远也抓不住机会，只有在别人成功时慨叹："我本来也可以这样的。"

优柔寡断导致一事无成

一头毛驴很幸运，它有两堆草料可以自由选择，然而正是这幸运反倒害了它。

它站在两堆草料中间，开始犹豫不决，到底先吃哪一堆呢？先吃这堆颜色看起来好的，一定很新鲜，不行，不行，还是先吃那堆差一点的吧，不然坏了就浪费了。还是不行，那样新鲜的就变不新鲜了。

就这样，它在两堆草料之间，徘徊着，犹豫着。最终这头可怜的毛驴守着近在嘴边的草料，却活活被饿死了。

一份分析2000名在某种事情上失败的人的报告显示，犹豫

心理学入门故事

几乎高居30种失败原因的榜首。

一份分析数百名百万富翁的报告显示,这数百名成功人士之中每人都有迅速下定决心的习惯,而累积财富失败的人则毫无例外,遇事迟疑不决、犹豫再三,就算是终于下了决心也是拖泥带水。

亨利·福特就具有迅速达成确切决定的特质,就是这一特质使得他在所有顾问的反对下,在许多购车者力促他改变的情况下,仍一意孤行,继续制造他有名的T型车种(世界上最难看的车型),正是这种坚定不移为他赚取了巨额财富。这些财富早在T型车有必要改变造型之前,已使他成为汽车大王。无疑地,福特先生有着坚定的决心,做事情毫不迟疑。

如果你遇事犹豫不决,在犹豫的时候,耗费了精力,浪费了时间,有可能错过良机。遇事仓皇失措,举棋不定,没有主意,犹豫不决,是成功最忌讳的态度。

造成优柔寡断的原因是多方面的。有主观的原因,主要是缺乏独立性,社会经验不足,洞察力不强,把握不住大局和事物发展的规律。

另外就是自信心不足,不敢为自己的决断可能产生的后果承担责任。客观方面主要是外部事物对当事人都具有一定的价值,当事人对两者都有较强的动机,结果在取舍上产生了矛盾冲突,就反复权衡得失,这时便出现了优柔寡断的行为。

机会贵在果断

一位伐木工人在伐木时不幸被伐下的大树砸在大腿上,一阵

第六章　突破意志障碍的围墙

疼痛席卷而来，看着自己的大腿正在汩汩流血，他有些恐慌。由于是单独伐木，周围没有人，无法求救，自己也没带任何可以紧急救助的器具。但这时他神志尚清醒，他深知，如果不把压在他大腿上的大树移开，血就会一直流下去，最终的结果只能是因失血过多而丧命。

他的大脑快速地运转，想尽快地找出解决办法，他试图用电锯将压在腿上的大树锯断移走，但是，由于身体已经受到制约，无论如何也达不到目的。

怎么办？怎么办？他不能再犹豫了，再犹豫就有生命危险了，他必须当机立断。于是他采取了果断措施，用电锯把自己的大腿锯断了。结果大腿丢掉了，却保住了生命。

是果断保住了木工的性命，如果他一味犹豫不决，浪费时间，结果只能命丧黄泉。"当机立断，不受其乱。"这位伐木工人就具有果断这一宝贵的人格品质。

有些人为什么会遇事优柔寡断？主要是由以下一些原因造成的：

认识原因。心理学认为，对事情的本质缺乏清晰的认识，就会产生心理冲突，对事情就不会有明确的态度，也就很难很快地做出决定。

性格原因。缺乏自信、感情脆弱、过分谨慎的人就容易遇事优柔寡断，思前想后，拿不定主意，左右徘徊。

经历原因。有人从小依赖别人，从不自己作决定，遇事找人商量或者循规蹈矩，这样的人一旦该独立生活，处事就会出现优

心理学入门故事

柔寡断的现象。

要成就事业,必须学会果断决策,因为不果断是成功的大敌。它会使人失去成功机会。俗话说得好:"机不可失,时不再来。"有的人就是因为患得患失、优柔寡断而错失良机,结果呢?机会就风驰电掣般地从你身边溜掉,等待你的就只有后悔和失望了。为什么很多人永远到达不了成功彼岸呢?原因就在于他太优柔寡断。当危险逼近时,善于抓住时机迎头猛击它要比犹豫躲闪它更有利。因为犹豫的结果恰恰是错过了制服它的机会。

与优柔寡断挥手

在生活中确实有好些人,面对一些小事就优柔寡断、犹豫不决。这些人往往遇事不能自主,老是犹豫徘徊,缺乏决断,久而久之,就形成了优柔寡断的性格。

造成优柔寡断的原因是多方面的。主观的原因,主要是缺乏独立性,社会经验不足,洞察力不强,把握不住大局和事物发展的规律。另外就是自信心不足,不敢为自己的决断可能产生的后果承担责任。

客观方面主要是外部事物对当事人都具有一定的价值,当事人对两者都有较强的动机,结果在取舍上产生了矛盾冲突,就反复权衡得失,这时便出现了优柔寡断的行为。

要克服优柔寡断,关键是要培养决策能力,学会独立地处理问题。要多参与社会生活实践,提高预见力,增强自信和勇气。

如果你有足够的知识、才智和处理问题的能力?即使遇上棘

第六章　突破意志障碍的围墙

手的两难问题，也能做出决策。所以，拓宽知识面，扩大信息量，辩证地、全面地分析和处理问题是至关重要的。

一个社会经验丰富、能看清形势、有敏锐观察力的人便会迅速果断地处理生活中复杂的事物，确定自己的选择方向。多多参加社会实践，在此过程中增强预见力和洞察力。

从日常小事做起，培养果断的性格。要在生活中克服依赖性，学会独立完成复杂的事情，逐步实现个人的独立性和自主性。可以通过制定计划并强迫自己执行，来培养个人意志的坚韧性和自我控制力。通过这些活动，自己的意志就会坚定，自信心也会得到增强。

心境不好，做什么事都提不起精神，也是导致优柔寡断的原因。要培养乐观、开朗的心境，丢掉患得患失等思想包袱，遇事心平气和，头脑清醒，敢做敢当，敢于为自己的行为负责，优柔寡断的性格就会随之而去。

很多时候犹豫不决是因为缺乏勇气。无论做什么事情都要有一股破釜沉舟的勇气，都要有一种"不入虎穴，焉得虎子"的冒险精神。

测试：你有严重的优柔寡断心态吗？

根据你的实际情况，对下列题目做出"是"或"否"的回答。

状态描述	是	否
1. 你能在新的工作或学习岗位上轻而易举地适应与你过去的习惯迥然不同的新规定、新方法吗？		
2. 你能很快适应一个新集体吗？		

心理学入门故事

状态描述	是	否
3. 如果你知道自己的看法与教师的观点截然相反，你还能直抒己见吗？		
4. 要是有人给你提供一个比现在工作报酬更多的工作，你会毫不犹豫地答应前往吗？		
5. 犯了错误，你是否打算矢口否认自己的，并寻找适当的借口为自己开脱？		
6. 一般情况下，你能否直言不讳地说明自己拒绝某事的真实动机，而不以各种虚伪臆造的原因和情况来掩饰它？		
7. 经过认真讨论，你能否改变自己原先对某一问题的见解？		
8. 如果你阅读某人的作品（履行公务或受人之托），其主题是正确的，可你不喜欢作者的写作风格，换了你决不会这样写，那么你是否会修改这部作品，并坚持要按自己的意愿将它改头换面？		
9. 你是否看见商店的橱窗里有一件你很喜欢的东西，即使这东西不十分必需，你也买下它吗？		
10. 你是否会在一位有影响者的劝阻下改变自己的决定？		
11. 你是否提前计划自己的假期，而不是"见机行事"？		
12. 你是否一直信守诺言？		

评分分析：

0～9分：你很不果断。

10～18分：你做决定时小心谨慎。

19～28分：你相当果断。

第六章 突破意志障碍的围墙

29分以上，不果断对你而言是一个完全陌生的概念，你独断专行，唯我独尊。

不要留恋拖延的温床

莫为"明日"悔今生

深夜，一个危重病人迎来了他生命中的最后一分钟，死神如期来到了他的身边。在此之前，死神的形象在他脑海中几次闪过。他对死神说："再给我一分钟好吗？"死神回答："你要一分钟干什么？"他说："我想利用这一分钟看一看天，看一看地。我想利用这一分钟想一想我的朋友和我的亲人。如果运气好的话，我还可以看到一朵绽开的花。"

死神说："你的想法不错，但我不能答应。这一切早已留了足够时间让你去欣赏，你却没有像现在这样去珍惜，你看一下这份账单：在60年的生命中，你有三分之一的时间在睡觉；剩下的40多年里你经常拖延时间；曾经感叹时间太慢的次数达到了10000，平均每天一次。上学时，你拖延完成家作业；成人后，你抽烟、喝酒、看电视，虚掷光阴。

"我把你的时间明细账罗列如下：做事拖延的时间从青年到老年共耗去了36500小时，折合1520天。做事有头无尾、马马虎虎，使得事情不断要重做，浪费了大约300多天。因为无所事事，你经常发呆；你经常埋怨、责怪别人，找借口、找理由、推卸责

心理学入门故事

任;你利用工作时间和同事侃大山,把工作丢到了一旁毫无顾忌;工作时间呼呼大睡,你还和无聊的人煲电话粥;你参加了无数次无所用心、懒散昏睡的会议,这使你睡眠远远超出了20年、你也组织了许多类似的无聊会议,使更多的人和你一样睡眠超标;还有……"

说到这里,这个危重病人就断了气。死神叹了口气说:"如果你活着的时候能节约一分钟的话,你就能听完我给你记下的账单了。哎,真可惜,世人怎么都是这样,还等不到我动手就后悔死了。"

每个人的生命都是有限的,当拖延成为你的习惯时,死神也就在不知不不觉中来临了。你可以给自己时间,但生命却不会给你时间,正如中国古代诗人李商隐所吟诵的"人间桑海朝朝变,莫遣佳期更后期。"

明日复明日,明日合其多,我生待明日,万事成蹉跎!这首千载流传的《明日歌》其意思再明白不过。明天,明天,还有明天,很多人总是在这样的自我安慰中度过一个又一个今天,殊不知,时间滔滔不息地奔赴终点,当你把今天应该完成的事拖到明天去做时,这个"明天"就足以把你送进坟墓了。

人之所以"拖延",很大的原因在于当认识到目标的艰巨时就采取的一种逃避心理,能以后再面对的就以后再面对,只要今天舒服就行,拖延就这样成为了"逃避今天的法宝"。而逃避是弱者最明显的特征。

拖延是躲避困难的温床。一旦"躺"上去,就很难离开这个

第六章　突破意志障碍的围墙

"温柔之乡",它对人的诱惑力特别大。比如有些事情你的确想做,绝非别人要求你做,这时尽管你想,但却总是在拖延,行动上总是迟迟不肯手,总想着将来某个时间再做。

这样就可以避免马上采取行动,同时安慰自己并没有真正放弃决心。就会对自己说:"我知道我要做这件事,只是不愿意现在就做,应该准备好再做。"这种想法会使你的拖延心安理得。于是每当你需要完成某个艰苦的工作时,你都可以"躺在这张温床上",它成了你最容易、也是最好的逃避方式。

一个人总是想方设法拖延自己的时间,往往有 1/3 的原因是自我欺骗,另外 2/3 是逃避现实。他之所以坚持自己这样的拖延行为,还因为他本身从其中得到了一些"好处":通过拖延,显然可以不去做那些令自己感到头疼的事,有些事情害怕去做,有些事情想做又害怕行动。

欺骗自己的各种理由会让一个人心安理得,因为他觉得自己还是个实干家,只是慢一点的实干家。只要能一拖再拖,就可以永远保持现状,无须力求改进,也不必承担任何随之而来的风险。

这些人厌倦生活,总是抱怨说是其他人或一些琐事让他情绪消沉,他便轻松摆脱责任,并且推卸给客观环境。通过拖延时间,让自己在最短的时间内完成工作,如果做得不好,就会说:"我时间不够!"为自己找借口,不做任何没把握的事情,以避免失败,这样就觉得自己还真不是个低能的人。

就这样,拖延成了他们用来逃避的通行证,他们和社会上千万人一样像草木般活着,遇到任何困难都不当机立断,任其耽

心理学入门故事

误下去。

　　人的本质都是懦弱的，从这一点上说，拖延和犹豫是人类最合乎人情的弱点，但是正因为它合乎人情，没有明显的危害，所以无形中耽误了事情，因此而引起的烦恼，实在比明显的罪恶还要厉害。

　　但是，不要忘了你拖延得了一时，却拖延不过一世，今天你利用拖延这张证件避免了危险和失败，同时也失去了获得上进的机会。

别叫拖延误前程

　　高彬大学毕业快两年了，找了很多工作，就是没有一个干得的时间长的，一般不超过3个月就会被解雇佣。其原因就是高彬自小养成一个拖拉的习惯，干什么事都是今天推明天，明天推后天，能推一会是一会，结果，推来推去什么事也没干成。

　　就拿当初考大学来说，要不是他老爸天天逼着学习，至今恐怕还在复习呢！就因为这个毛病，高彬求职过的很多公司都辞退了他，谁也不愿和一个三天打鱼、两天晒网、办事拖拖拉拉、不能按时完成工作的人共事。

　　其实，高彬是个很有才的年轻人，只是"拖延"让他英雄无用武之地。不久，高彬又去一家公司求职，这家公司也觉得高彬有市场策划的才能，决定经试用后再录用他。这家公司给他半个月的时间搞个市场策划。这次高彬吸取了上次的教训，决心改掉自己办事拖延的坏毛病，他安排用一周时间搞市场调查，用5天

第六章 突破意志障碍的围墙

时间写出规划，3天时间进行修改。这样，用不到15天就能完成工作任务。

开始几天高彬不辞辛苦地奔波于各大市场进行调查，可没坚持几天，拖延的老毛病又犯了，10天过去了材料还没动笔写，一天经理要看他写的市场策划材料，他推脱还不到交稿时间。经理见到交稿时间只有3天了，还没出成稿，嫌他办事拖延，对工作极不认真，就对他说："你也不用写了，从明天起你就不用来上班了。"

或许我们还没遭遇到高彬的惨败，但是不是有着这样的经历：清晨，闹钟把我们从睡梦中叫醒，一边想着自己所定的计划，同时却感受着被窝里的温暖，一边对自己说"该起床了"，一边又不断地给自己寻找借口——再拖延一会儿。于是，在忐忑不安之中，又躺了5分钟，甚至10分钟。最后，迫不得已感到办公室时，却早已超过了上班时间。类似的情况在我们的生活中经常会遇到，如果哪天你把一天的时间记录一下，会惊讶地发现，"拖延耗掉了我们很多的时间"。

很多情况下，拖延是因为人的惰性在作怪，是意志力不够坚强的表现。每当自己要付出劳动时，或作出抉择时，我们总会为自己找出一些借口、安慰，总想让自己轻松些、舒服些。有的人能在瞬间果断地战胜惰性，积极主动地面对挑战；而有的人却深陷于"激战"的泥潭，自己被主动性和惰性拉来拉去，不知所措，无法定夺……时间就这样被一分一秒地浪费了。

心理学入门故事

其实拖延就是纵容惰性,也就是给了惰性机会,如果形成习惯,它会很容易消磨人的意志,会让人对自己越来越失去信心,怀疑自己的毅力,怀疑自己的目标,甚至会使自己的性格变得犹豫不决,养成一种办事拖拖拉拉的习惯。

当然,有时拖延是因为考虑过多、犹豫不决造成的。比如,有一方案即使在会议上已经通过,经理还在考虑万一职工有意见怎么办,万一上级领导有看法怎么办,非要再拖上半个月才去实施,诸如此类的事情每一天都在我们的身边发生。

适当的谨慎是必要的,但谨慎过头就是浪费时间,更何况很多像早上起床这样的事是没必要作任何考虑的,所以,我们要想尽一切办法不去拖延,而不是想尽一切借口去拖延。绝不能让"我是不是可以等一等"的念头控制自己的行动。

要知道,拖延会使得无论多么伟大的抱负和美丽的梦想都化为灰烬。如果你不打算用白日梦来度过自己的一生,就不要让生命在等待中一点点消耗,不要让拖延误了你本该拥有的大好前程!

从今天着手克服拖延

当我们告诉自己"今天天气很难得,要好好的消遣一下"、"这件事可以缓一缓"、"明天什么事也没有,不如明天做"的时候,要注意了,我们的心里已经滋生了拖延的思想。

其实,生活中我们搁置了多少想法、多少梦想、多少计划,这一切都源于只下决定而没有坚决地付诸行动,一边又客观地为

第六章　突破意志障碍的围墙

自己找了许多可以拖延的借口。所以，人生在世，要美好地活着，就意味着克服拖延，今天的事，必须今天做。

对付拖拖拉拉、办事不利索的作风有以下几点：

确定优势，立即行动。

很多时候，我们往往因为看不到完成一项任务有什么好处而拖拖拉拉。也就是说，我们做这项任务时付出的代价似乎高于做完之后得的好处。应付这个问题的最佳办法是从自己的目标与理想的角度来分析这个任务。一旦确认这是有个重大目标，就比较容易拿出干劲去完成它。

确定要做任务的重要性。

当我们感觉一项任务不重要，做起来自然会拖拖拉拉，若是这项任务真的不重要，就立刻取消它，而不是既拖延又后悔。有效分配时间的重要一环，是取消可有可无的任务。应该从你的日程表中把乱糟糟的东西清除。

养成好习惯。

许多人的拖延已经成了习惯。对于这些人，一切理由都不足以使他们放弃这个消极的工作模式去完成一项任务。消除这个作风，就要重新训练自己，用好习惯来取代拖延。

当发现自己有拖沓的倾向时，静下心来想一想，确定自己的行动方向，然后给自己提一个问题："我最快能在什么时候完成这个任务？"定出一个最后期限，然后努力遵守。渐渐地，拖延的习惯就会消失。

心理学入门故事

把任务委托给其他人。

有很多时候,任务是能完成的。但是,我们就是不愿意做。我们不愿意做的原因,也许与我们的兴趣或专长有关。这时,如果把任务委托给一个比自己更适合做、更乐意做的人,那么,你自己和他就都成了赢家。

拖延是一种疾病,对那些深受拖延之苦的人来说,唯一的办法就是作出果断的决定。否则,这一疾病将成为摧毁胜利和成就的致命武器。通常来说,爱拖延的人就是失败的人。

有两句充满智慧的俗语说得好:一句是"趁热打铁",另一句是"趁阳光灿烂的时候晒干草"。而"还有明天"则是魔鬼的座右铭。整个历史长河中不乏这样的例子,很多本来智慧超群的人,留下的仅仅是没有实现的计划和半途而废的方案。对懒散的人来说,明天是他们最好的搪塞之词。

"快!快!快!为了生命加快步伐!"这句话常常出现在英国亨利八世统治时代的留言条上警示人们,旁边往往还附有一幅图画,上面是没有准时把信送到的信差在绞刑架上挣扎。当时还没有邮政事业,信件都是自政府派出的信差发送的,如果在路上延误就会被处以绞刑。

由此可见,拖延的确是罪不可恕。所以朋友,请您务必今天的事情今天做,莫让拖延误今生!

第六章　突破意志障碍的围墙

走出怀旧的美丽光环

莫让旧辉煌取代新发展

1967年，瑞士研究人员提出了一项新的发明——石英表，遭到了瑞士厂商的嘲笑与拒绝，他们对自己"昨日"的手表非常自信，认为这种没有滚珠、没有齿轮、没有发条的东西不能称之为手表。

研究人员遭到拒绝之后，把手表拿到博览会上展览，一位日本商人一下子看中了这款手表，马上生产出批量的石英手表，由于它物美价廉，很快就得到世人的青睐。

以前，瑞士占据了全世界手表市场的百分之六十五的份额，可在今天，日本在世界手表业中占据了统治地位。瑞士商人由于过于留恋昨天的辉煌，不思进取、盲目自大，最终失去了一次很好的机会，同时也失去了整个手表业的统治权。

人不能过分地留恋昨天，留恋昨天的人往往沾沾自喜、自以为是，从此便不思进取、裹足不前，最终将一无所获。人必须向前看，不要让昨日的成功挡住自己的视线。

一个人适当怀旧是正常的，也是必要的，但是因为怀旧而否认现在和将来，就会陷入病态。过多的怀旧和人生的进取是背道而驰的。逃避就更不利于智慧人生之路的发展。而且对于一般人来说，怀旧的对象往往就是弱点和缺陷，是容易被人利用的"死穴"。

心理学入门故事

从主观方面看：怀旧实质上是一种对现实生活的躲避和遁逃，又是一种特殊的机制。它把我们所不想回忆的痛苦和压抑隐藏了、忘却了，以至于我们自己永远不会再想起。而另一方面，它又把我们过去生活中美好的东西大大强化了、美化了，以至于人们在几次类似的回忆后把自己营造的回忆当作真实。怀旧起源于个人的失落感。失落导致回首，以寻找昔日的安宁与情调。

有些人很依恋过去的事情，依恋过去的友人、恋人。他们保存着大量的旧照片、旧服装、旧书、旧报纸；给孩子取旧时代的名字；十分热衷搞同乡会、同学联谊会。这样一来，现在的成就感就逐渐在消失，对过去留恋的失落感就会增加。

当心病态怀旧

怀旧是一种常见的心理现象。一个人适当怀旧是正常的，也是必要的。比如思念故乡、故人的怀旧，能激发人的爱国热情；回忆过去的美好经历，可以使人心情舒畅、弃旧弥新。

但是，如果因为怀旧而否认现在和将来，生活在今天，而志趣却滞留在昨日，一言一行与现实生活格格不入，就成了病态怀旧。

病态怀旧心理通常是不能适应现实环境的表现和结果。

病态怀旧心理有很明显的症状：一、沉溺于对过去的追忆。依恋过去的事情、友人或恋人以及经历，不厌其烦地重复述说，将过多的时间放在追忆上，以至于严重地影响了正常的生活。二、对现状不满。三、追忆持续的时间相对较长，一般反复出现的时

第六章　突破意志障碍的围墙

间频率都较高。

病态怀旧心理往往是由不适应造成的,是将挫折合理化,把原因和责任全推给环境或事物的变化。还会无形中继续强化怀旧心理,逐步扩大与环境、条件或事物的隔阂。

根据怀旧对象的不同,可以将怀旧分为五类:

能力怀旧。

经历怀旧。

社交怀旧。

物品怀旧。

环境怀旧。

社会怀旧是环境怀旧的一种。病态的社会怀旧是由于社会的变迁、价值观的改变以及个人的失落感引起的异常心理,主要表现在:对社会抱有偏见,对过去的东西夸大美化,对现在的一切只看到不好的一面,不能客观评价。

有病态怀旧心理的人很难与时代同步,这有碍于他们自身的进步与发展,应进行适当的调节。

病态怀旧心理的自我调节方法有:

积极参与现实生活

积极获取社会信息、参与改革的实践活动,了解并接受新生事物,学会从历史的高度看问题,顺应时代潮流。

心理学入门故事

寻找最佳突破口

立即接受一个新鲜事物是有困难的,不妨在新旧事物之间寻找一个最佳突破口。

发挥怀旧的积极性

正常的怀旧有一种寻找宁静、维持心灵平和、返朴归真的积极功能。积极功能越强,病态怀旧心态就会越弱。因此,要提倡正常的怀旧。

增强自信

增强自信和心理承受力,消除不适应,是治疗的关键所在。

让病态怀旧者知道心理疾病的危害,要求其积极接受治疗;让其保持适度的紧张,不得逃避;树立期望,建立信心;获得家庭的支持、提醒;教给他们适应的方法,通过对适应技巧的学习可以迅速填补空白,逐步改变观念;将治疗计划明确写在纸上,在治疗过程中严格遵循计划。

不要活在朦胧的往昔

隆萨乐尔曾经说过:"不是时间流逝,而是我们流逝。"难道不是吗?在往昔的岁月里,我们毫无抗拒地让生命在时间里一点一滴地流逝,却做出了分秒必争的滑稽模样,还以为自己是个十分惜时的人。

在我们的身边不乏这样的人:他们在一次又一次尝试失败之后,仍然小心翼翼地选择一条无碍无阻的通途,以期回到过去。好像只有回到过去,他们才会心情坦然,才敢面对自己,才觉得

第六章　突破意志障碍的围墙

生活有点儿意义。

古代的"攻心术"曾把怀旧对象作为一个很重要的突破点。在现代的 EQ 研究中，怀旧是用来达到内心平和、宁静、诗意的，是人性化的表现。这也许就是一部分人向往怀旧的原因吧。

但由于过分的怀旧，使一些人在人际交往中只能做到"不忘老朋友"，却难以做到"结识新朋友"，个人的交际圈也大大缩小，人生的发展也就踌躇不前。因此，过分的怀旧行为阻碍着我们去适应新的环境，也就很难与时代同步。要知道回忆是属于过去的时光，是沉溺于以往生活的留恋，是对现实畏缩不前的表现。所以，我们要试着从美丽的回忆中走出来，不管它是悲、还是喜，绝不能让"昨日光环"干扰我们今天生活的必然发展。

不要总是对现状不满，更不要因此过于沉浸在对过去的追忆之中。当你不厌其烦地重复述说往事，述说着过去如何怎样时，你可能正忽略了今天正在经历的人生体验。因为，一味的把过多的时间放在追忆往事上，就会不知不觉地影响正常的生活轨迹。

如果说，过去的时光是慈爱的母亲的第一声亲切的呼唤，那么，石破天惊的第一声嘶喊，就该是一个新生命诞生的宣言。如果往昔的岁月是无忧无虑的人生初始，那份本能的对父母的养育之恩的深刻依恋，与那份对陌生世界的悄然觉悟，是否又冲淡了大自然对人性的皈依呢？

再说那段纯情的却没有结尾的初恋，与那几页泛黄的信笺和半本残缺的日记里，能否安妥两颗焦灼的失去了激情的心灵呢？于是，更多的时候，过去的一切不仅不会昙花重现，而且连修正

心理学入门故事

与悔过的机会也不可能觅到。

因此,我们需要做的是尽情地享受现在,珍惜今天的一分一秒。过去的再美好或再悲伤,那毕竟已经因为岁月的流逝而沉淀。如果我们总是因为昨天错过今天,那么,我们岂不是又会在不久的明天追忆着今天的错过?

在这样的恶性循环中,我们一生就只能做一个永远迟到的人了。因此,我们不如抬起头参入现实的生活,认真地去学习、探索、追求,了解并接受新生事物。积极适应时代变奏的规范,学会从历史的大局看问题,顺应着时代的潮流而扬帆,才能继往开来,与今天的时间同步前行。

假如我们对新事物的立刻接受还有些困难,那么,我们可以试着在新旧事物之间寻找一个可行的突破口。学会思考如何让自己再立新功再创辉煌,在前尘往事的基础上,弃旧弥新,去寻找一个最佳的结合点,这样我们就可以从这个点上从新起步。

事实上,在这个世界上再也没有什么能比今天更真实、更值得我们去珍惜了。即使我们能回到从前,也会有太多的遗憾无法弥补,就像一个早已愈合了的伤口,又被我们重新揭起而灼痛。因为,那些我们无法改变的残缺事实,那些我们无力填补的空白无奈,都是因为我们当初错过了"今天"的结果而产生的伤怀。

说穿了,回到从前也只能是一次心灵的谎言,是对现在的一种不负责的敷衍。史威福说:"没有人活在现在,大家都活着为其他时间做准备。"所谓"活在当今",就是指活在今天,不管

第六章　突破意志障碍的围墙

怎样今天都应该好好地生活。其实这并不是一件很难做到的事，我们任何人都可以轻易做到并继续下去。

不要否认，昨天就是使用过的支票，明天则是还没有发行的债券，只有今天才是现金，可以供我们马上使用与兑现。只有今天，才是我们轻易就可以拥有的财富与幸运，无度的挥霍和无端的错过，都是一种对生命的浪费和对幸福的践踏。

也许，回不到过去，那声曾经的呼唤才会让人我们的心灵震撼；也许，回不到过去，那段逝去的童年的才会更令人神往心驰；也许，回不到过去，那场没有结果的初恋才能成为感情树上的永恒花环……所以，无论过去的一切如何凄美，我们都不应回避今天的真实生活，哪怕它充满琐碎与郁闷。走脚下的路，唱真实的歌，把头顶的阳光编织成七彩霓裳，勇敢的披上它就足以抵挡雨雪风霜。

今天的每一个日子都应该向我们敞开欢乐的门槛，让带着花香的清风徐徐地吹过来，拂去我们昨日心灵的疲惫与尘埃，让快乐流下来，让真情永远在，让幸福的源泉在我们今天的每一刻流淌……

让我们以最优美的姿势站立，张开双臂去迎接今天带给我们的每一个不同寻常的黎明，去拥抱冉冉的旭日带来的希望与憧憬，在晨曦的霞辉中高歌纵情，将沉重的陈年旧事留给昨日的时空，将快乐的美好心情握在今日的手中。

心理学入门故事

测试你病态怀旧心理吗？

状 态 描 述	是	否
1. 你时常难以舍弃过去的服饰，并指责现在的服装难看吗？		
2. 你经常会对社会抱有偏见，思想保守吗？		
3. 你总是抱怨现在一代不如一代，对新生事物看不惯吗？		
4. 你总是回避现实，不看报纸也不学习吗？		
5. 会对过去的朋友，尤其过去的恋人怀念不已吗？		
6. 你经常为那些经历过的事情而感叹不已吗？		
7. 很看重过去所取得的功绩，时常追忆当年那辉煌的经历。在对过去的回忆中，在幻像中寻求心灵的慰藉？		
8. 常回忆过去美好时光，不愿面对现实的生活？		

评分分析：

选择"是"得1分，选择"否"的0分。

分数为3~8分，你有很严重的病态怀旧心理，需要及时地调适。

分数为2分以下，你只有一些轻微的怀旧心理，不会对你造成什么损害。

不做依赖的俘虏

有报道说，有个学生考取了出国留学生，亲戚朋友都为他高

第六章　突破意志障碍的围墙

兴，但该生一想到出国后没人给他洗衣，没人照顾他的生活就感到恐惧，最后只好放弃出国深造的机会。

这个学生的行为虽然让人惋惜，但也是有原因的。现在有很多学生，长期由家长整理生活用品和学习用具，在生活和学习上离开父母就束手无策，只有少数学生偶尔做些简单家务，情况实在堪忧。

目前独生子女教育如果不抓紧抓好，有些孩子很可能会养成依赖他人的习惯甚至形成依赖型人格，从小的方面讲影响了个人的前途，从大的方面讲则是影响一代人的发展乃至整个国家的命运。

人应该是独立的。独立行走，使人脱离了动物界而成为万物之灵。当一个人跨进青春之门的时候，就开始具备了一定的独立意识，但对别人尤其是父母的依赖常常困扰着自己。

依赖，是心理断乳期的最大障碍。随着身心的发展，一方面比以前拥有了更多的自由度，另一方面却担负起比以前更多的责任，面对这些责任，有些人感到胆怯，无法跨越依赖别人的心理障碍。

依赖别人，意味着放弃对自我的主宰，这样往往不能形成自己独立的人格。如果在遇到问题时自己不愿动脑筋，人云亦云，或者赶时髦，盲目从众，那么一个人就会失去了自我，失去了本应属于自己的一次撑起一片天地的机会。

依赖性过强的人需要独立时，可能对正常的生活、工作都感

心理学入门故事

到很吃力，内心缺乏安全感，时常感到恐惧、焦虑、担心，很容易产生焦虑和抑郁等情绪反应，影响心身健康。那么，人为什么会在对别人的依赖中迷失自己呢？这是因为：依赖的产生同父母过分照顾或过分专制有关。对子女过度保护的家长，一切为子女代劳，他们给予子女的都是现成的东西，孩子头脑中没有问题，没有矛盾，没有解决问题的方法，自然时时处处依靠父母。

对子女过度专制的家长一味否定孩子的思想，时间一长，孩子容易形成"父母对，自己错"的思维模式，走上社会也觉得"别人对，自己错"。这两种教育方式都剥夺了子女独立思考、独立行动、增长能力、增长经验的机会，妨碍了子女独立性的发展。

要克服依赖心理，可从以下几个方面出招：

树立信心。

要在生活中树立行动的勇气，恢复自信心。自己能做的事一定要自己做，自己没做过的事要锻炼做，正确地评价自己。

认识依赖的危害性。

要纠正平时养成的习惯，提高自己的动手能力，多向独立性强的同学学习，不要什么事情都指望别人，遇到问题要做出属于自己的选择和判断，加强自主性和创造性。学会独立地思考问题。独立的人格要求独立的思维能力。

加强独立意识。

多与独立性较强的朋友交往，观察他们是如何独立处理自己的一些问题的，向他们学习。同伴良好的榜样作用可以激发我们的独立意识，改掉依赖这一不良性格。

第六章　突破意志障碍的围墙

培养独立的能力。

丰富自己的生活内容，培养独立的生活能力。在学校中主动要求担任一些班级工作，以增强主人翁的意识。使自己有机会去面对问题，能够独立地拿主意，想办法，增强自己独立的信心。

在家里，自己该干的事要自己去干，如穿衣、洗碗、打扫卫生等，不要什么都推给爸爸妈妈，做个"小皇帝"。

在社会，要多参加集体活动，学会去帮助他人。

清除颓废积极向上

朋友，你是一个积极向上的人呢，还是一个颓废的人呢？如果是后者请你注意这篇文章。在字典里"颓废"一词解释为"意志消沉，精神萎靡"。可见，颓废是一个灰色的字眼，是一个贬义词，千万不要让它成为你的专利哟。

其实，颓废很大程度上是一种气质，是经由一定时期的生活方式和思维习惯培养之后，陷入恶性循环的一种状态，这是一种消极心理的状态。也许你曾经颓废过，那是因为你还年轻，不知道自己的道路会怎么样，如何走。年轻的时候颓废是允许的，但是人应该有进步。如果你一直颓废下去，那就不是好事情了，你有可能永远消沉下去了。如果你现在已经是不该再颓废下去的年龄了，你就必须积极起来，通过自我重塑摆脱颓废。

也许我们会因为某件事情不能顺利完成而有些沮丧，也许因为没有实现某种目的而悲观失望，这时你是否有些颓废呢？如果有，请不要惧怕。因为这是暂时的颓废，颓废之后，能使人重新振作精神，投入到新的工作中，而且这时的思想已经有点改变，也就是说，你有可能更注意某些东西。从某种意义上来讲，这时的颓废也许正是改变思想的一条道路呢。关键是看你怎么对待，如果能尽快的摆脱颓废，把它作为一种改变的契机，那就是好事情。相反，如果你一蹶不振，从此陷入萎靡，那就是坏事情。所以说有时候颓废只是感情中的一种，它会让一个人的内心世界更丰富。

可是，有的时候颓废却是致命的，会让一个人走向精神崩溃，直至生命完结。所以陷入一时的颓废并不可怕，可怕的是不去自省和自救，反而习惯了心灵上的自虐，这样只能是更加颓废。因为任何生机都需要由一种积极进取的精神来支撑，从某种意义上讲，颓废是扼杀生机的一种毒素。

只有清除这种毒素，人的生命才会生机盎然。用宽容、乐观、积极、爱心来培养一种超脱的精神，这种超脱精神是根治颓废的良药。如果我们通过自我塑造达到了这种精神超脱，也就摆脱了颓废，成为一个积极向上的人，我们的工作、我们的事业及一切都会向积极的方向转变。

敢于与自己同行

许多人下意识中都希望有一匹骏马，它可以驮着自己离开糟糕的现在，到一个一切都尽如人意的地方。羡慕，是一个积极的

第六章　突破意志障碍的围墙

词,是渴望成功者最常见的心理之一。对成功者艳羡,渴望自己也和他们一样成功,可以说这是追求成功原始的动力之一。

然而在艳羡之后,不少人却并没有踏上理想的成功之路。究其原因,其中一部分人,总是能在对比中找出成功者在机缘及环境方面超过自己的因素,因而慨叹:"我没有人家的命好,努力也白搭。"

还有一部分人,虽然一直也在追求成功,却很少倾听自己内心真正的呼唤,也很少根据自己真实的长短来确定成功目标,并设计属于自己的成功之路,而总是"随大流"地对成功者盲目模仿。这两者都反映出一种对自己深深的不负责和不接纳消极思想。

其实,所有的成功者都是勇于与自己同行的人。这首先意味着要发展对自己全面检测的"自知力"——自己到底要什么?怕什么?是何人?身在何处?该立何志?然后无可挑剔地将自己的长处与短处、境遇与需求、局限与发展等全然承担起来,在成长过程中所必须经历的脆弱、孤独、惶惑也全然承担起来。

想到到成功,就伴随着对自己的开放和责任,唯有这份开放和责任才会让自己找到一种来自生命深处的力量。要全然承担,关键是必须学会独立承担。人无疑是一种群体的存在,但作为生命体验来说,更是一种个体的存在。

要明白,人的生,是一种"独生"。饿了,喂饱任何人也无法解除你自己的饥饿;困了,任何人酣然入睡也解除不了你需要的睡眠。人的死,更是一种"独死",没有任何一个人能代替你去死。

心理学入门故事

所谓独立承担者,就是勇于斩断对他人的心理依赖,就是在追求成功的过程中,当遇到困难与痛苦时,要意识到有时哪怕是我们最亲近的人,也无法帮自己走出这一困境。自己的问题只能是自己的问题,必须由自己面对与解决,而且必须首先从自身去寻找战胜它的力量。

事实上,战胜困境、打开新路的力量,从根本上只能来自于生命自身。世上永不会有那匹可以驮着我们离开自己的马。纵然我们可飞到天边去,却飞不出那层薄薄的皮肤,那几根瘦瘦的脊骨。自己还是自己,环境还是环境,他人也仍然是他人。

成功者固然可以昭示我们怎样成功,却无法代替我们追求成功,取得成功。唯有敢于与自己同在、明白自己是自己最理想的伴侣,并责无旁贷地把自己全然承担起来的人,才会找到属于自己的那份成功的人生。

第七章
超越逆境与挫折共舞

　　人的一生，是一次远足的旅程。在漫长的旅途中，也许你拥有过阳光，拥有过鲜花和掌声，使你在别人眼中发出绮丽的色彩；也许你曾受到过无情的打击，曾经因挫折而暗淡过，或因某一次的失败而伤感过；甚至你会因自己的暗淡而自卑，因无名的伤感而失掉对工作或生活的信心；或者你已经被挫折打垮了，只要再遇见一次，你可能就会让自己的思想瘫痪；你觉得自己的旅程荆棘丛生，自己的天空阴霾遮蔽。

　　但是，你有没有想过？这些痛苦的经历，会让你成长。就是这些挫折，才使你的人生显得精彩。试想，假如一点坷垃都没有就取得了成功，不是太平淡无奇了吗？所以，超越逆境，与挫折共舞而获得的成功才是辉煌的，才是人生的胜利者！

塑造超越逆境的资本

经历痛苦的蜕变

　　据说，在鸟类中，寿命最长的是老鹰，它的年龄可达70岁。但是如果想活那么长寿命的话，就必在它四十岁的时候作出困难

心理学入门故事

而重要的抉择。因为,当它活到40岁时,它的爪子开始老化,就不能够牢牢地抓住猎物,并且它的喙会又长又弯,几乎能够碰到胸膛。同时,它的翅膀也会变得十分沉重,使它在飞行的时候非常吃力。

在这个阶段,老鹰只有两种选择:第一就是等死;第二就是要经历一个在它一生之中十分痛苦的过程——蜕变和更新,才能够继续活下去。这可不是一件简容易的事,它是一个漫长的过程。需要150天的漫长锤炼,而且必须得很努力地飞过山顶,在悬崖的顶端筑巢,然后停留在那里不能飞翔。

首先,它要做的就是用它的喙不断击打岩石,直到旧喙完全脱落,然后经过一个漫长的过程,静静地等候新的喙长出来。之后,还要经历更为痛苦的过程——用新长出的喙把旧指甲一根一根地拔出来,有话说"十指连心",这种疼痛是可以想像的。可是,当新的指甲长出来后,它还要再把旧的羽毛一根一根地拔掉,再等待五个月后长出新的羽毛。这时候,这场炼狱的蜕变才基本完成。老鹰才能开始重新飞翔,从此得以再过三十年的岁月。

在生活条件好的时候,一定要好好把握这赖以生存的环境。一旦失去,就应该像老鹰一样,能够经历起磨难,锻炼出良好的心理素质,才能在逆境中百折不挠,重新打造自己的新生活。

在心理学的概念中,挫折心理是指人们在有意识的活动中,受到了无法克服的阻碍或干扰,其需要或动机不能满足所产生的一种紧张心理和消极反应。一般说来,挫折产生的外部原因是由于非人为的环境因素造成的,内部原因是指个人的生理、心理因

第七章　超越逆境与挫折共舞

素等带来的阻碍和限制，成为挫折的来源。

在漫长的一生中，遭遇逆境与挫折是在所难免的事情。严重的挫折，会造成强烈的情绪反应，或者引起紧张、消沉、焦虑、惆怅、沮丧、忧伤、悲观、绝望。长期下去，这些消极恶劣的情绪得不到消除或缓解，就会直接损害身心健康，使人变得消沉颓废，一蹶不振；或愤愤不平，迁怒于人；或冷漠无情，玩世不恭；或导致心理疾病，精神失常；也有的可能轻生自杀，行凶犯罪。

青年人大都有远大理想，热情高，但涉世浅、经验少，很容易产生挫折感。而他们的感情又较脆弱，缺乏锻炼，耐力差，遭挫折后很容易产生激烈的心理冲突，而不能自制和自拔。因此，怎样对待逆境、应付挫折，对于每个人来说都是一次严峻的考验，需要用行动做出抉择和回答。

挫折对于一个生活的强者来说，无异于一剂催人奋进的兴奋剂。可以提高他的认识水平、增强他的承受力、激发他的活力；挫折对一个弱者来说，则可以减弱他的成就动机水平、降低他的创造性思维活动水平、减弱自我控制力，发生行为偏差。

由此看来，就算在同样的挫折面前，人们的表现也会千差万别。所以，如何看待挫折，归根结底还是要看一个人对待生活的态度，是积极乐观的还是消极悲观。

逆境是通向顺境的浪花

美国联合保险公司的董事长斯通先生，在幼年就失去了父亲，

心理学入门故事

为了替母亲分担家用，幼小的他不得不出去谋生。他进入一家饭馆去叫卖报纸，却被无情地赶出来。但他却不灰心，一次次地被老板赶出来，甚至踢出去。

这样，虽然受尽苦头，但最后以他不达目的不死心的毅力，感动了客人，买了他的报纸。就是这种精神，使他最后终于成为美国的商业巨子。

世上没有人能无风无浪顺利地过一生，逆境也绝非人生的绝路。当我们能爬起来向前跨一步时，就是向成功之路迈了一步。正如爱迪生所说："一个人要先经过困难，然后踏进顺境，才觉得受用、舒服。"

也许人生的道路上，可能会碰到各种各样的挫折，但造成挫折的因素却不是多不可数的。具体分析大致有以下几个方面的因素：自然因素、社会因素、家庭和学校的因素以及个人因素。其中，个人因素是最重要的。很多的时候人们不可能完全避开这些因素，但可以想办法减轻这些因素的作用。

家庭和学校的因素。

家庭与学样是造成青少年心理上紧张、焦虑、恐慌和失落的主要因素。家庭是塑造一个人情感、意志、性格、品德的重要场所，父母是一个人的第一任教师。如果家庭发生变故，如父母离异、病故，或对子女教育不合理。如一方过分溺爱或歧视，都有可能会青少年产生这样或那样的挫折心理。

学校是一个人活动的另外一个重要场所，如果学校教育不当，如重智育轻德育，将分数作为评价一个学生优劣的唯一标准，忽

第七章　超越逆境与挫折共舞

略其他方面的训练与培养,或教师不具备良好的职业道德和平等地对待学生的公正态度等。这些都会使一个人在走上工作岗位之后,在社会生活中发生诸多的不适应,使其遭受挫折。

社会因素。

社会的政治、经济、道德、风俗、习惯、宗教等,可能会对个人的发展动机形成阻碍,这种阻碍可能比自然环境的限制更多,后果更严重。因为社会性挫折是人为的,它不但阻碍个人的行动,使之不能达到目的,而且使人因失败而感到羞愧,挫伤自尊心。例如:有才干的人遭嫉妒而受打击;领导压制贤能,任人唯亲,使个人抱负不能得以施展。

自然因素。

由于自然环境的限制,人们在从事某些工作的时候常常会遇到无法克服的困难,这时人们觉得是自然阻碍了工作的进行,以为这种困难是无法克服的,所以对挫折比较容易接受。

个人因素。

除了自然条件和社会环境的限制以外,个人因素也是造成挫折的重要原因。个人因素可以分为两方面。一方面是个人所具备的条件,使自己不能随心所欲地达到目标,如个人的智力、能力、体力和生理上的缺陷造成的限制。例如:患有色盲症的人不能成为画家和医生,这些是生理因素导致的挫折。另一方面是个人的动机冲突。在许多情况下,个人所追求的目标不止一个。

可是由于事实的逼迫不得已,使人不得不对自己喜欢的人、事、物忍痛放弃。在某一动机满足的同时,另一动机要受阻。这种强迫性的选择,也构成挫折。此外,个人的欲望和社会道德标

心理学入门故事

准之间,也常常出现冲突。如采购员在伴有好处费的劣质产品面前,一方面很想要好处费,一方面,又要恪守职业道德,产生心理冲突,结果也导致心理挫折。

当然,如果一个人本来具有做某项工作的能力,可是自我估计过低,畏缩不前,就会错过成功的机会,同样会陷于遭受挫折的境地。此外,有些挫折是由于个人某些不合理的要求得不到满足而产生的。还有,对于同样的挫折境遇,心理不健康的人更容易产生挫折心理。

总之,造成挫折的因素是多方面的,因此我们只有认真地分析出现挫折的原因,才能有针对性的,用正确的态度和方法面对挫折、经受考验,最终战胜挫折,走向成熟。人不可以自负,也不可以自卑,应当自信,这是一个成功者不可缺少的前提条件。正如杰出的美国政治家和科学家富兰克林所说的"只有痛苦会留下教训"。

磨难是坚强的动力

"经营之神"松下幸之助从不向命运低头。9岁时,因为家境贫困,他不得不外出赚取生活费。他远赴大阪谋职,母亲为他准备好行囊,并送他去车站。临行前,母亲向同行的人诚恳地拜托:"这个孩子要单独去大阪,请各位在旅途中多多关照。"母亲悲凄的背影给了他深刻的印象。

不久,松下幸之助在大阪一家火盆店当上了学徒,从此开始了艰苦的谋生。小小年纪,远离亲人,在那个陌生的世界里他感

第七章 超越逆境与挫折共舞

到孤单无功,似乎丧失了生活的信心。

有一次,店主叫住他,递给他一个五钱的白铜货币,说是薪水。他吃惊极了,他从来没有见过五钱的白铜货币,这对穷人家的孩子来说,是一个相当可观的数目。报酬激起了他工作的狂热,也扬起了他奋斗的风帆。

靠着不可思议的欲望的支持,他变得更坚强。他不辞辛苦地打杂、磨火盆,一双手被磨得皮破血流,连提水打扫的活儿都干不了,但他都咬牙挺了下来。渐渐地,松下幸之助掌握了自己的命运。

上帝是公平的,他在把苦难撒向人间的时候,往往准备好了等重的回报等着勇士去拿。当苦难不期而至时,我们要视苦难为财富、为机遇,向它宣战。当你成功地征服它之后,就能拿到上帝的回报,捧起金灿灿的奖杯,真切地感受到生活的甘甜、人生的价值。

磨难是坚强的动力,也是人生的必修课,强者视它为垫脚石,视它为财富,他们的成绩是优秀;弱者视苦难为绊脚石,被它压垮,他们的成绩是不及格。

爱迪生在晚年总结自己的成功经验时说:"失败也是我需要的,它和成功对我一样有价值,只有在我知道一切做不好的方法以后,我才能知道做好一件工作的方法是什么。"根据爱迪生的意思来说,失败是成功的基石,磨难是坚强的动力,那么挫折的本身也就存在着一种积极的作用,就看我们怎么去看待它。

虽说成功是人人都期望获得的,失败和挫折是人人都希望避免的。成功意味着自己事业的成就和对社会的贡献,而失败和挫折则会带来损失和沮丧。但失败和挫折往往与成功相伴随,失败和挫折是通向成功的途径,成功是从失败和挫折中实现的,所以说挫折有着积极的作用。

挫折的积极作用具体表现在以下三个方面:

挫折可以激发人的进取精神。

对于一个有志者来说,挫折的发生,会唤起他的自信心,激发他的进取心。失败只能说明某一时间、某一地点的情况,许多失败可能连着成功;这时的失败也许正蕴含着那时的成功。如果你拒绝了失败,实际上你也就拒绝了成功。如果你是一个害怕失败的人,那你就不会成功,成功的人是在失败中产生的。

挫折能磨砺人的意志。

有格言说:"有志者事竟成。"有的人渴望成为强者,但却经不住失败的打击,他们经过一段时间的拼搏,如果遭到一次乃至几次的失败后,便会偃旗息鼓,鸣金收兵。这不是对意志的磨砺,只是弱者的一事无成。

"自古英雄多磨难,从来纨绔少伟男"。真正出类拔萃的人,大多是那些历尽艰辛,在挫折中磨炼出坚强意志的人,是在逆境中不懈地奋斗的人。

挫折能够增长人的聪明才智。

一个人在遭遇挫折之后,如果他想要再一次站起来,那他就会去认真总结经验教训,探究导致失败的原因,寻找摆脱困境的办法。他正是在这样一个思考、总结、探索、创造的过程中,提高自己的认识、增长自己的才智,使自己变得比以前更加聪明起

第七章　超越逆境与挫折共舞

来。另外，挫折还能使人真正懂得人生的意义而更加高尚起来。

挫折对造就人才和促进事业的成功有着极大的推动作用。但是，挫折毕竟是人生道路上的逆流，与人生前进的方向背道而驰。所以不是提倡挫折越多越好，也不是多多益善。正确的态度应该是，尽量避免，争取向成功转化。

逆流而上才能避开厄运

有一界大学生，在即将毕业时，老教授问了他们这样一个问题："当狂风暴雨来临，泥石流滚滚而下的时候，你正好站在一座大山脚下，这时你是向风雨猛烈的山顶跑呢，还是迅速向平坦的洼地撤退？"

"当然是向平坦的洼地撤退了。"大学生们不假思索地回答。

"错。"老教授平静地说。接下来，老教授讲的话让同学们恍然大悟。

"如果你向平坦的地方跑，你跑得再快也不可能快过山洪暴发引起的那一泻千里的泥沙石块，这些泥沙石块随时都有可能将你悄无声息地埋没。如果你继续向山顶攀登，向上跋涉，虽然这样很缓慢，但至少山顶是没有泥石流的，这样你就少了一份危险，你等于是在为自己创造一个安全的环境，是在一步步地向生的希望迈进！"

听完老教授的话，这界大学生终于明白了其中的哲理是：不论在什么情况下，不管是什么样的困境，你都要迈向风雨。有时

心理学入门故事

看起来比较难做的方法往往又是成功的捷径。

是的，一旦厄运来了，就要敢于正视，不要一味的躲避，更不能怨天尤人，因为这样是不起作用的。此时，最重要的就是冷静地找出产生的原因，并进行客观的分析，并积极地寻求恰当的方式方法战胜它。

如果困难来了，就应该先让自己的心休息一下，不要想太多沮丧的事情。因为想沮丧的事情越多，就越容易滋生不良的情绪，就会削弱斗志。然后找一些有实效或令人快乐的事情做。因为做有实效的事情既利于解决问题，又能增强斗志。最后制订出战胜困难的计划和步骤。即使因条件多变而无法做出准确的计划，也要尽量做好大致的计划。

爱因斯坦说："一个人在科学探索的道路上，走过弯路，犯过错误，并不是坏事，更不是什么耻辱，要在实践中勇于承认和改正错误。"

聪明的人在身处困境时，并不想太多沮丧的事情，也不做无意义的事情，而是集中较多的时间和精力解决眼前的问题，或许一时没有进展，但通过长期的努力必然会有成效。在努力的同时，也要注意放松心情，以保证身心的健康。无数成功就是在长期的、默默无闻的困境中奋斗得到的。

具体来讲，如果要战胜困难，克服挫折，应该做到下面的几个方面。

敢于正视逆境。

月有阴晴圆缺，人有悲欢离合。在人生的长河里挫折是不能避免的，凡成功者，都与挫折进行过无数次交锋。因此，平时要

第七章　超越逆境与挫折共舞

有良好的心态,有一种随时应付挫折的心理准备,要认为任何挫折的发生都是有可能的。这样,在挫折降临到自己头上时,就不会茫然无措,无所适从。

同时看到挫折积极的一面。挫折能够提高我们的自我认识水平,发现自己的优缺点,培养我们坚强的意志,增长知识和才干,积累丰富的生活经验。正如列别捷夫所说:"平静的湖水练不出精悍的水手,安逸的环境造不出时代的伟人。"如果把挫折当作一次学习的机会,那你就是在迈向目标的路上意外获得了一份财富。

增加对成功的体验。

一个人如果经常遭到挫折,对自己的信心就会减弱。要多发现自己的长处,多运用自己的优势,做一些自己力所能及的事情,从中取得成功的经验,然后增强自己的自信心,战胜挫折。

让自己学会变通进取,从挫折中不断总结经验,产生创造性的变迁。补偿是一种有用的变通进取的方式,此处受到挫折,到彼处得到补偿,就像俗语说的,东方不亮西方亮,旱路不通水路通。碰上挫折,胸怀宽广些,给自己留的余地大一些。

树立正确的人生理想。

人的行动是受思想支配的,而在各种各样的思想中,对行动起长久作用的是人生理想。不同的人生理想决定了人们不同的精神面貌和生活态度。有了远大的志向,才能激发出火一般的热情,才能充分发挥自己的主观能动性,冲破重重阻力和阻碍,为实现自己的理想而奋斗。

法国微生物学家巴斯德在青年时代就已经正确地认识到了立

志、工作、成功三者之间的关系。他说："立志是一件很重要的事情。工作随着志向走,成功随着工作来,这是一定的规律。立志、工作、成功是人类活动的三大要素。立志是事业的大门,工作是登堂入室的旅程,这旅程的尽头有个成功在等待着,来庆祝你的努力结果。立志的关键,是要树立正确的人生观。"

理智地对待挫折。

挫折的到来,使人们心理上不可避免地出现了失望和忧虑。在挫折面前,唉声叹气不会改变现实,只会削弱与厄运抗争的意志,使人无可奈何中消极地接受现实。事实上,在抱怨中,真正受到伤害的并不是抱怨的对象,而是抱怨者本身,所以学会冷静地对待挫折是十分必要的。

要清楚挫折不是一种打击,而是一次考验,一次磨砺的机会。清楚在挫折的后面,正是自己苦苦追求的目标。这样在挫折降临之后,首先要用冷静、理智的头脑,认真分析挫折产生的原因及眼前的处境,审时度势。

增强挫折的承受力。

如果一个人挫折承受力强,就能够在逆境中掌稳前进的舵,就能以笑脸来面对周围发生的一切。挫折承受力强的人往往有一种不畏挫折的气概。他们会用这样的心理状态去迎接困难和挫折,这样成功就会与他们有缘。不畏挫折是战胜挫折的法宝,是一种可贵的心理素质。

测一测你应对挫折的意志力:

你是否每年都替自己订下了许多的计划,如学习某种技能、

第七章　超越逆境与挫折共舞

看一些书、存钱去旅行……又是否每年能坚持到底？抑或多是半途而废？你是否具备了应对挫折的意志力？请做做以下的心理测验。

1. 你正在朋友家中，茶几上放着一盒你爱吃的巧克力，但你的朋友无意给你吃。当她离开房间时，你会——

　　A．立即吞下一块巧克力，再抓一把塞进口袋里；

　　B．一块接一块地吃起来；

　　C．静坐着，抗拒它的诱惑；

　　D．对自己说："什么是巧克力？我很快就有一顿丰盛的晚餐。"

2. 你发现你的好友未将日记锁好便离开房间，你一向很想知道她对你的评语及她和男朋友的关系，你会——

　　A．立即离开房间去找她，不容许自己有被引诱偷看的机会；

　　B．匆匆揭开数页，直至内疚感令你停下来为止；

　　C．急不可待地看，然后责问她居然说你好管闲事。

3. 你从朋友珍妮的日记中发现了多个秘密，极欲与别人分享，你会——

　　A．立即告知海伦，说珍妮迷恋她的男朋友；

　　B．不打算告诉任何人，但会让珍妮知道你已经发现了她的秘密，使她不敢太放肆；

　　C．什么也不做，你和珍妮是好朋友，正因为你能守秘密；

　　D．请催眠专家使你忘记一切秘密。

4. 你正努力存钱准备年底去旅行，但你看见了一条很适合与他初次约会时穿的裙子。你会——

  A．每次经过那店铺的时候都蒙住眼睛，直至过了约会日期；

  B．自己买衣料，缝制一条一样的裙子，但价钱便宜很多；

  C．不顾一切买下它，宁愿哀求父母借钱给你去旅行；

  D．放弃它，没有任何东西能阻碍你的旅行大计。

5．你深信自己深深爱上他了，但他只有在无聊时才想起你。在一个狂风暴雨的夜晚，他要求与你见面，你会——

  A．立即冒着雨去找他，纵然数小时也是值得的；

  B．挂断电话，虽然你很不满意，但你需要一个更关心你的人；

  C．先要他答应以后更好地待你才答应去，他照例微笑着应允。

6．你对新年所许下的诺言所抱的态度是——

  A．只能维持几天；

  B．维持2～3年；

  C．懒得去想什么诺言；

  D．到适当的时候就违背它。

7．如果你能在早上早点起床温习功课，晚间便有更多的时间，令你做事更有效率。你会——

  A．虽然每天早晨6时闹钟准时闹醒你，但你仍然赖在床上直至8时才起来；

  B．把闹钟调到5时半，以便能准时在6时起床；

  C．约在6时半起床，然后淋热水浴使自己清醒；

第七章 超越逆境与挫折共舞

D. 算了吧,睡眠比温习更重要。

8. 你要在 6 星期内完成一项重要任务,你会——

A. 在委派后 5 分钟即开始进行,以便有充足的时间;

B. 限期前 30 分钟才开始进行;

C. 每次想动手时都有其他的事分神,你不断告诉自己还有 6 个星期时间;

D. 立即进行,并确定在限定两天内完成。

9. 医师建议你多做运动,你会——

A. 只在头一两天照做;

B. 拼命运动,直至支持不住;

C. 每天慢步去买雪糕,然后乘计程车回家;

D. 最初几天依指示去做,待医生检查后即放弃。

10. 朋友想跟你观看录像带,但你需要明早 7 时起床做兼职,你会——

A. 看到晚上 9 时半睡觉;

B. 拒绝,好好睡一觉;

C. 视情绪而定,要是太疲倦就告假;

D. 看通宵,然后倒头大睡。

计分标准

1. A. 1;B. 2;C. 3;D. 4。
2. A. 3;B. 2;C. 3;D. 1。
3. A. 1;B. 2;C. 3;D. 4。
4. A. 4;B. 2;C. 1;D. 3。

5. A. 1；B. 3；C. 2；D. 4。
6. A. 2；B. 4；C. 1；D. 3。
7. A. 2；B. 4；C. 3；D. 1。
8. A. 4；B. 1；C. 2；D. 3。
9. A. 3；B. 4；C. 1；D. 2。
10. A. 3；B. 4；C. 2；D. 1。

测分标准：

如果你得分 18 分以下：你并非缺乏意志力，只不过是你只喜欢做那些对你有兴趣的事，对于那些能即时获得满足感的工作，你会毫无畏惧并可贵地坚持下去。你很想坚持你的新年大计，可惜很少能坚持到底。

如果你的得分是 18~30 分：你很懂得权衡轻重，知道什么时候要坚持到底，什么时候要轻松一下。你是那种坚守本分的人，但遇到极感兴趣的东西时，你的好玩心往往会超过你战胜挫折的决心。

如果你的得分是 31~40 分：你的意志力简直惊人，不论任何人、任何情形都不会使你改变主意。

与挫折共舞创造成功

淡淡地面对失败

住在英国南特郡的凯恩斯，给他的朋友写了一封信，后来这

第七章 超越逆境与挫折共舞

封信在互联网上广为流传。

"很小的时候,考入剑桥就是我的理想,为了这个理想,我倾注了自己全部的心血,我所付出的巨大努力使我坚信在剑桥定有我的一席之地,本不可能发生意外。然而巨大的失望出现了。得知我没有被剑桥录取的消息,我觉得整个世界都粉碎了,觉得再没有什么值得我活下去。"

"我开始忽视我的朋友,我的前程,我抛弃了一切,既冷淡又怨恨。我决定远离家乡,把自己永远藏在眼泪和悔恨中。就在我清理自己物品的时候,我突然看到一封早已被遗忘的信——一封已故的父亲给我的信。"

"信中有这样一段话:不论活在哪里,不论境况如何,都要永远笑对生活,要像一个男子汉,承受一切可能的失败和打击。"

"我将这段话看了一遍又一遍,觉得父亲就在我身边,正在和我说话。他好像在对我说:'撑下去,不论发生什么事,向失败淡淡的一笑,继续过下去'。"

"于是,我决定从头再来。我坦然面对失败,并从中汲取营养。我一再对我自己说:'事情到了这个地步,我没有能力改变它,不过只要心存希望,我就会有美好的生活。'现在,我每天的生活都充满了快乐,尽管没有进入剑桥,尽管我又重遇了若干次的失败。但是我已经明白:笑对失败才是对失败最大的报复,而一味的哭泣只能让失败愈加嚣张。今天,这种积极的心态已经给我带来了巨大的成功。"

这封信给人一种强烈的感受,那就是失败其实就像身上的尘埃，轻轻一弹，就什么都没有了。

　　失败带来的挫折感，大多数人可能都体验过。但挫折感在青少年人群中应该最为明显。青少年期是怀抱着许许多多的幻想、希望的年代，为将其变成现实，他们会付出种种努力甚至做刻意的追求。当这种需求持续性地不能得到满足时，就产生了挫折，挫折也可称为需要得不到满足时的紧张情绪状态。

　　如是这种情绪往往会使青年人一种难以承受的压抑，但也因人而异。挫折感的强弱，往往决定于挫折对象的知觉判断。其实，知觉判断仅仅是一种具有整体性特点的感情认识，所以，当挫折产生后，要认真分析引起挫折的对象的实际情况，做出实事求是的估计，然后再检查自己的判断是否符合实际。如果发现自己的知觉判断夸大了事实，就要改变对引起挫折对象的认识，从而减轻挫折感。如果发现挫折是因自己的错觉造成的，便可以很快消除挫折感。

霉运不会永远，挫折可以转化

　　在英格达洲的一个城镇里，住着一个三十多岁的女人，她过着平静、舒适的中产阶层的家庭生活，她没有什么特别的能力，所以也不对生活抱有特别的奢望。

　　但是，天有不测风云龙，突然间，使她连遭四重惨重的打击。丈夫在一次事故中丧生，留下两个小孩。没过多久，一个女儿被烤面包的油脂烫伤了脸，医生告诉她孩子脸上的伤疤终生难消，

第七章　超越逆境与挫折共舞

母亲为此伤透了心。她在一家小商店找了份工作,可没过多久,这家商店就关门倒闭了。而丈夫给她留下唯一的财产——一份小额保险,却因为她耽误了最后一次保费的续交期,因此保险公司拒绝支付保费。

这个女人近乎绝望了,为了自救,她决定再做一次努力,她要尽力拿到保险补偿。在此之前,她一直与保险公司的下级员工打交道。当她想面见经理时,一位多管闲事的接待员告诉她经理出去了。

她站在办公室门口无所适从,就在这时,接待员离开了办公桌。机遇来了,她毫不犹豫地走进里面的办公室,结果,看见经理独自一人待在那里。经理很有礼貌地问候了她。她受了鼓励,沉着镇静地讲述了索赔时碰到的难题。经理派人取来她的档案,经过再三思索,决定给予赔偿。

谁料,这位经理尚未结婚,对她一见倾心。几个星期后,他给她打了电话,为她推荐了一位医生,医生为她的女儿治好了病,脸上的伤疤被清除干净。这位经理又通过在一家大百货公司工作的朋友给她安排了一份工作,这份工作比以前那份工作强了几倍。

过了不久,经理向她求婚。几个月后,他们结为夫妻,而且婚姻生活相当美满。

有位名人说过:"没有永久的幸运,也没有永久的不幸",上面的例子告诉我们厄运不会长久延续下去。

世上没有人能无风无浪顺利地过一生,逆境也绝非人生的绝路。当你爬起来向前跨步之时,就是向成功之路迈进了。正如爱

心理学入门故事

迪生所说:"一个人要先经过困难,然后踏进顺境,才觉得受用、舒服。"

偶然的意外是生活中的组成部分,人的一生中每一个人都会遇到。虽然我们不欢迎它,不喜欢它,但又总是躲避不开它。既然如此,在遇到挫折时,何不学会及时转化?

1992年,洛杉矶的弗兰克·柏金斯决心打破坐旗杆的世界纪录。但由于染上感冒,他在还差8小时就打破400天纪录的时候退下阵来,随后发现他的赞助人已经破产,女朋友早拂袖而去,而且他的电话和电都被停了。

阿拉斯加瓦尔笛兹发生石油泄漏后,救援每只海豹的平均花费高达八万美元。在一个特别仪式上,有两只花巨款拯救过来的海豹在旁观者的欢呼与掌声中被放回大自然。但在一分钟后,人们亲眼目睹它们双双被一头杀人鲸吞入肚中。

可见,厄运是普遍存在的。面临厄运之时,怨天尤人、以泪洗面是一生,及时转化也是一生,我们该怎么选择哪呢?

爱尔兰作家巴克莱的文章中写道:有位小学校长提到了一件他一生都难忘的事。在学校的足球练习比赛中,一位男学生跌倒在地,把手臂跌断了,刚好是他的右臂。

在等救护车把他送去医院的时候,他要同学给他笔和纸。同学问:"这种时候,你还要纸笔做什么?"

第七章　超越逆境与挫折共舞

他回答："你们有所不知，我的右臂既然断了，我想，应该训练自己用左手写字。"

右臂坏了，是一种不幸。但是，能积极用左手来完成右手应该做的事，却是一种极乐观的生活态度，是一种与挫折共舞的精神。故事启发我们：遇到挫折时，不要急着沮丧，何不学会及时转化。

人生，就怕遇到一点挫折就站不起来；就怕遇到一点失败，就一蹶不起。世界上，不凡的人物，都是在挫折中，凭着自己的理想，以及不屈不挠的毅力，勇敢地站起来，他们的力量是可以超越的苦难的。

把苦难当作成长的机会

沃克林是一个农民的儿子。他从小家境贫寒，但聪明好学，上学时就受到老师的赞赏。老师常对沃克林这么说："努力吧，孩子，总有一天，你会像教区委员一样尊贵的。"

一位乡村药剂师欣赏沃克林强壮的胳膊，答应给他提供一份捣碎药片的工作，但这位药剂师不允许他勤工俭学，热爱学习的沃克林毅然辞去了这份差使，背上书包离开家乡去了巴黎。

在巴黎，他想找到一份药剂师侍童的工作，结果没有找到，后来疲劳和贫困折磨得他病倒在街头，正当他断定自己必死无疑时，一位过路的好心人把他送到了医院里。他康复后，继续去找工作。皇天不负有心人，他终于找到了一个药剂师。

心理学入门故事

后来，著名化学家福克罗伊听说了这个年轻人的事迹，他非常喜欢这个勤奋好学的小伙子，就把他带在身边，成为自己的得力助手。多年以后，福克罗伊去世了，沃克林作为化学教授继承了他的事业。他衣锦还乡回到了阔别多年的、曾有过不堪回首童年的家乡。

巴尔扎克说："挫折和不幸，是天才的晋身之阶，信徒的洗礼之水，能人的无价之宝，弱者的无底深渊。"

最大的失败莫过于害怕失败。如果我们能战胜这一担忧，那么必将为我们带来梦寐以求的幸福。

没人喜欢面对困难和不幸，但聪明的人善于把它当作成长的机会。著名作家梭罗每天早晨的第一件事，是告诉自己一个好消息。然后，他会对自己说：我能活在世间，是多么幸运的事。

如果没有出生在世，我就无法听到踩在脚底的雪发出的吱吱声，也无法闻到木材燃烧的香味，更不可能看见人们眼中爱的光芒。于是，他每一天都满怀对生命的感激之情。

人一生是由幸福和悲伤、成功和失败、欢乐和痛苦交织而成的，只有经受得住成功和失败的考验，才能展示活着的价值。

一个商人在翻越一座山时，遭遇了一个拦路抢劫的山匪。商人立即逃跑，但山匪穷追不舍。走投无路时，商人钻进了一个山洞里，山匪也追进了山洞里。

在洞的深处，商人未能逃过山匪的追逐——黑暗中，他被山匪逮住了，遭到一顿毒打，身上所有钱财，包括一把准备为着夜

第七章　超越逆境与挫折共舞

间照明用的火把，都被山匪掳去了。

幸好山匪并没有要他的命，之后，两个人各自寻找着洞的出口。这山洞极深极黑，且洞中有洞，纵横交错。两个人置身洞里，像置身于一个地下迷宫。

山匪庆幸自己从商人那里抢来了火把，于是他将火把点着，借着火把的亮光在洞中行走。火把给他的行走带来了方便，他能探清脚下的石块，能看清周围的石壁，因而他不会碰壁，不会被石块绊倒。但是，他走来走去，就是走不出这个洞。最终，他力竭而死。

商人失去了火把，没有照明，他在黑暗中摸索行走得十分艰辛，他不时碰壁，不时被石块绊倒，跌得鼻青脸肿。但是，正因为他置身于一片黑暗之中，所以他的眼睛能够敏锐地感受到洞口透进来的微光，他迎着这缕微光摸索爬行，最终逃离了山洞。

身处黑暗的人，磕磕绊绊，却最终走向了成功。眼前光明一片，却让人迷失了前进的方向，终生与成功无缘。关键不在是否拥有火把，在于持火把前进中的人的态度、信念与思维方式。

莎士比亚说："与其责难机遇，不如责难自己。"这就是人生的基本课程。我们只要仔细回顾一下身边的大量实例，就会发现人的素质在改变命运时所起的作用。

富兰克林当年的电学论文曾被科学权威不屑一顾，皇家学会刊物拒绝刊登，第二篇论文又遭到皇家学会的一阵嘲笑。他的论文被朋友们设法出版后，因论点与皇家学院院长的理论针锋相对，遭到这位院长的人身攻击。

心理学入门故事

但富兰克没有被挫折所吓倒,没有放弃自己的科学信念,而是更积极地投入实验,以实践来证实自己的立论。他冒着巨大的生命危险进行了有名的风筝闪电实验,终于获得了成功。于是,他的著作被译成德文、拉丁文、意大利文,得到了全欧洲的公认。

厄运、苦难和失败会给人以打击,带来损失和痛苦,但也能使人奋起、成熟,从中得到锻炼。如果我们换一个角度看待厄运,那就是——苦难和失败既有消极的一面,也有积极的一面。正如大文豪巴尔扎克所说:"世界上的事情永远不是绝对的,结果完全因人而异。苦难对于天才是一块垫脚石,对于能干的人是一笔财富,对弱者是一个万丈深渊。"

应对困境能力自测:

人生的道路上,我们常常会遇到一些困难,因此,也就要求我们增加应付困境能力的培养。

1. 童年时,父母对你很疼爱吗?
   A. 是的; B. 不完全是; C. 否。
2. 你上学时,总感到处处不如意吗?
   A. 是的; B. 不完全是; C. 否。
3. 你与性格截然不同的人相处,是否会格格不入?
   A. 是的; B. 不完全是; C. 否。
4. 你是否曾经想过麻醉一下自己的神经?
   A. 是的; B. 不完全是; C. 否。
5. 评定奖学金时,和你成绩相同的人榜上有名,而你却名落孙山,你是否能心情坦然地向他祝贺?

第七章　超越逆境与挫折共舞

A．是的；　　B．不一定；　　C．否。

6. 你和同学外出郊游,当你与同伴走散时,你是否会感到恐慌、害怕?

A．否；　　B．是；　　C．不全是。

7. 你在考试失败后,几乎失去了生活的勇气。

A．否；　　B．是；　　C 不全是。

8. 你的零用钱不多,但手头总感到宽裕。

A．否；　　B．是；　　C．不全是。

9. 让你和性格不同的人一起学习,简直是活受罪。

A．是的；　　B．不一定；　　C．否。

10. 你从来没有服用过安眠药物。

A．否；　　B．不完全；　　C．是。

11. 老师当着同学面批评你时,你是否会感到异常难堪?

A．是的；　　B．不确定；　　C．否。

12. 你是否爱学习课程以外的其他知识?

A．是的；　　B．不完全是；　　C．否。

13. 有50%成功的把握,你才会去干有风险的事吗?

A．是的；　　B．不完全是；　C．否。

14. 你是否会被感冒或一些流行性疾病所困扰?

A．是的；　　B．有时是；　　C．否。

15. 很晚了,你的作业仍没有做完,你是否仍能保持耐心?

A．是的；　　B．不确定；　　C．否。

16. 游玩时,你的同伴受伤了,你是否能冷静处理?

A．是的；　　B．不完全是；　C．否。

17. 如果转学,你是否很容易就与新同学融洽相处?

　　A．是的;　　　B．不完全是;　C．否。

18. 学校的一些新规章制度的颁布,你是否都认为是顺理成章、势在必行的呢?

　　A．是的;　　　B．不完全是;　C．否。

19. 老师把你的期末考试成绩弄错了,你是否会感到愤怒、委屈?

　　A．是的;　　　　B．不完全是;　　　C．否。

20. 当同学们因误会而都不理睬你时,你是否会自暴自弃?

　　A．是的;　　　B．不完全是;　C．否。

21. 你的成绩不尽如人意,老师要请家长来,你回家时是否能把自己的成绩坦言相告父母?

　　A．是的;　　　B．不确定;　　C．否。

22. 当遇到一些危险的体育运动时,你是否会止步不前?

　　A．是的;　　　B．不完全是;　C．否。

23. 自己的家庭条件不如人,你是否会感到自卑?

　　A．是的;　　　B．不确定;　　C．否。

24. 若有人在背后议论你,你是否会坦然处之?

　　A．是的;　　　B．不确定;　　C．否。

第七章　超越逆境与挫折共舞

测分标准：

题号\得分\选择	A	B	C		A	B	C
1	0	1	2	13	2	1	0
2	0	1	2	14	0	1	2
3	0	1	2	15	0	1	2
4	0	1	2	16	2	1	0
5	2	1	0	17	2	1	0
6	0	1	2	18	2	1	0
7	5	1	3	19	2	1	0
8	1	3	5	20	0	1	2
9	1	3	5	21	0	1	2
10	1	3	5	22	2	1	0
11	0	1	2	23	0	1	2
12	2	1	0	24	0	1	2

测试报告：

0～20分：经不起突如其来的变故。

说明你应付困难的能力较差，这可能和你一帆风顺的经历有关。你心灵脆弱，经受不住刺激，更经不起意外的打击，即使稍不遂意也使你寝食不安。这是你的一大弱点。建议你主动扩大心理承受面，愉快地接受生活的挑战。同时也要少计较个人得失，因为应付困难的能力说到底是对个人利益损失的承受力。

431

21～40分：心理承受能力一般。

表明在某些方面，你有应付困境的能力，而在另一些方面，你还有所欠缺，不过，在通常情况下不会有什么问题，至多有点烦恼。你需要注意的是能在大的灾难面前想得开、挺得住。

41～58分：敢于迎接命运的挑战。

祝贺你，你有较强应付困难的能力！

你有不平凡的经历，能面对现实，对来自生活的冲击波应付自如，随遇而安。